U0342193

普通高等教育“十四五”规划教材

# 矿 石 学

谢玉玲　钟日晨　李克庆　肖玲玲　编著

北 京
冶 金 工 业 出 版 社
2021

## 内 容 提 要

本书共分为3篇13章，将地质学基础知识、岩石学、矿物学、矿床学、成矿过程、矿相学、工艺矿物学等相关学科知识有机结合，满足了矿业工程领域学生对地质学知识的需求。书中收录了大量的图片，图文并茂、通俗易懂。

本书可作为高等学校采矿工程和矿物加工工程专业的教材，也可供地质工程、冶金工程等相关专业的师生和工程技术人员参考。

**图书在版编目(CIP)数据**

矿石学/谢玉玲等编著. —北京：冶金工业出版社，2021.5

普通高等教育“十四五”规划教材

ISBN 978-7-5024-8827-7

Ⅰ.①矿… Ⅱ.①谢… Ⅲ.①矿石学—高等学校—教材 Ⅳ.①P616

中国版本图书馆CIP数据核字（2021）第097554号

出 版 人 苏长永

地　　址 北京市东城区嵩祝院北巷39号 邮编 100009 电话 (010)64027926

网　　址 www.cnmip.com.cn 电子信箱 yjcbs@cnmip.com.cn

责任编辑 高 娜 美术编辑 彭子赫 版式设计 禹 蕊

责任校对 葛新霞 责任印制 禹 蕊

ISBN 978-7-5024-8827-7

冶金工业出版社出版发行；各地新华书店经销；北京印刷集团有限责任公司印刷

2021年5月第1版，2021年5月第1次印刷

787mm×1092mm 1/16；14.75印张；355千字；223页

**39.00**元

**冶金工业出版社 投稿电话 (010)64027932 投稿信箱 tougao@cnmip.com.cn**

**冶金工业出版社营销中心 电话 (010)64044283 传真 (010)64027893**

**冶金工业出版社天猫旗舰店 yjgycbs.tmall.com**

（本书如有印装质量问题，本社营销中心负责退换）

# 前　　言

矿床、矿体和矿石是采矿工程和矿物加工工程研究的主要对象。矿床类型、矿床规模、矿体的形态及产状、矿石类型、矿石的矿物组成、矿石的结构构造和围岩性质决定了矿山设计方案制定、采矿方法优选、采矿作业的安全生产等，而矿石的性质、矿物组成，不同矿石类型的空间分布规律，矿石中元素的赋存状态等是矿石加工工艺选择和选矿流程设计的最主要依据。矿石的形成过程复杂，近年来成矿过程研究取得了一系列重要进展。对成矿过程的认识不仅可以帮助矿业工作者更好地理解矿体的产状，不同矿石类型的空间分布规律，矿石矿物组成、结构、构造的形成机理，而且对矿石加工、湿法冶金、溶浸采矿领域也具有重要的借鉴意义。

本书针对矿业工程专业的本科生和研究生教学需要，将地质学基础知识、岩石学、矿物学、矿床学、成矿过程、工艺矿物学有机结合，学生通过本书的学习可以快速、系统地了解矿石相关的基础理论和研究方法，满足了矿业工程领域学生对地质学知识体系的需求。本书内容深入浅出，并给出了常用专业词汇的英文翻译和参考文献，为学生后续学习奠定了基础。每篇后列出了习题和思考题，方便学生课后复习。本书知识系统、通俗易懂、应用性强，非常适用于目前专业课学时压缩情况下的本科生和研究生学习。

本书共分为 3 篇：第 1 篇为岩石矿物学基础，包括 1~5 章，其中第 1 章由谢玉玲和钟日晨负责编写，第 2 章由钟日晨负责编写，第 3、4 章由李克庆负责编写，第 5 章由肖玲玲负责编写；第 2 篇为矿石及成矿作用，包括 6~10 章，由谢玉玲负责编写；第 3 篇为工艺矿物学，包括 11~13 章，由谢玉玲负责编写。全书由谢玉玲和钟日晨负责统稿。

书中引用了作者近年来在科研工作中获得的大量野外和镜下图片资料，并参考或引用了国内外教材中的一些经典图，文中均加以标注。黄松博士参与编写了矿产资源储量部分，并将中国固体矿产资源/储量分类标准与 JORC 规范、NI 43-101 标准进行了比较；崔浩、夏加明、于畅博士负责绘制了书中的部分插图。在本书编写和校稿过程中，董磊磊、梁培、梁亚运、代作文四位老师和单小瑀、崔凯、曲云伟博士等给予了大力的支持与帮助，在此一并致谢。

由于作者水平所限，书中不妥之处，敬请读者批评指正。

作 者
2020 年 12 月

# 目　录

## 第1篇　岩石矿物学基础

1　地质学概论 …… 1
1.1　地球的结构及物质组成 …… 1
1.1.1　地球的形成和演化 …… 1
1.1.2　地球的形状和大小 …… 2
1.1.3　地球的内部结构 …… 2
1.1.4　地球的主要物理性质 …… 4
1.1.5　地球的物质组成 …… 5
1.2　板块构造概述 …… 5
1.2.1　板块构造的基本思想 …… 5
1.2.2　板块的划分和边界类型 …… 6
2　矿物 …… 8
2.1　矿物和晶体 …… 8
2.1.1　矿物、晶体的概念 …… 8
2.1.2　晶体的基本性质 …… 10
2.1.3　晶体的对称性和晶系 …… 11
2.1.4　矿物的形态 …… 18
2.2　矿物的化学性质 …… 22
2.2.1　矿物的化学成分 …… 22
2.2.2　类质同象和同质异象 …… 23
2.2.3　胶体矿物 …… 24
2.2.4　矿物中的水 …… 25
2.2.5　矿物的化学式 …… 25
2.3　矿物的物理性质 …… 26
2.3.1　颜色 …… 26
2.3.2　条痕 …… 26
2.3.3　光泽 …… 27
2.3.4　透明度 …… 27
2.3.5　硬度 …… 28

2.3.6 解理 …… 28
2.3.7 断口 …… 29
2.3.8 密度和相对密度 …… 29
2.3.9 其他性质 …… 30
2.4 矿物的分类及鉴定 …… 30
2.4.1 矿物分类的原则及方法 …… 30
2.4.2 矿物的鉴定方法 …… 33
2.4.3 常见矿物的肉眼鉴定特征 …… 34

**3 岩浆作用和岩浆岩** …… 49

3.1 岩浆及岩浆作用 …… 49
3.1.1 岩浆的概念及特点 …… 49
3.1.2 岩浆作用 …… 50
3.2 岩浆岩的一般特征 …… 50
3.2.1 岩浆岩的物质成分 …… 50
3.2.2 岩浆岩的结构构造 …… 53
3.2.3 岩浆岩的产状特征 …… 59
3.3 岩浆岩的分类及各类岩石的特征 …… 61
3.3.1 岩浆岩的分类 …… 61
3.3.2 各类岩浆岩的主要特征 …… 62
3.3.3 岩浆岩的肉眼鉴定和命名 …… 66

**4 沉积作用和沉积岩** …… 68

4.1 沉积岩的形成过程 …… 68
4.1.1 先成岩石的破坏 …… 68
4.1.2 搬运作用 …… 72
4.1.3 沉积作用 …… 74
4.1.4 固结成岩作用 …… 76
4.2 沉积岩的一般特征 …… 77
4.2.1 沉积岩的物质成分 …… 77
4.2.2 沉积岩的颜色 …… 79
4.2.3 沉积岩的结构 …… 79
4.2.4 沉积岩的构造 …… 82
4.3 沉积岩的分类及主要类型 …… 88
4.3.1 沉积岩的分类 …… 88
4.3.2 沉积岩的特征 …… 89
4.4 沉积岩的肉眼鉴定及命名 …… 95

**5 变质作用和变质岩** …… 97

5.1 变质作用的因素及类型 …… 97

5.1.1　变质作用的因素 …… 97
5.1.2　变质作用的类型 …… 99
5.2　变质岩的基本特征 …… 101
5.2.1　变质岩的化学成分 …… 101
5.2.2　变质岩的矿物组成 …… 102
5.2.3　变质岩的结构和构造 …… 103
5.3　变质岩的分类及特征 …… 109
5.3.1　变质岩的分类 …… 109
5.3.2　各类变质岩的特征 …… 109
5.4　变质岩的肉眼鉴定和命名 …… 114
5.5　岩石的演变 …… 115

本篇习题 …… 116
思考题 …… 116

## 第2篇　矿石及成矿作用

**6　与矿石有关的基本概念** …… 117

6.1　矿石 …… 117
6.1.1　矿石的概念 …… 117
6.1.2　矿石的分类 …… 117
6.1.3　矿石的品位 …… 118
6.1.4　矿石的结构和构造 …… 120
6.2　矿体和围岩 …… 134
6.2.1　矿体与围岩的概念 …… 134
6.2.2　矿体的形态 …… 135
6.2.3　矿体的产状 …… 135
6.3　矿床 …… 136
6.3.1　矿床的概念 …… 136
6.3.2　矿产资源储量 …… 136
6.3.3　矿床的规模 …… 141

**7　成矿作用和矿床的成因分类** …… 143

7.1　成矿作用的概念和分类 …… 143
7.2　矿床的成因分类 …… 145

**8　火成成矿作用** …… 149

8.1　岩浆成矿作用 …… 149
8.1.1　部分熔融和结晶分异 …… 149

8.1.2 液态不混溶作用 …… 151
8.2 岩浆热液成矿作用 …… 152
8.2.1 岩浆热液的出溶机制及出溶流体特征 …… 152
8.2.2 成矿元素在成矿流体中的富集机制 …… 153
8.2.3 矿质迁移与沉淀 …… 154

**9 热液成矿作用** …… 157

9.1 热液的来源 …… 157
9.1.1 海水 …… 157
9.1.2 大气降水 …… 157
9.1.3 建造水（原生水） …… 158
9.1.4 变质水 …… 159
9.1.5 混合流体 …… 160
9.2 流体的移动 …… 160
9.3 金属的配合物形式和溶解度 …… 161
9.4 溶液中金属的沉淀机理 …… 163

**10 沉积和表生成矿作用** …… 165

10.1 化学风化过程中有用组分的富集过程 …… 165
10.1.1 溶解和水化 …… 165
10.1.2 水解和酸解 …… 166
10.1.3 氧化作用 …… 166
10.1.4 阳离子交换 …… 166
10.2 沉积成矿作用 …… 166
10.2.1 机械沉积作用 …… 167
10.2.2 化学沉积作用 …… 169

本篇习题 …… 169
思考题 …… 170

## 第3篇 工艺矿物学

**11 不透明矿物反光镜下的鉴定** …… 172

11.1 吸收性矿物的光学原理 …… 172
11.1.1 吸收性矿物 …… 172
11.1.2 自然光和平面偏光 …… 172
11.1.3 光与传播媒介的相互作用 …… 172
11.1.4 光与不透明矿物的相互作用 …… 173
11.1.5 不透明矿物对平面偏光的反射作用 …… 174

11.2　矿相显微镜的构造和使用…… 174
11.2.1　矿相显微镜的构造…… 174
11.2.2　矿相显微镜的调校…… 175
11.2.3　矿相显微镜观察所用的样品…… 175
11.3　不透明矿物的光学性质…… 178
11.3.1　矿物的反射率和双反射率…… 178
11.3.2　矿物的反射色和反射多色性…… 180
11.3.3　矿物的均质性与非均质性…… 182
11.3.4　矿物的内反射…… 184
11.3.5　矿物的偏光图和旋转色散…… 186
11.4　矿物其他特征的镜下观察…… 189
11.4.1　矿物的显微硬度…… 189
11.4.2　矿物的切面形态…… 191
11.4.3　矿物的解理…… 192
11.4.4　矿物的磁性…… 192
11.5　矿物的浸蚀鉴定…… 192
11.5.1　浸蚀鉴定的概念…… 192
11.5.2　浸蚀鉴定的常用试剂、用具及操作…… 193
11.5.3　试剂反应类型…… 193
11.5.4　浸蚀鉴定时需注意的事项…… 193
11.6　矿物鉴定小结…… 193

**12　矿石中矿物的嵌布特征和元素赋存状态……** 207

12.1　矿石中矿物嵌布特征的研究内容…… 207
12.1.1　颗粒大小…… 207
12.1.2　形状…… 207
12.1.3　矿物间的结合关系…… 207
12.1.4　矿物在矿石中的空间分布…… 207
12.2　矿物颗粒的粒度及测量…… 208
12.2.1　粒度测量用样品…… 208
12.2.2　矿物粒度表示方法…… 208
12.2.3　显微镜下矿物粒度（截面粒度）测量方法…… 210
12.3　矿石中元素的赋存状态…… 211
12.3.1　矿石中元素赋存状态的类型…… 211
12.3.2　矿石中元素赋存状态的研究方法…… 211

**13　矿物的单体解离度……** 213

13.1　单体、连生体和单体解离度…… 213
13.2　矿物的解离方式…… 213
13.3　连生体的类型划分…… 213

13.4 影响矿物解离的因素…………………………………………………… 216
13.5 矿物单体解离度的测算方法…………………………………………… 216
13.5.1 样品…………………………………………………………………… 216
13.5.2 显微镜下测定方法…………………………………………………… 217
13.5.3 矿物解离分析仪……………………………………………………… 217

本篇习题…………………………………………………………………………… 217
思考题……………………………………………………………………………… 218

**参考文献**………………………………………………………………………… 219

# 第1篇

# 岩石矿物学基础

# 1 地质学概论

地质学是地球科学的重要组成部分。地质学（geology）一词最早来源于希腊语 geo（意为地球）和 logia（意为研究）。8 世纪时出现了拉丁语 geologia，现代英语的地质学（geology）一词即来源于此。地质学是研究地球的物质组成、结构和演化历史的一门科学。随着地质学研究的不断深入，地质学发展出多个独立的分支学科，如矿物学（mineralogy）、岩石学（petrology）、古生物学（paleontology）、地层学（stratigraphy）、地球化学（geochemistry）、地貌学（geomorphology）等（Allaby，2008）。地质学利用科学的理论解释地球上的各种自然现象，如山脉是如何形成的、矿产是如何形成的、为何某些矿产只产在特定的地层（或岩石）中（Plummer et al.，1999）。地质学知识还可以指导我们预防地质灾害、合理开发和利用地球所提供的各种资源、更好地理解和保护我们的生存环境。

地球是地质学的主要研究对象，也是人类生存的场所，目前人类所能利用的矿产资源全部来源于地壳之中。地球表面形貌的形成、环境的变迁、地壳中矿产的形成等均与地球内部的动力学过程有关，因此，要想了解地壳浅部矿产的形成和分布，必须首先了解地球的内部结构和物质组成。

## 1.1 地球的结构及物质组成

### 1.1.1 地球的形成和演化

地球形成于约距今 46 亿年前，在其过去的 46 亿年间，地球经历了沧桑巨变。地球演化大致可分为三个阶段。第一阶段为地球圈层形成时期，其时限大致为 4600~4000Ma（Ma 意为百万年，即距今 46 亿至 40 亿年）。地球诞生之初与现今大不相同。根据科学家推断，地球形成之初是一个由液态物质（主要为岩浆）组成的炽热的球体。随着时间的推移，地球的温度不断下降，形成了一个表面主要由固态岩石组成的地球。由于重力分异，密度大的物质向地心移动，形成由铁镍金属为主要物质的地核，密度较小的物质（主要为硅酸盐）则形成地幔和地壳。

第二阶段为太古宙、元古宙时期，其时限为 4000～541Ma。在此期间，早期地球经过漫长而复杂的演化，形成了今天我们所熟悉的地球。通过不间断向外释放能量，高温岩浆中不断释放出水蒸气、二氧化碳等气体，构成了非常稀薄的早期大气层——原始大气。随着原始大气中的水蒸气不断增多，越来越多的水蒸气凝结成小水滴，再汇聚成雨水落到地表，形成了原始海洋。在此期间，生命在海洋中孕育。由于光合作用等生化反应的出现，生命活动也在进一步塑造着地球的大气和海洋，原始大气和原始海洋最终演化为与今天大气、海洋类似的物质组成。

第三阶段为显生宙时期，其时限由 541Ma 至今。显生宙延续的时间相对短暂，但这一时期生物极其繁盛，地质演化十分迅速，地质作用丰富多彩。显生宙的沉积岩、岩浆岩等地质体在全球范围内广泛保存，为这一时期的地质活动留下了丰富的岩石记录。因此，地质学家们可以对显生宙地质作用进行深入而广泛的研究，并建立起了地质学的基本理论和基础知识体系。

### 1.1.2　地球的形状和大小

通常说的地球形状指的是地球固体外壳及其表面水体的轮廓。从人造卫星拍摄的地球照片可以看出，地球是一个球状体。它的赤道半径稍大（约 6378km），两极半径稍小（约 6357km），两者相差 21km。其形状与旋转椭球体很近似，但北极比旋转椭球体凸出约 10m，南极凹进约 30m，中纬度在北半球稍凹进，而在南半球稍凸出。

地球围绕通过球心的地轴（连接地球南北极的假想直线）自转，自转轴对着北极星方向的一端称为北极，另外一端则称为南极。地球表面上，垂直于地球自转轴的大圆称赤道，地球表面上连接南北两极的纵线称经线，也称子午线。通过英国伦敦格林尼治天文台原址的那条经线为零度经线，也称本初子午线。从本初子午线向东分作 180°，称为东经；向西分作 180°，称为西经。地球表面上与赤道平行的小圆称为纬线。赤道为零度纬线，从赤道向南和向北各分为 90°，赤道以北的纬线称北纬，以南的纬线称南纬。

地球表面积达 5.1 亿 $km^2$，其中海洋约占 71%，陆地面积仅占约 29%。陆地和海洋在地表的分布很不规则，我们把大片陆地叫大陆或洲，大片海域叫海洋，散布在海洋中的小块陆地叫岛屿。陆地和海底都是高低不平的，陆地上有低洼的盆地，高耸的山脉，海底有海山、海盆和海沟。我国喜马拉雅山脉珠穆朗玛峰高 8848.86m，是大陆上的最高峰，而太平洋中马里亚纳群岛附近的海渊深达 11033m，是海洋中最深的地方。

### 1.1.3　地球的内部结构

依据地球内部放射性同位素的比值以及相关核素的衰变速率，地质学家们得知，地球从形成到现在经历了约 46 亿年。在这漫长的地质历史中，地球经历了多次沧桑巨变。由于地球物质不断发生分异作用，使地球内部分出了不同的圈层。目前，地球内部圈层的划分主要是根据地球物理，特别是地震波的资料得出的。根据地震波在地球内部传播速率的变化可以看出，地球内部存在着两个明显的不连续界面。一个界面在约 33km（大陆地壳）深处，穿过这个界面，纵波传播速率从 6.8km/s 增加到 8.1km/s，而横波传播速率由 3.9km/s 增加到 4.5km/s，这个界面称为莫霍洛维奇面（Mohorovicic discontinuity），简称莫霍面（Moho），是地壳与地幔的分界面。另一个界面在约 2891km 深处，纵波传播速率从 13.7km/s，突然下降到 8.0km/s，而横波不能通过此面，此界面称古登堡面 (Gutenberg discontinuity)，是地幔与地核的分界面。根据这两个界面，可将固体地球由外至内分为三个圈层（图 1-1），它们分别是地壳、地幔和地核。这三个圈层处在不同深度，具有不同的物理性质和物质组成。

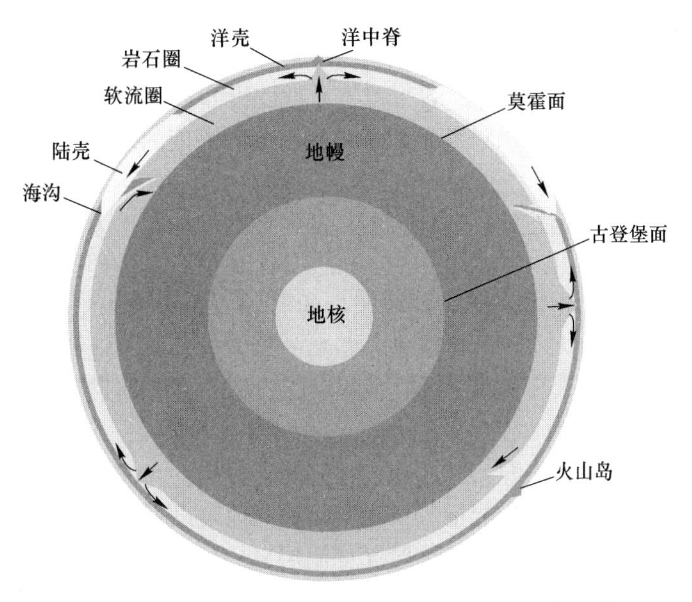


图 1-1 地球构造示意图（据 Thompson and Turk，1998 修绘）

（1）地壳（crust）。莫霍面以上由固体岩石组成的地球最外圈层称为地壳。地壳平均厚度约 18km。大洋地区与大陆地区的地壳结构明显不同（图 1-1），大洋地区的地壳（洋壳）很薄，平均厚度约 7km，且厚度较为均匀；大陆地区地壳（陆壳）的厚度为 20~80km，平均 33km。大陆地壳上部岩石平均成分相当于花岗岩类岩石，其化学成分富含硅、铝，又叫硅铝层；下部岩石平均成分相当于玄武岩类岩石，其化学成分中硅、铝含量较低，而铁、镁含量相对较高，因此又叫做硅镁层。洋壳主要由硅镁层组成，有的地方有很薄的硅铝层或完全缺失硅铝层。

（2）地幔（mantle）。地幔是位于莫霍面以下古登堡面以上的圈层，由浅至深可分为三个部分：上地幔、过渡层和下地幔。上地幔深度为 20~400km。目前研究认为，上地幔的成分接近于超基性岩即二辉橄榄岩的组成。在上地幔之内，60~150km 间，许多大洋区及晚期造山带内有一地震波低速层，称为软流圈（asthenosphere）。软流圈可能是由地幔物质部分熔融造成的，是幔源岩浆的主要发源地。在软流圈上部，由地壳和上地幔顶部的刚性岩石共同组成岩石圈（lithosphere）。过渡层深度为 400~670km，是由橄榄石和辉石的矿物相转变吸热降温形成的。下地幔深度为 670~2891km，目前认为下地幔的成分比较均一。

（3）地核（core）。古登堡面以下直至地心的部分称为地核。它又可分为外核和内核。一般认为地核主要由金属铁组成，特别是内核，可能基本由纯铁组成。铁陨石被认为是其他行星破碎后的残片，故其成分应与地球地核类似。由于铁陨石中常含少量的镍，所以一些学者推测地核的成分中也应含少量的镍，即铁镍合金。地震波数据表明外核呈液态，而内核为固态金属。液态的外核密度比内核小，除铁、镍外，还可能有少量的硫、硅等轻元素存在。铁陨石中含有一定量的 FeS，而硅含量甚微。

### 1.1.4　地球的主要物理性质

根据牛顿万有引力定律，计算得出地球的质量为 $5.98\times10^{27}$g，再除以地球的体积，得出地球的平均密度为 5.52g/cm$^3$。目前，地质学家直接测出的构成地壳各种岩石的密度为 1.5～3.3g/cm$^3$，平均密度为 2.7～2.8g/cm$^3$，并据此推测地球内部物质密度更大。据地震波传播速度与密度的关系，可以计算出地球内部密度随深度的增加而增加，地心密度可达 16～17g/cm$^3$。

受上覆岩石重量的影响，地球内部压力亦随深度的增加而增大。若仅考虑上覆岩石的压力，地壳内每加深 1km 压力增加 27～30MPa，这个数值被称为地压梯度。

地球对物体的引力和物体因地球自转产生的离心力的合力叫重力（gravity），其作用方向大致指向地心，引力大小与物体距地心距离的平方成反比。地球赤道半径大于两极半径，故引力在两极比赤道大，而离心力在两极接近于零，在赤道最大，因此，地球的重力会随纬度的增高而增大。

地球的热量主要有两个来源：外部来自太阳的辐射热；内部主要来自放射性元素衰变以及矿物之间化学反应释放出的能量。根据大陆地壳地表以下地热的来源和分布状态，可将地壳按温度变化规律分为三层：外热层（变温层）、常温层（恒温层）和内热层（增温层）。变温层主要受太阳辐射的影响，其温度随地区、季节、昼夜的不同而变化，其影响深度一般在 10～20m，平均 15m，在内陆地区最大可达 30～40m。常温层岩石不受太阳辐射的影响，其温度常年保持不变，约等于当地的年平均气温。在地壳增温层内，其温度随深度增加而增大，平均每加深 100m，温度升高约 3℃，这种每加深 100m 温度增加的数值，叫做地热增温率或地温梯度（geothermal gradient），而把温度每升高 1℃所需增加的深度，称为地热增温级，其平均值约为 33m。若按上述简单规律推算，地心的温度将达到 20 万摄氏度，这显然是不可能的。现代地球物理学的研究证明，上述规律只适用于地表以下 20km 深度范围，如果深度继续增加，地球内部的导热率也将随之增大，地温的增加则会大大变缓。据推测，地心的温度在 3000～5000℃之间。

地球磁场（geomagnetic field）的存在可以通过其对磁针的影响看出。磁针所指的方向（亦称地磁子午线）就是地磁的两极。地磁两极与地理两极是不完全重合的，地磁场的磁轴与地球自转的地轴相差约 11.5°。地球表面上连接地理南北极的线叫地理子午线，而地球表面上连接地磁两极的线叫地磁子午线。地磁子午线与地理子午线之间有一定夹角，称磁偏角（magnetic declination）。磁偏角的大小因地而异，因此，在使用罗盘测量方位角时，必须根据当地的磁偏角进行校正。

磁针只有在赤道附近才能保持水平状态，向两极移动时逐渐发生倾斜。磁针与水平面的夹角，称为磁倾角（magnetic dip angle）。地球各地的磁倾角也不一致。地质罗盘上磁针有一端往往捆有细铜丝，就是为了使磁针保持水平。我国处于地球北半部，因此，在磁针南端多捆有细铜丝，以校正磁倾角的影响。

在地球上的某一点，单位磁极所受的磁力大小，称为该点的磁场强度（magnetic density）。磁场强度因地而异，一般是随纬度增加而增强。

磁偏角、磁倾角、磁场强度统称为地磁三要素，用以表示地表某点的地磁情况。根据地磁三要素的分布规律，可以计算出地球表面某地地磁三要素的理论值。但是，由于地下物质分布不均匀，某些地区实测数值与理论计算值不一致，这种现象叫地磁异常（geomagnetic anomaly）。引起地磁异常的原因，一是地下有磁性地质体或矿体存在，另一是地下岩层可能发生剧烈变位。因此，地磁异常的研究，对查明深部地质构造和寻找铁、镍等金属矿床有着特殊的意义。地球物理学中的磁法探矿，就是利用上述原理。

地球内部放射性元素含量虽少，分布却很广泛，且多聚集在地壳上部的花岗岩中，随深度加大而逐渐减少。地球所含放射性元素主要是铀、钍等。此外，钾、铷、钐和铼等也具有放射性同位素。根据放射性元素衰变的性质，可以计算地球岩石的年龄，寻找有关矿产。同时，放射性元素衰变所产生的热能，是地质作用的主要能源之一。

### 1.1.5 地球的物质组成

整个地球中所含元素的质量分数从高到低依次为：Fe、O、Si、Mg、Ni、S、Ca、Al，上述元素占地球总质量的98%以上，其中 Fe 含量高达 1/3 以上。大部分 Fe 和 Ni 以金属状态存在于地核中，地幔和地壳中轻元素含量明显增加。根据地壳岩石和陨石的化学组分分析，组成地壳的化学成分以 O、Si、Al、Fe、Ca、Na、K、Mg、H 等为主。这些元素在地壳中的平均质量分数（称克拉克值，Clarke value）各不相同，从高到低依次为：氧（O）49.13%、硅（Si）26.00%、铝（Al）7.45%、铁（Fe）4.20%、钙（Ca）3.25%、钠（Na）2.40%、钾（K）2.35%、镁（Mg）2.35%、氢（H）1.00%。上述十种元素占了地壳总质量的 98.13%。其中氧几乎占了一半，硅占 1/4 多一点，而除上述十种元素以外的其他近百种元素总共只占 1.87%，可见地壳中各元素含量是差异极大的。工业上有较大经济意义的 Cu、Pb、Zn、W、Sn、Mo 等元素，在地壳中平均含量极小，但它们在各种地质作用下可富集形成有价值的矿床。

## 1.2 板块构造概述

我们生存的地球处在不断运动中，其内部就像被一个巨大的引擎所驱动，并对地壳表层岩石产生重要影响。这些运动导致地壳浅部岩石的变形及地球内部的水平或垂直运动，同时也导致了地球内部岩浆的形成，以及岩浆的侵位或喷发。解释这些现象的理论被称为大地构造理论，其中目前被广泛接受的大地构造理论就是板块构造（plate tectonic）理论。

### 1.2.1 板块构造的基本思想

板块构造理论是 20 世纪 60 年代早期，在大陆漂移与海底扩张的理论基础上提出的。板块构造理论归纳了大陆漂移和海底扩张的重要成果，并及时吸收了当时对岩石圈和软流圈研究所获得的新认识，从全球的角度，系统地阐明了岩石圈活动与演化的重大问题。自 20 世纪 70 年代以来，板块构造理论显著影响了地质学思维，解释了地壳和地幔的演化机制、大陆地壳的来源和分布、地壳变形式样、火山和地震的分布、大陆漂移、大洋中脊的形成等，也为解释地球的冷却过程提供了基础。板块构造的基本思想是：在固体地球的外层，存在比较刚性的岩石圈及其下伏的较为塑性的软流圈；地表附近刚性的岩石圈可分为若干大小不一的板块（plate），它们可以在塑性较强的软流圈上进行大规模的水平运移；大洋板块在一些板块边界不断新生，又在另一些板块边界不断俯冲到另一大洋或大陆板块之下，并重新进入地球内部而消解；板块内部相对稳定，板块边缘则由于相邻板块的相互作用而成为构造活动强烈的地带；板块之间的相互作用控制了岩石圈表层和内部的各种地质作用过程，同时也决定了全球岩石圈运动和演化的基本格局。

### 1.2.2　板块的划分和边界类型

全球范围内板块可划分为六个一级板块，它们是太平洋板块、亚欧板块、非洲板块、美洲板块、印度洋板块（包括澳洲）和南极洲板块，其中既有大洋板块，又有大陆板块。根据相邻板块之间的运动特征可将板块边界划分为三种类型，离散型（divergent boundaries）、汇聚型（convergent boundaries）、转换型（transform boundaries）。

离散型板块边界是相邻板块间向相反方向运动，主要沿大洋中脊（mid-ocean ridge）发育（图1-2）。大洋中脊是一条海底山脉，具有高的热流值。两个板块在此彼此远离，因此产生拉张裂隙，岩石圈撕裂、软流圈上涌，导致地幔部分熔融产生岩浆，并侵位至地壳浅部冷凝或喷出地表，形成新的大洋地壳。新生的洋壳与下伏固体地幔一起组成岩石圈，并在软流圈上“漂浮”，向远离大洋中脊的方向运动。因此，离散型板块边界是岩石圈新生的地区。在大洋中脊两侧，相邻板块之间相对移动（互相远离）的速率约为18cm/a。这一速率相对于人类的日常经验来说很小，但从板块构造的角度看，这已属高速运动。当岩石圈板块从离散型板块边界向两侧移动时，其逐渐变冷、密度变大、厚度加大，并缓慢下沉，导致洋底的地势在远离洋中脊时逐渐变低，即大洋中脊实际构成了洋底的山脉。

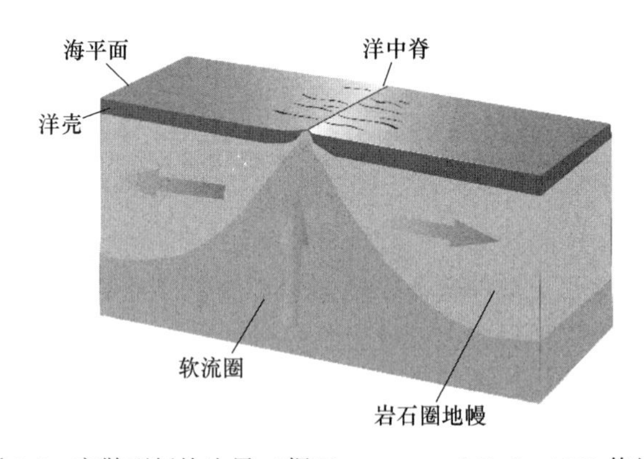


图1-2　离散型板块边界（据Thompson and Turk，1998修绘）

第二种边界类型叫转换型，此时相邻板块彼此发生走滑运动。美国加州的圣安第斯断裂就是一个例子，沿此断裂带发生的地震是两板块相对错动的结果。另外，在洋底地形图中可以看到许多横切大洋中脊的断裂，这些断裂为一系列的转换断层，也是转换型边界的表现。

第三种边界类型称为汇聚型，即相邻板块相向运动（图1-3）。当大洋板块与大陆板块或另一大洋板块相遇时，较轻的大陆板块超覆（仰冲）于大洋板块之上，而大洋板块则在被称为俯冲带（subduction zone）的位置下插（俯冲）至大陆板块（或另一大洋板块）之下。俯冲的大洋板块下插进入地幔深部之后，其上表面会由于温度升高而发生变质作用，从岩石中释放出富水流体，或直接发生熔融产生岩浆。在俯冲大洋板块顶部产生的流体或岩浆会继续向上运动，进入上覆的地幔，导致上覆地幔熔点降低，发生熔融而产生岩浆。这些来自地幔的岩浆会继续向浅部运动，在仰冲板块之上喷出地表形成火山或侵位于地壳浅部。此外，在俯冲带附近，有些岩石虽未发生熔融，却仍会经受高温、高压作用，在保持固态的情况下发生矿物组成或结构、构造的变化而形成新的岩石，即变质岩。除了岩浆岩和变质岩外，大多数造山带内也会由于板块汇聚、相互挤压而产生强烈的岩石变形，并形成高耸的山脉，如美洲西海岸的安第斯山脉。

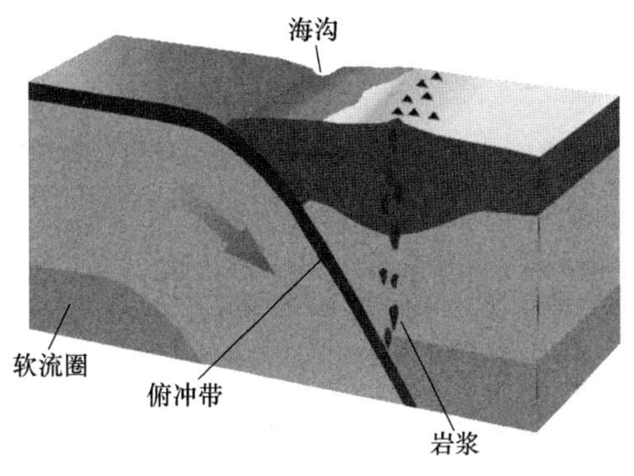


图 1-3 汇聚型板块边界（据 Thompson and Turk，1998 修绘）

# 2　矿　　物

## 2.1　矿物和晶体

### 2.1.1　矿物、晶体的概念

矿物（mineral）是在各种地质作用中所形成的天然单质或化合物，具有一定的化学成分和内部结构，从而有一定的形态、物理性质和化学性质。矿物在一定的地质和物理化学条件下稳定，是组成岩石和矿石的基本单位。如天然形成的 NaCl 晶体，其矿物名称为石盐；$SiO_2$ 晶体的矿物名称为石英，PbS 晶体的矿物名称为方铅矿，$K(Mg, Fe)_3AlSi_3O_{10}(F, OH)_2$ 晶体的矿物名称为黑云母。

在已知的三千余种矿物中，绝大多数呈固态。固态物质按其内部质点（原子、离子、分子）是否有规则排列，可分为晶体和非晶体。世界上绝大多数的矿物属于晶体，但也存在少数例外，如蛋白石（$SiO_2 \cdot nH_2O$）即属于非晶质矿物。

晶体（crystal）是指内部质点（原子、离子或分子）按规律排列的固体。这种规律表现为质点在三维空间做周期性的平移重复，从而构成了所谓的格子构造。直观上看，在具有格子构造的晶体中，其质点分布呈现出具有重复规律的几何图形（图 2-1(a)）。按照现代矿物学的概念，凡是质点按规律排列、具有格子构造的物质即称为结晶质，结晶质在空间的有限部分即为晶体。相反，非晶体在微观上则不具有规则排列的格子构造（图 2-1(b)）。

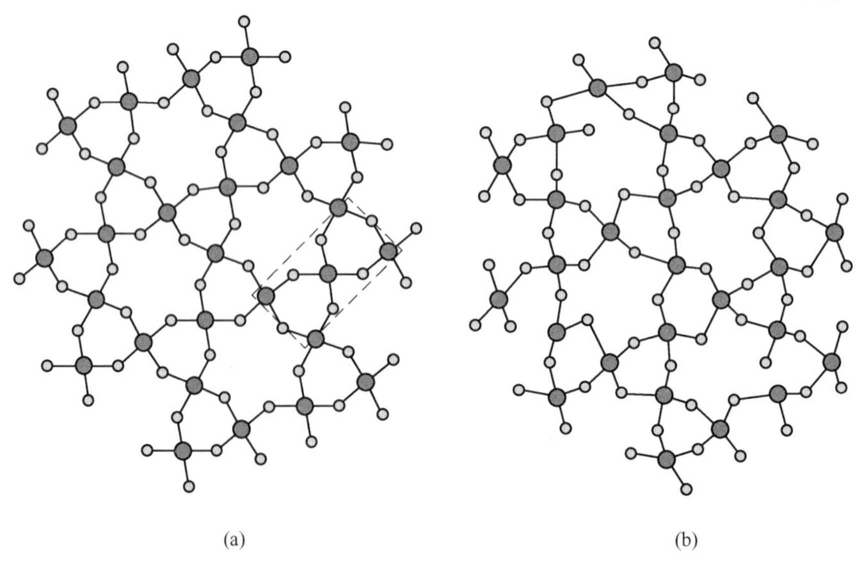


图 2-1　晶体（a）和非晶体（b）微观结构示意图
（晶体具有空间上可重复的格子，而非晶体中质点的排序是无序的）

以石盐（NaCl）为例，由于其内部的 $Na^+$ 和 $Cl^-$ 在空间的三个方向上按等距离排列（图 2-2），所以其在宏观上就呈现为立方体的晶形。当它破碎后，裂隙也会沿着格子结构中的某几个固定的薄弱面发育，形成立方体的小碎块（图 2-3(a)）。与此相反，非晶质体中内部质点的排列没有一定的规律，所以外表就不具有固定的几何形态。例如非晶质固体玻璃在破碎后，就会形成不规则形状的碎片及断口（图 2-3(b)）。

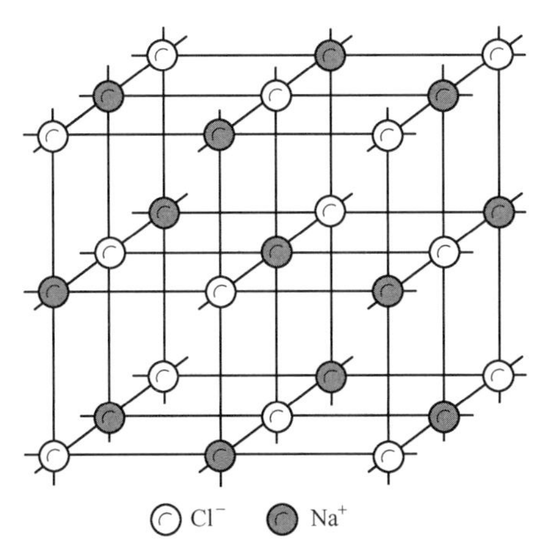


图 2-2 石盐晶体构造（据徐九华等，2014 修绘）

图 2-3 扫描电子显微镜下的石盐（a）颗粒和玻璃（b）碎片
（背散射电子照片）

在多数情况下，由于受生长条件的限制，矿物晶形的发育常常不很完善，但只要其内部的质点是按规律排列的，仍不失其为晶体的实质。应该指出，晶质和非晶质并非一成不变的，两者在一定的温度、压力条件下是可以相互转化的。由于晶体具有最小内能，因此非晶质体在自然条件下会趋向于向晶体转变。玻璃老化后其中产生絮状物，这就是非晶质体向晶质体转化的最好例子。另外，蛋白石为等非晶质矿物，其在高温条件下会发生内部质点的重新排列，转化为结晶的石英。另外，晶质体也可向非晶质体转化，例如结晶的锆石（硅酸锆晶体）中常含有一定量的 U、Th 等放射性元素，如果其中的放射性元素含量很高，锆石晶体会在经历长期的放射性破坏后失去其晶体结构，变为非晶态固体。

### 2.1.2　晶体的基本性质

由于晶体内部的质点有规律排列，具有格子构造，因此晶体具有一些区别于其他物质的特殊性质，称为晶体的基本性质。

（1）自限性（selfconfinement）。晶体在适当条件下生长时，会自发地形成规则的凸多面体形态，这是晶体内部质点有规律排列的结果，是晶体的内部结构在宏观形态上的表现。

（2）均一性（homogeneity）。由于晶体内部的格子构造是在空间上重复出现的，因此晶体内部的任何一个小部分的物理性质和化学性质都是和整个晶体相同的。例如，我们把一个大的石英晶体敲碎，得到的每一个石英小碎片的密度、折射率、导电性、硬度等性质都是相同的。

（3）异向性（anisotropy）。通常来讲，晶体的格子构造在不同的空间方向上具有不同的性质，如质点间的距离、排列方式有所不同。这导致晶体在宏观上的物理、化学性质在不同的结晶方向上有所不同。例如，蓝晶石晶体沿不同的方向具有不同的硬度（图 2-4）。沿平行于蓝晶石晶体长轴的方向，矿物硬度较小，可以被小刀划刻；而垂直于晶体长轴的方向硬度较大，不能被小刀划刻。

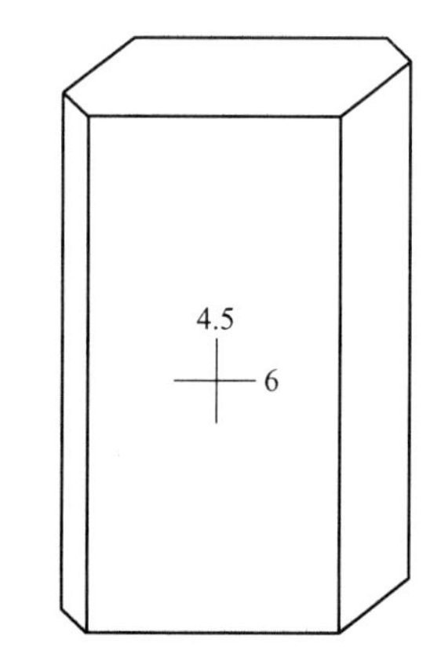


图 2-4　蓝晶石晶体在不同的结晶方向上具有不同的硬度（图中数字为莫氏硬度值）

（4）对称性（symmetry）。晶体的对称性指晶体中的相同部分或性质在不同的方向或位置上有规律地重复出现。例如在一个晶体的不同方向上会出现形状完全相同的晶面、晶棱、角顶。金刚石晶体通常具有八面体晶形，其原因是晶体的内部的质点在空间上呈周期性重复排列，晶体内部质点在微观上具有对称性，这导致其宏观形状、物理性质也具有对称性。晶体的对称性是晶体分类的重要依据。

（5）最小内能与稳定性。在相同的热力学条件下，晶体与具有相同化学成分的气体、液体以及非晶态固体相比，其内能最小。晶体内部质点在三维空间内有规律排列，这是质点间引力、斥力达到平衡所形成的状态，这种状态具有的内能是最小的，任何对这一状态改变都会增大质点间引力或斥力，导致质点间的势能增大，进而增大体系总的内能。因此，相比于具有相同化学成分的其他物态，晶体是最为稳定的。由于晶体是最稳定的存在物态，非晶体会自发地转变为晶体，并释放能量，而晶体则不会在没有外界能量输入的情况下自发地转化为非晶态物质。

（6）定熔性。晶体在受热熔化时，具有固定的熔点。晶体持续吸热时，在最初阶段晶体的温度随吸热而上升；当温度上升至晶体的熔点时，晶体开始部分熔化，在此阶段晶体持续吸热，但温度维持不变，所吸收的能量用于破坏晶体的晶格；当晶体全部熔化为液体后，将继续吸热使液体的温度再次上升（图 2-5(a)）。例如，当冰（晶体）持续吸热熔化为水时，会在其熔点（标准大气压下为0℃）温度下以冰水混合物形式维持较长时间，当冰完全熔化后，才会继续吸热升温。与晶体不同，非晶体没有固定的熔点，其固态与液态也没有明确的界限。非晶体在吸热后持续升温，由固体逐渐转变为液体（图2-5（b））。以玻璃为例，当玻璃受热后，温度持续升高，逐渐软化，由固体逐渐转化为液体。

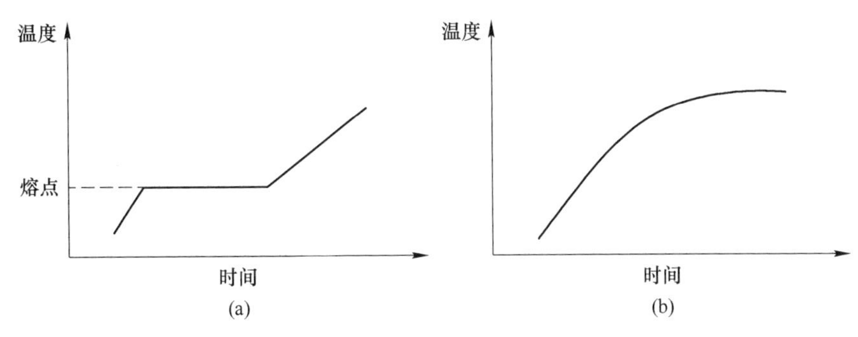


图2-5　晶体和非晶体加热曲线

（a）晶体；（b）非晶体

### 2.1.3　晶体的对称性和晶系

#### 2.1.3.1　对称的概念

对称是自然界中的常见现象。对称的物体或图形有两个最基本特点：(1) 对称的物体上存在若干形状完全相同的局部；(2) 这些完全相同的部分经过一定的操作可以彼此完全重叠。例如，蝴蝶具有对称的形态，它具有两个形状完全相同的翅膀。假设存在一个平分蝴蝶身体且垂直于蝴蝶翅膀的平面，通过这个平面对其中的一只翅膀做镜面操作，可以得到一个与另一只翅膀完全重叠的图形（图2-6）。这种物体上等同部分有规律重复的性质，称为对称。

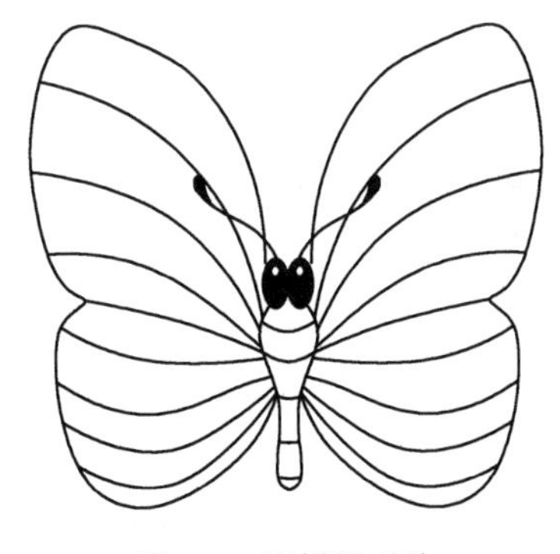

图2-6　蝴蝶的对称

对称的图形通过一系列的操作，可以让自身形状完全相同的局部彼此重复，这些操作在结晶学上称为对称操作，进行对称操作时所借助的几何要素（点、线、面）称为对称要素（symmetry element）。仍以蝴蝶为例，蝴蝶通过一个平分身体且垂直于翅膀的平面进行镜像操作，可以让它的两个翅膀完全重合，这个平面就是对称要素，而这个镜像操作就是对称操作。

由于晶体具有微观上的格子构造，因此晶体都具有对称性。晶体的对称具有以下特点：

（1）所有晶体都是对称的。其原因是构成晶体的格子构造在微观上就是对称的。

（2）晶体的宏观对称受到格子构造的严格制约，即晶体的对称是有限的，只有格子构造允许的对称才能表现为晶体宏观形态上的对称。

（3）晶体的对称不仅体现在其几何形态上，晶体的物理性质、化学性质也受微观格子构造的控制，它们也具有宏观对称性。

2.1.3.2　晶体几何外形的对称要素

A　对称面（$P$）

对称面是一个假想的平面，晶体在对称面一侧的部分借助这个平面进行镜像操作，所得到的镜像图形与晶体的另一部分完全重合，即晶体通过对称面可以平分为互成镜像的两个相等部分。

以图 2-7 为例，垂直于纸面的平面 $P_1$ 和 $P_2$ 都是对称面，$P_1$ 和 $P_2$ 都可以把图形 $ABDE$ 分为互成镜像的两个相等部分。应注意，面 $AD$ 不是图形 $ABDE$ 的对称面，它可以将图形 $ABDE$ 平分为两个全等的三角形 $AED$ 和 $ABD$，但这两个三角形部分经过镜面操作并不能完全重合。

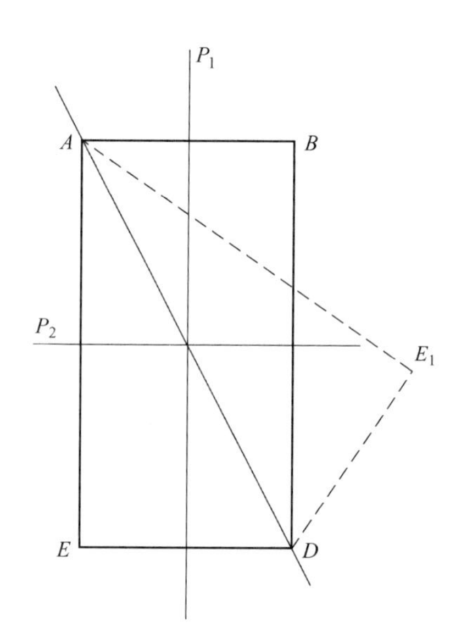

图 2-7　对称面示意图

在实际晶体中，以下部位可能存在对称面：垂直并平分晶面的平面；垂直并平分晶棱的平面；包含晶棱的平面；垂直晶面并平分它的两条晶棱夹角的平面。

有些晶体中不存在对称面，有些存在一个或多个对称面。一个晶体中的对称面数量最多不超过 9 个，例如立方体就有 9 个对称面。对称面的符号是 $P$，在其前加上数字以表示晶体中存在几个对称面，例如具有 9 个对称面的立方体（图 2-8）可记为 $9P$。

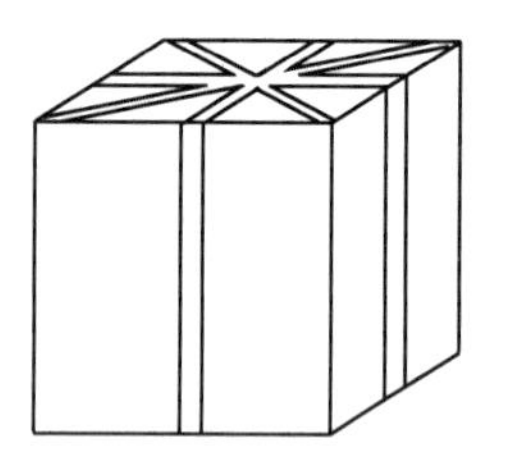
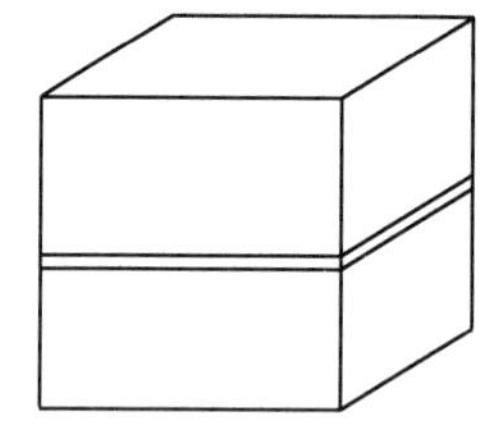
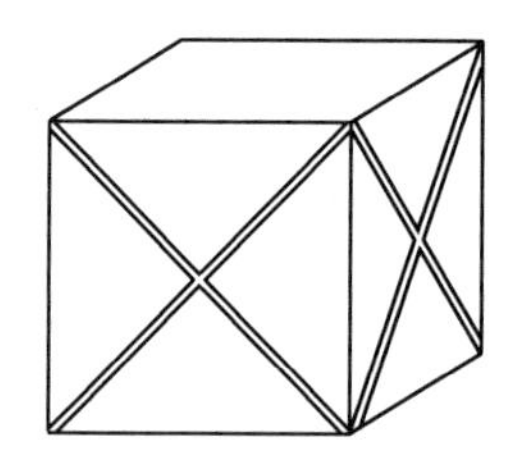

图 2-8　立方体的 9 个对称面

B　对称轴（$L^n$）

对称轴是通过晶体中心的一根假想直线，晶体围绕此直线旋转一定角度后，晶体上的相同部分完全重复。一个晶体围绕对称轴旋转 360°，晶体上相同部分重复出现的次数，称为轴次（$n$）；使晶体上相同部分重复出现所需要旋转的最小角度称为基转角（$\alpha$），两者之间的关系为 $n = 360°/\alpha$。

对称轴记为 $L$，其右侧上角标 $n$ 表示轴次，即记为 $L^n$，例如四次对称轴即表达为 $L^4$。

晶体上可能出现一次（$L^1$）、二次（$L^2$）、三次（$L^3$）、四次（$L^4$）、六次（$L^6$）对称轴。一次对称轴（$L^1$）无实际意义，因为任何晶体围绕直线旋转 360°都可以与自身完全重叠。轴次高于 2 次的对称轴称为高次轴，包括 $L^3$、$L^4$、$L^6$。

图 2-9 展示了 $L^2$、$L^3$、$L^4$ 和 $L^6$ 对称轴的实例。

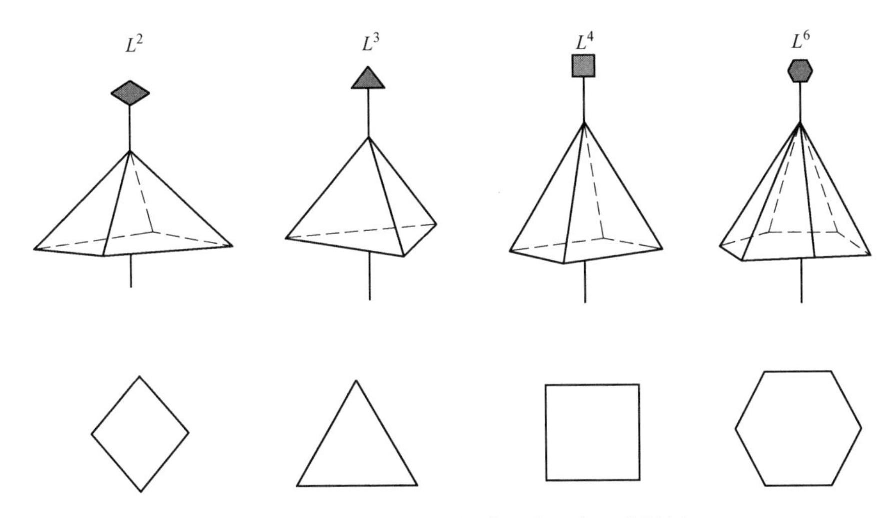


图 2-9　晶体中的对称轴 $L^2$、$L^3$、$L^4$、$L^6$ 举例

晶体中不可能出现五次对称轴及高于六次的对称轴，这可以通过晶体的微观格子构造加以解释。如图 2-10 所示，具有 $L^2$、$L^3$、$L^4$、$L^6$ 的空间格子基本单元经过复制可以无间隙地布满整个平面，构成晶体的格子构造。然而，具有五次、七次、八次对称轴的基本单元，如正五边形、正七边形、正八边形，则不能无间隙地布满整个平面，无法形成具有格子构造的晶体。因此，晶体中不可能存在五次及高于六次的对称轴，这被称为晶体对称定律。

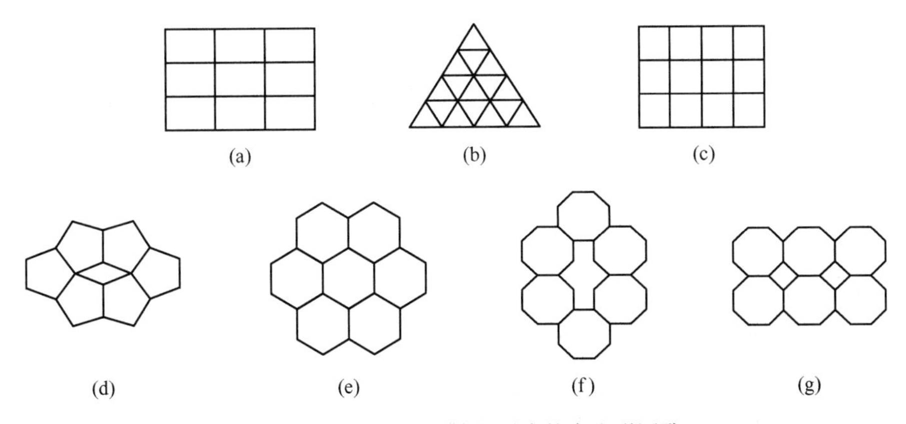


图 2-10　垂直于对称轴所形成的多边形网孔

(a)~(g) 分别表示垂直于 $L^2$、$L^3$、$L^4$、$L^5$、$L^6$、$L^7$、$L^8$的多边形网孔，五、七、八边形网孔不能无间隙地排列

在一个晶体中，可以没有对称轴，也可以有一种或几种不同轴次的对称轴，而每一种对称轴可以有一根或几根。与晶面书写方式类似，晶体中存在对称轴的数量写在符号 $L^n$ 的前面，如 $3L^4$ 表示晶体中存在 3 根四次对称轴，而 $4L^3$ 则表示存在 4 根三次轴。如果晶体存在几何中心，则对称轴一定会通过几何中心，并可能出现在：(1) 某两条棱中点的连线；(2) 某两平行晶面中心的连线；(3) 某两角顶的连线。如果晶体没有对称中心，则某一晶面中心、晶棱中点及角顶三者中任意两者间的连线可能为晶体对称轴出现的位置。

C　对称中心（$C$）

对称中心是晶体内部的一个假想点。通过此点做任意直线，晶体上相同的两点可以在此直线距对称中心等距离的两端上找到。

例如图2-11中的$C$点即为对称中心。过$C$点所做的任意直线上，可以找到距$C$点距离相等的两个点，是晶体上的两个相同部分，如点$A$和$A_1$、$B$和$B_1$。此外，$A_1$点也可以看成$A$点经过$C$点做射线，再延长相同的距离所得到的。

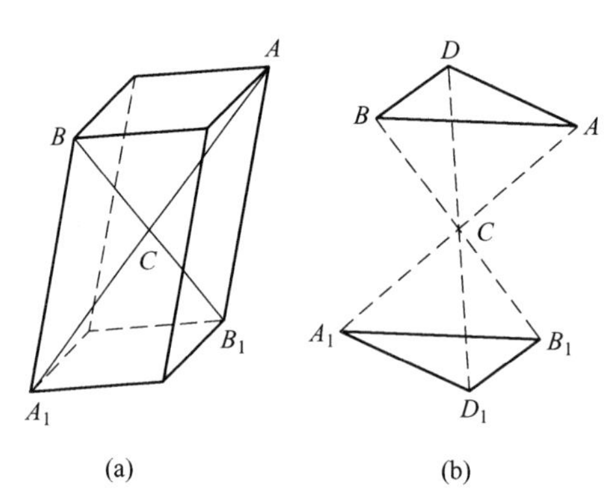


图2-11　具对称中心$C$的晶体（a）及由对称中心联系起来的两个反向平行的三角形（b）

晶体的对称中心以符号$C$表示。

并非所有晶体都有对称中心，如果存在，则只可能有一个。

D　旋转反伸轴（$L_i^n$）

旋转反伸轴是晶体中的一根假想直线。晶体上的点围绕此直线旋转一定角度后，再对此直线上的一个点做射线，延长相同距离（反伸）后可以与晶体上另一相等的点重合。

旋转反伸轴以符号$L_i^n$表示，i代表反伸，$n$为轴次。与对称轴类似，旋转反伸轴可能存在的轴次包括1次、2次、3次、4次、6次，相应的基转角为360°、180°、120°、90°、60°。

图2-12描绘了具有四次旋转反伸轴（$L_i^4$）的几何体的对称性。图2-12中的多面体为四方四面体，其对称操作如下：（1）围绕$L_i^4$旋转90°后，角顶$A$、$B$、$E$、$D$到达$A'$、$B'$、$E'$、$D'$的位置；（2）对$L_i^4$上的一点$C$进行反伸，使$A'$、$B'$、$E'$、$D'$分别与旋转前的$E$、$D$、$B$、$A$相重合，图形完全重复了原来的形象。针对某一个晶面分析，如面$ABD$绕$L_i^4$旋转90°后为面$A'B'D'$，再经过$L_i^4$上一点$C$的反伸，即可与旋转前的一个面$EDA$重合。图形围绕该轴旋转360°后可重复四次，故称其为四次旋转反伸轴。

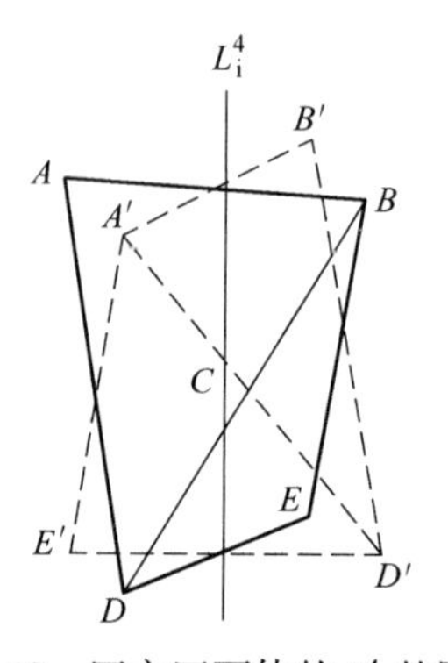


图2-12　四方四面体的$L_i^4$的图解

除$L_i^4$外，其余轴次的旋转反伸轴可以用其他简单的对称要素或它们的组合来代替（图2-13）。

$$L_i^1 = C;\ L_i^2 = P;\ L_i^3 = L^3 + C;\ L_i^6 = L^3 + P$$

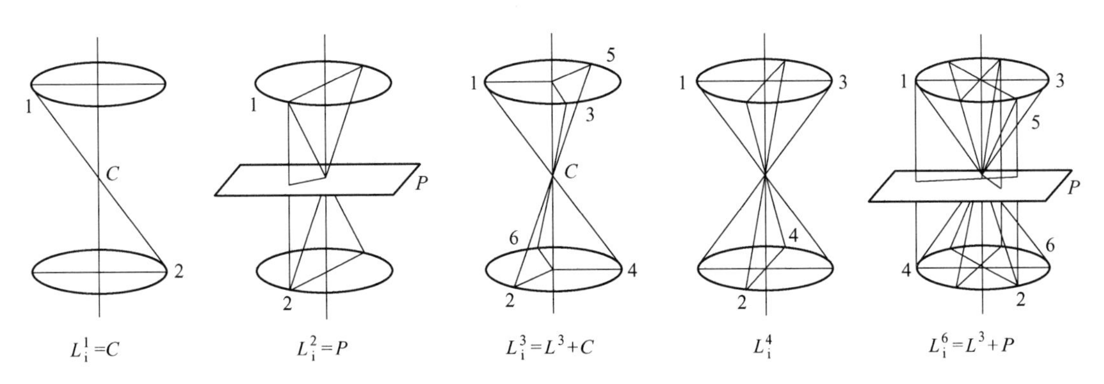


图 2-13　旋转反伸的图解

2.1.3.3　对称型与晶体分类

A　对称型（class of symmetry）

一个晶体中可以存在一种对称要素，也可以存在多种对称要素。一个晶体中全部对称要素的组合，称为对称型。

例如，斜长石晶体只有 1 个对称中心，它的对称型就是 $C$(图 2-14)。石膏晶体有 1 个二次对称轴（$L^2$）、1 个对称面（$P$）、1 个对称中心（$C$），因此它的对称型记为 $L^2PC$(图 2-15)。方铅矿具有立方体晶体，它的对称要素包括 3 个四次对称轴（$3L^4$）、4 个三次对称轴（$4L^3$）、6 个二次对称轴（$6L^2$）、9 个对称面（$9P$）、一个对称中心（$C$），故其对称型记为 $3L^44L^36L^29PC$。

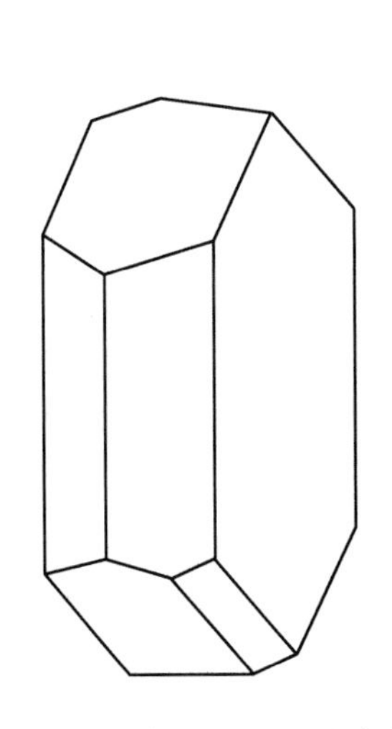

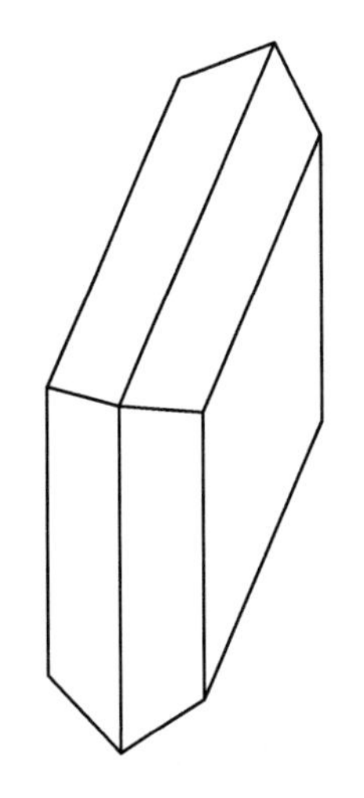

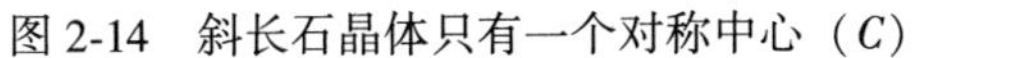

图 2-14　斜长石晶体只有一个对称中心（$C$）

图 2-15　石膏晶体的对称型为 $L^2PC$

书写晶体的对称型时，先按轴次由高至低的顺序书写对称轴和旋转反伸轴，再写对称面，最后写对称中心。

晶体种类众多，晶形各异，但受其内部格子构造的限制，晶体的对称型是有限的。

表 2-1为晶体中可能存在的 32 种对称型。

**表 2-1 晶体的 32 种对称型**

| 晶族 | 晶系 | 对称特点 | 对称型种类 | 晶类名称 |
|---|---|---|---|---|
| 低级晶族（无高次轴） | 三斜晶系 | 无 $L^2$，无 $P$ | $L^1$ | 单面晶类 |
| | | | $C$ | 平行双面晶类 |
| | 单斜晶系 | $L^2$ 或 $P$ 不多于 1 个 | $L^2$ | 轴双面晶类 |
| | | | $P$ | 反映双面晶类 |
| | | | $L^2PC$ | 斜方柱晶类 |
| | 斜方晶系 | $L^2$ 或 $P$ 多于 1 个 | $3L^2$ | 斜方四面体晶类 |
| | | | $L^2 2P$ | 斜方单锥晶类 |
| | | | $3L^2 3PC$ | 斜方双锥晶类 |
| 中级晶族（只有一个高次轴） | 四方晶系 | 有一个 $L^4$ 或 $L_i^4$ | $L^4$ | 四方单锥晶类 |
| | | | $L^4 4L^2$ | 四方偏方面体晶类 |
| | | | $L^4PC$ | 四方双锥晶类 |
| | | | $L^4 4P$ | 复四方单锥晶类 |
| | | | $L^4 4L^2 5PC$ | 复四方双锥晶类 |
| | | | $L_i^4$ | 四方四面体晶类 |
| | | | $L_i^4 2L^2 2P$ | 复四方偏三角面体晶类 |
| | 三方晶系 | 有一个 $L^3$ | $L^3$ | 三方单锥晶类 |
| | | | $L^3 3L^2$ | 三方偏方面体晶类 |
| | | | $L^3 3P$ | 复三方单锥晶类 |
| | | | $L^3 C$ | 菱面体晶类 |
| | | | $L^3 3L^2 3PC$ | 复三方偏三角面体晶类 |
| | 六方晶系 | 有一个 $L^6$ 或 $L_i^6$ | $L_i^6$ | 三方双锥晶类 |
| | | | $L_i^6 3L^2 3P$ | 复三方双锥晶类 |
| | | | $L^6$ | 六方单锥晶类 |
| | | | $L^6 6L^2$ | 六方偏方面体晶类 |
| | | | $L^6PC$ | 六方双锥晶类 |
| | | | $L^6 6P$ | 复六方单锥晶类 |
| | | | $L^6 6L^2 7PC$ | 复六方双锥晶类 |
| （有数个高次轴）高级晶族 | 等轴晶系 | 有 4 个 $L^3$ | $3L^2 4L^3$ | 五角四三面体晶类 |
| | | | $3L^2 4L^3 3PC$ | 偏方复十二面体晶类 |
| | | | $3L_i^4 4L^3 6P$ | 六四面体晶类 |
| | | | $3L^4 4L^3 6L^2$ | 五角三八面体晶类 |
| | | | $3L^4 4L^3 6L^2 9PC$ | 六八面体晶类 |

B 晶体的对称分类

晶体的对称性分类包括晶族（crystal category）、晶系（crystal system）、晶类（crystal class）三级分类单位。

晶体中轴次为三次及以上的对称轴及旋转反伸轴被称为高次轴。根据晶体中是否存在高次对称轴及高次轴的数量，可以将晶体分为 3 个晶族：高级晶族的晶体存在一根以上的高次轴，中级晶族的晶体只存在一根高次轴，而低级晶族不存在高次轴。

晶族以下，晶体根据其对称性被划分为 7 个晶系：高级晶族中只有 1 个晶系，等轴晶系（isometric system）；中级晶族根据其高次轴的轴次进一步划分为三方晶系（trigonal system，有 1 根三次轴）、四方晶系（tetragonal system，有 1 根四次轴或四次旋转反伸轴）、六方晶系（hexaonal system，有 1 根六次轴）；低级晶族则包括 3 个晶系，分别为斜方晶系（orthorhombic system，有多于 1 个二次轴或对称面）、单斜晶系（monclinic system，有不多于 1 个的二次轴或对称面）、三斜晶系（triclinic system，无二次对称轴和对称面）。

在 7 个晶系以下，进一步把属于同一对称型的晶体归为一类，称为晶类。如前文所述，晶体共存在 32 种对称型，因此共有 32 个晶类。

表 2-2 总结了各晶系的对称特点，并给出了常见的矿物实例。

**表 2-2 各晶系特点**

| 晶系 | 对称特点 | 图示 | 举例 |
|---|---|---|---|
| 等轴晶系 | 必有 4 个三次轴 | $a=b=c$<br>$a$、$b$、$c$ 互相垂直 | 黄铁矿<br>方铅矿<br>萤石<br>石榴石<br>闪锌矿 |
| 四方晶系 | 唯一高次轴为 1 个四次轴 | $a=b\neq c$<br>$a$、$b$、$c$ 互相垂直 | 白钨矿<br>黄铜矿<br>锆石 |
| 三方、六方晶系 | 唯一高次轴为 1 个三次（或六次）轴 | $c$ 是 1 个三次（或六次）对称轴 | 白云石（三方）<br>石英（三方）<br>电气石（三方）<br>方解石（三方）<br>磷灰石（六方）<br>绿柱石（六方） |

续表 2-2

| 晶系 | 对称特点 | 图示 | 举例 |
| --- | --- | --- | --- |
| 斜方晶系 | 有多于1个二次轴或对称面 | 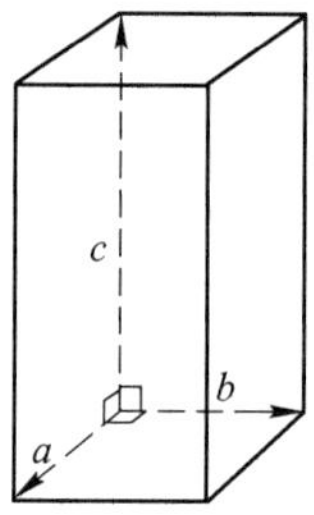 $a \neq b \neq c$<br>$a$、$b$、$c$ 互相垂直 | 重晶石<br>橄榄石<br>黄玉 |
| 单斜晶系 | 二次轴或对称面均不多于1个 | 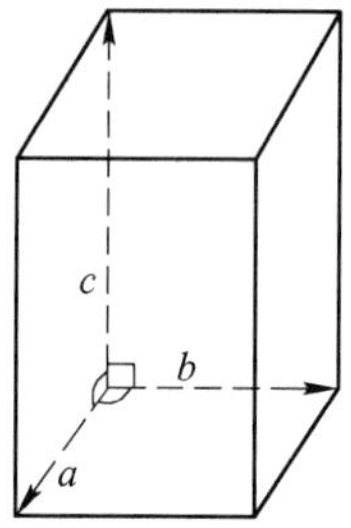 $a \neq b \neq c$<br>$b$ 与 $c$ 互相垂直，但 $a$ 与 $b$、$c$ 都不垂直 | 石膏<br>正长石 |
| 三斜晶系 | 无二次对称轴和对称面 | 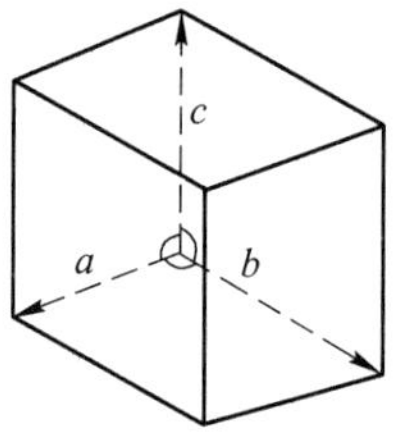 $a \neq b \neq c$<br>$a$、$b$、$c$ 互相不垂直 | 高岭石<br>钙长石 |

### 2.1.4 矿物的形态

矿物的形态分为矿物单体的形态及矿物集合体的形态。矿物单体形态是指矿物单个晶体的形态，通常是具有规则形态的几何多面体。此外，在自然界，同种矿物多呈集合体出现，众多矿物晶体整体所表现出的形态即矿物集合体的形态。

#### 2.1.4.1 矿物的单体形态

单晶体形态可分为两种：(1) 由单一形状的晶面所组成的晶体，即晶体的所有晶面形状完全相同，这种晶形称为单形 (single form)。如黄铁矿的立方体晶形，就是由6个全等的正方形晶面所组成 (图2-16(a))；磁铁矿的八面体晶形，则是由8个全等的等边三角形晶面所组成的。(2) 由数种单形聚合而成的晶体，称为聚形。如石英的晶体通常是由六方双锥和六方柱这两种单形聚合而成的，反映在晶体形态上表现为其由三角形和长方形两种形态的晶面组成（图 2-16(b)）。

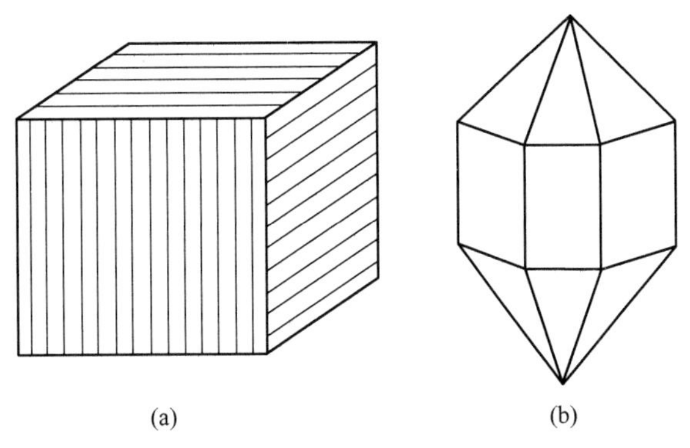


图 2-16 单形和聚形（据徐九华等，2014 修绘）
（a）黄铁矿的单形；（b）石英的聚形

上述晶体形态指的是理想晶体的形态，即晶体内部结构严格地服从空间格子规律，外形为规则的几何多面体，晶面平整、晶棱平直，晶体内同一单形的晶面形状完全相同、大小相等。但是，由于自然界晶体生长时的外界条件复杂，通常无法形成理想形态的晶体。晶体在形成之后，还可能受到后期的溶蚀和破坏，因此，自然界的实际晶体形态通常与理想晶体有所差异，其晶面通常并非理想的平面，同一单形的晶面也不一定同形等大，而且并非所有的晶面都会生长出来。

同一种矿物在不同的物理化学条件下生长时，常会形成不同的晶形。例如磁铁矿的晶体除有八面体的单形外，还有菱形十二面体的单形以及八面体和菱形十二面体的聚形（图 2-17）。这些不同条件下形成的磁铁矿晶体具有不同的几何形态，但其对称性都是一致的，即对称要素组合都是相同的。

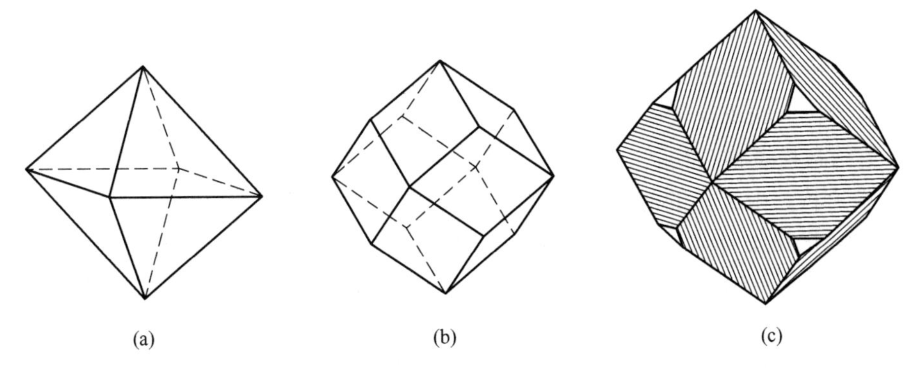


图 2-17 磁铁矿的几种晶形（据徐九华等，2014 修绘）
（a）八面体；（b）菱形十二面体；（c）八面体和菱形十二面体的聚形

此外，不同的矿物也可以具有相似的晶形，如石盐、萤石、黄铁矿等都属于等轴晶系矿物，都可以形成立方体晶形。

矿物的形态虽然众多，但就其在空间的发育状况即结晶习性而言，主要有一向延长、二向延长和三向延长 3 种。

（1）一向延长。晶体沿一个方向发育，呈柱状（如角闪石）、针状（如电气石）。

（2）二向延长。晶体沿两个方向发育，呈板状（如石膏）、片状（如云母）。

（3）三向延长。晶体在空间的三个方向上发育均等，呈等轴粒状（如磁铁矿）。

2.1.4.2　矿物集合体的形态

在自然界中，晶质矿物很少以单体出现，而非晶质矿物则根本没有规则的单体形态，所以常按集合体（aggregate）的形态来识别矿物。同时，由于集合体的形态往往反映了矿物的生成环境，因而对研究矿物的成因有着很大的意义。自然界中矿物的集合体形态很多，常见的有如下 8 种。

（1）晶簇状（druse）。一种或多种矿物的晶体，其一端固定在共同的基底之上，另一端则自由发育成比较完好的晶形，显示它是在岩石的空洞内生成的，这种集合体的形态，称之为晶簇。如石英、方解石的晶簇（图 2-18）。

图 2-18　石英晶簇（北京科技大学地质陈列室藏）

（2）粒状（granular aggregate）。由各向均等发育的矿物晶粒所集合而成的。按粒度的大小可分为粗粒、中粒和细粒 3 种。当颗粒过于细小，以至肉眼无法分辨其界限时，一般称为致密块状。如块状磁铁矿。按颗粒集结的紧密与否又可分为 3 种，即集结紧密者称致密状，集结疏松者称疏松状，松散未被胶结者称散粒状。

（3）鳞片状。由细小的薄片状矿物集合而成，如辉钼矿、石墨。

（4）纤维状和放射状。由针状或柱状矿物集合而成。如果晶体彼此平行排列，称为纤维状，如角闪石石棉；如果晶体大致围绕一个中心向四周散射者，则称为放射状，如雌黄（图 2-19）。

（5）结核状（nodule）。集合体呈球状、透镜状或瘤状者，称为结核状。它是晶质或者胶体围绕某一核心逐渐向外沉淀而成的，因而其横断面上常出现放射状或同心圆状，如沉积形成的黄铁矿和菱铁矿结核。颗粒像鱼子那样的结核状集合体，称之为鲕状，如鲕状赤铁矿（图 2-20）。

（6）钟乳状。往往具有同心层状（即皮壳状）构造，如钟乳状方解石、孔雀石等。钟乳状可再细分为：肾状，如肾状赤铁矿（图 2-21）；葡萄状，如葡萄状硬锰矿（图 2-22）；皮壳状，如皮壳状孔雀石（图 2-23）。

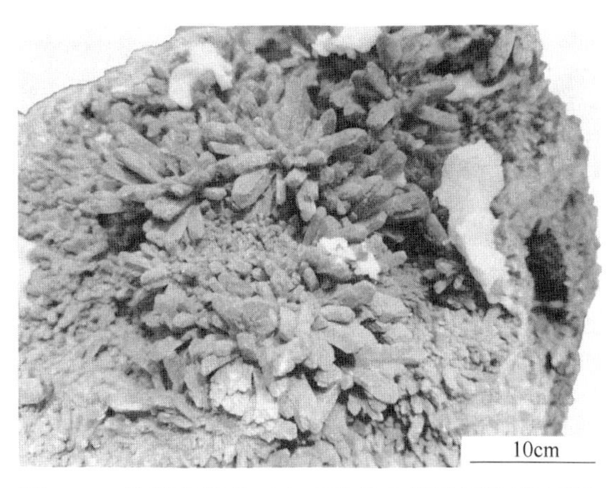


图 2-19 放射状雌黄（北京科技大学地质陈列室藏）

图 2-20 鲕状赤铁矿（北京科技大学地质陈列室藏）

图 2-21 肾状赤铁矿（北京科技大学地质陈列室藏）

（7）树枝状（dendrite）。它有时是由于矿物晶体沿一定方向连生而成的，如自然铜；有时是由于胶体沿岩石微小裂隙渗入凝聚而成的，如氧化锰。

（8）土状。集合体疏松如土，是由岩石或矿石风化而成的，如高岭石。

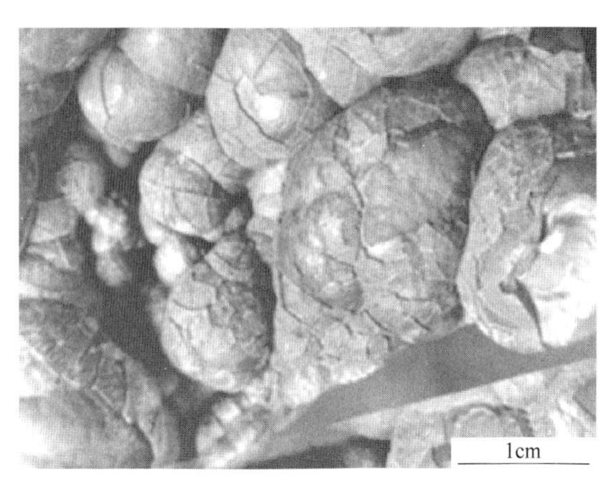

图 2-22　葡萄状硬锰矿（徐九华等，2014）

图 2-23　皮壳状孔雀石

## 2.2　矿物的化学性质

由于矿物是由地壳中各种化学元素结合而成的，所以它们都具有一定的化学性质。

### 2.2.1　矿物的化学成分

自然界的矿物除少数是单质外，绝大多数都是化合物。前者就是由同一元素自相结合而成的矿物，如自然金（Au）、自然铜（Cu）、石墨（C）等；后者则是由两种或两种以上元素化合而成的，如石英（$SiO_2$）、萤石（$CaF_2$）、赤铁矿（$Fe_2O_3$）等。

无论是单质或化合物，其化学成分都不是绝对固定不变的，通常都是在一定的范围内有所变化；引起矿物化学成分变化的原因，对晶质矿物而言，主要是不同元素间的类质同象代替；对胶体矿物来说，则主要是胶体的吸附作用。此外，一些以显微（及超显微）包裹体形式存在的机械混入物（如黄铁矿中包裹少量的微粒自然金）也会造成矿物整体成分的变化。

### 2.2.2 类质同象和同质异象

#### 2.2.2.1 类质同象

类质同象（isomorphous）指晶体结构中的某些离子、原子或分子的位置，一部分地被性质相近的其他离子、原子或分子所占据，但晶体结构、化学键类型及正负电荷的平衡保持不变或基本不变，仅晶胞参数（即晶体格子构造中的化学键键长、键角等）和物理性质（如颜色、折射率、密度等）发生一定变化的现象。以刚玉为例，其理想化学成分为 $Al_2O_3$，而纯净的 $Al_2O_3$ 晶体应为无色透明的。但是，由于类质同象现象的存在，自然界中形成的刚玉中的铝会被其他电价接近、半径近似的原子或离子所替代，导致其晶体颜色发生变化。例如，当少量铝被铬所替代，刚玉会具有鲜艳的红颜色，形成红宝石；如果铝被少量的铁或钛所替代，则刚玉晶体会显示出蓝宝石所特有的蓝色。

类质同象有两种情况：

（1）两种组分能以任何比例相互混溶，从而形成连续的类质同象系列，称为完全类质同象。例如在菱镁矿 $Mg[CO_3]$ 和菱铁矿 $Fe[CO_3]$ 之间，由于镁和铁可以互相代替，可以形成各种 Mg、Fe 含量不同的类质同象混合物，从而可以构成一个镁与铁成任意比值的连续的类质同象系列：

$$\underset{\text{菱镁矿}}{Mg[CO_3]} — \underset{\text{含铁的菱镁矿}}{(Mg, Fe)[CO_3]} — \underset{\text{含镁的菱铁矿}}{(Fe, Mg)[CO_3]} — \underset{\text{菱铁矿}}{Fe[CO_3]}$$

在这个系列中，矿物的结构型相同，只是晶格参数略有变化。

（2）两种组分不能以任意比例相互混溶，称为有限类质同象。例如，闪锌矿（ZnS）中的锌，可部分地（不超过 26%）被铁所代替，在这种情况下，铁被称为类质同象混入物，富铁的闪锌矿被称为铁闪锌矿。再如前文所提到的刚玉，其中只有一小部分的铝可以被铬、铁、钛等元素所替代，为有限类质同象。

类质同象混合物是一种**固溶体**（solid solution）。所谓固溶体，是指在固态条件下，一种组分溶解于另一种组分之中而形成的均匀的固体。它可以通过质点的代替而形成“代替固溶体”，即类质同象混晶；也可以通过某种质点侵入它种质点的晶格空隙而形成“侵入固溶体”，如图 2-24 所示。矿物中经常出现的是代替固溶体，也就是类质同象。但侵入固溶体也是存在的，一部分以机械混入物形式出现的杂质，即属于侵入固溶体。不论是哪一种固溶体，都是造成晶质矿物化学成分变化的原因。

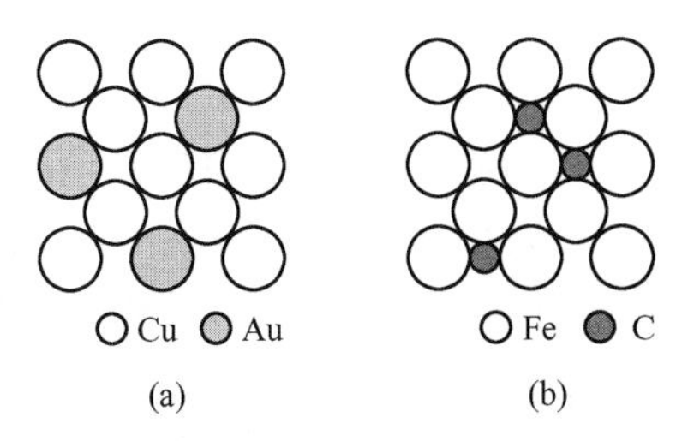


图 2-24　代替和侵入两种固溶体构造实例图

（a）Cu—Au 的代替固溶体；（b）Fe—C 的侵入固溶体

形成类质同象代替的原因，一方面取决于代替质点本身的性质，如原子或离子的半径大小、电价、离子类型、化学键性等；另一方面取决于外部条件，如形成替代时的温度、压力、介质条件等。

2.2.2.2 同质异象

化学成分相同的物质，在不同的物理化学条件下，可以生成具有不同的晶体构造，从而具有不同形态和不同物理性质的矿物，这种现象称为同质异象（polymorphism）。最典型的例子是金刚石和石墨，虽然它们都是由碳（C）组成，但两者的晶体构造和物理性质却截然不同，如图2-25和表2-3所示。

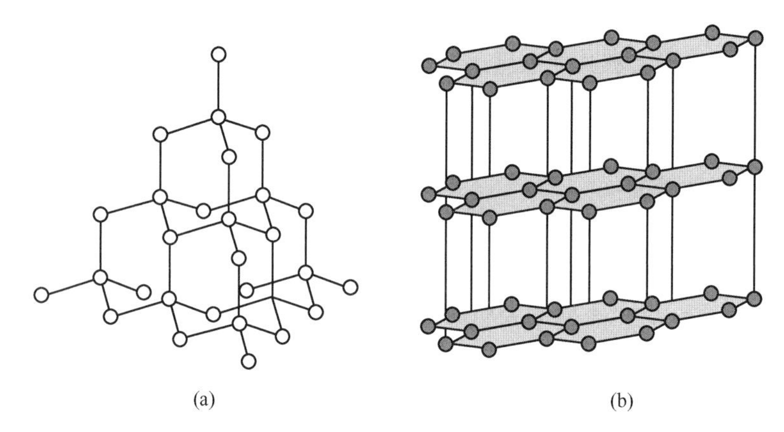


图2-25 金刚石（a）及石墨（b）的晶体结构图（据徐九华等，2014修绘）

**表2-3 石墨和金刚石物理性质的比较**

| 物理性质 | 石墨 | 金刚石 |
|---|---|---|
| 颜色 | 灰色或铁黑色 | 无色（或带各种色调） |
| 透明度 | 不透明 | 透明 |
| 光泽 | 半金属 | 金刚 |
| 莫氏硬度 | 1 | 10 |
| 解理 | 极完全 | 中等 |
| 密度/$g\cdot cm^{-3}$ | 2.09~2.23 | 3.50~3.53 |
| 导电性 | 强 | 弱 |

### 2.2.3 胶体矿物

胶体（colloid）是一种物质的微粒（粒径0.001~0.1μm）分散于另一种物质之中所形成的不均匀的细分散系。前者称为分散相（或分散质），后者称为分散媒（或分散介质）。无论是固体、液体或气体，既可作分散相，也可作分散媒。在胶体分散体系中，当分散媒远多于分散相时，称为胶溶体，而当分散相远多于分散媒时，称为胶凝体。

地表水中常含有大于0.001μm的微粒，因此它不是真溶液，而是胶体溶液（即水胶溶体）。固态的胶体矿物基本上只有水胶凝体和结晶胶溶体两类。就胶体矿物形成的过程来说，胶体颗粒通常是原岩（或原矿）的微细碎屑，而分散介质一般是水，两者一起便构成了胶体溶液（溶胶）。胶体颗粒间或胶体颗粒与带异性电荷离子间发生相互作用时，胶体颗粒便相互中和而失去电荷，从而凝聚下沉，并与介质分离，经逐渐固结后，就形成了固态的胶体矿物。如带负电荷的 $SiO_2$ 胶体颗粒和带正电荷的 $Fe(OH)_3$ 胶体颗粒相遇时，就凝聚而成含二氧化硅的褐铁矿。由于这一原因，胶体矿物的化学组成常常是不固定的。例如胶体成因的硬锰矿（$mMnO_2 \cdot MnO \cdot nH_2O$），不仅其主要组成 $MnO_2$ 和 MnO 的含量变化很大，而且还常混入少量的 $K_2O$、BaO、CaO、ZnO 等组分，这是带负电荷的 $MnO_2$ 胶体颗粒从水溶液中吸附 $K^+$、$Ba^{2+}$、$Ca^{2+}$、$Zn^{2+}$等阳离子所致。此外，分散介质的干枯、温度的变化、生物的活动等都可以促使胶体的凝聚。

胶体矿物中微粒的排列和分布是不规则和不均匀的，外形上不能自发地形成规则的几何多面体，一般多呈钟乳状、葡萄状、皮壳状等形态；在光学性质上具有非晶质体特点，故通常将胶体矿物看作非晶质矿物；但它的微粒本身可以是结晶的，因粒径太细，是一种超显微的晶质。必须说明，长时间后，随着温度和压力的变化，胶体会发生陈化。在陈化的过程中，质点趋向于规则的排列，也就是由非晶质逐渐转变为晶质，如蛋白石（$SiO_2 \cdot nH_2O$）转变为玉髓和石英。

### 2.2.4 矿物中的水

在很多矿物中，水起着重要作用。水是多种矿物的重要组分，矿物的许多性质与其含水有关。

根据矿物中水的存在形式以及它们在晶体结构中的作用，可以把水分为两类：一类是不参加晶格，与矿物晶体结构无关的，统称为吸附水；另一类是参加晶格或与矿物晶体结构密切相关的，包括结晶水、沸石水、层间水和结构水。

（1）吸附水。不参加晶格的吸附水，是渗入在矿物集合体中，为矿物颗粒或裂隙表面机械吸附的中性的 $H_2O$ 分子。吸附水不属于矿物的化学成分，不写入化学式。含在水胶凝体中的胶体水，是吸附水的一种特殊类型。如蛋白石 $SiO_2 \cdot nH_2O$。

（2）结晶水。以中性水分子存在于矿物中，在晶格中具有固定的位置，起着构造单位的作用，是矿物化学组成的一部分。如石膏 $Ca(SO_4) \cdot 2H_2O$、胆矾 $Cu(SO_4) \cdot 5H_2O$ 等。

（3）沸石水。存在于沸石族矿物中的中性水分子。沸石的结构中有大的空洞及孔道，水就占据在这些空洞和孔道中，位置不固定。水的含量随温度和湿度的变化而变化。

（4）层间水。存在于层状硅酸盐的结构层之间的中性水分子。如蒙脱石中，水分子联结成层，水的含量多少受交换阳离子的种类、温度、湿度的控制。加热至110℃时，层间水大量逸出；在潮湿环境中又可重新吸水。

（5）结构水。又称化合水。是以 $OH^-$、$H^+$、$H_3O^+$离子形式参加矿物晶格的“水”，如高岭石 $Al_4[Si_4O_{10}](OH)_8$ 中的水。结构水在晶格中占有固定的位置，在组成上具有确定的含量比，以 $OH^-$形式最为常见。

### 2.2.5 矿物的化学式

矿物的化学成分，以化学式表示之，其表示方法有实验式和构造式两种。

（1）实验式。它只表示矿物组成元素的种类及其分子（原子）数量比，如闪锌矿是 ZnS，正长石是 $KAlSi_3O_8$。

（2）构造式（或称晶体化学式）。它不仅表示元素的种类和数量比，还反映各元素的原子在分子构造中的相互关系。其书写方法是：阳离子写在前面，阴离子接着写在阳离子的后面，络阴离子用方括号［ ］括出，以此与阳离子相区别。如孔雀石是 $Cu_2[CO_3](OH)_2$，正长石是 $K[AlSi_3O_8]$。

对类质同象混合物，是将存在替换的原子或离子用圆括号括出，按含量多少依次排列，并以逗点分开，如黑钨矿是 $(Mn, Fe)[WO_4]$。

对含水化合物的水分子，一般是在化学式的最后面，写出所含水分子的数量，并用圆点分开，如石膏是 $CaSO_4 \cdot 2H_2O$；当含水量不定时，通常以 $nH_2O$ 来表示，如蛋白石是 $SiO_2 \cdot nH_2O$。

## 2.3　矿物的物理性质

每种矿物都以其固有的物理性质与其他矿物相区别，这些物理性质从本质上说，是由矿物的化学成分和晶体构造所决定的，因此我们可以根据矿物的物理性质来认识和鉴定矿物。下面着重介绍用肉眼和简单工具就能分辨的若干物理性质。

### 2.3.1　颜色

颜色是矿物对可见光波的吸收作用所引起的。太阳光是由不同波长的光所组成的，当矿物对它们均匀吸收时，可因吸收的程度不同，矿物呈现出白、灰、黑色（全部吸收）。如果只吸收某些色光，就呈现另一部分色光的混合色，通常表现为被吸收光线颜色的互补色，如红色波段的光线被矿物吸收后，矿物将呈现出绿色。根据矿物颜色产生的原因，可将颜色分为自色、他色、假色三种。

（1）自色（idiochromatic color）。自色是矿物本身固有的颜色。自色取决于矿物的内部性质，特别是所含色素离子的类别。例如赤铁矿之所以呈砖红色，是因为它含 $Fe^{3+}$；孔雀石之所以呈绿色，是因为它含 $Cu^{2+}$。自色比较固定，因而具有鉴定意义。

（2）他色（allochromatic color）。他色是矿物混入了某些杂质所引起的，与矿物的本身性质无关。他色不固定，随杂质的不同而异。如纯净的石英晶体是无色透明的，但含碳微粒时呈烟灰色（即墨晶），含铁、锰呈紫色（即紫水晶），含钛、锰呈玫瑰色（即玫瑰石英）。由于矿物的他色变化较大、不稳定，因此对鉴定矿物意义不大。

（3）假色（pseudochromatic color）。假色并非矿物所具有的真实颜色，而是由于矿物的光学效应（如光的干涉、散射）所产生的颜色。例如，在一些透明矿物内部发育一系列互相平行的解理面（如方解石）或裂隙面，入射光线在这些平面上反射后，各平面反射光互相干涉，可以形成多彩的光晕。又如部分矿物（主要是硫化物矿物）的表面氧化后，可形成氧化薄膜，光线在薄膜上下表面反射后可产生薄膜干涉效应，形成斑驳的彩色，称为锖色。斑铜矿表面即常见蓝色、红色、紫色的锖色。

### 2.3.2　条痕

矿物粉末的颜色称为条痕（streak），通常将矿物在素瓷板（未上釉的白瓷板）上擦划，并观察其粉末的颜色。条痕可清除假色，减弱他色而显示自色，所以较为稳定，具有重要的鉴定意义。例如赤铁矿有红色、钢灰色、铁黑色等多种颜色，然而其条痕却总是呈樱红色。但条痕对于鉴定浅色的透明矿物没有多大意义，因为这些矿物的条痕几乎都是白色或近于无色，难以区别。

### 2.3.3 光泽

矿物表面反射光线的能力，称为光泽（luster）。按反光的强弱，光泽可分为金属光泽、半金属光泽和非金属光泽。

（1）金属光泽。类似于金属磨光面上的反射光，闪耀夺目。如方铅矿、黄铜矿、黄铁矿等。

（2）半金属光泽。类似于金属光泽，但较为暗淡。如铬铁矿。

（3）非金属光泽。可再细分为金刚光泽，如金刚石、闪锌矿；玻璃光泽，如水晶、萤石；油脂光泽，如石英断口上的光泽；丝绢光泽，如石棉；珍珠光泽，如白云母；蜡状光泽，如蛇纹石；土状光泽，如高岭石。

### 2.3.4 透明度

矿物透光的程度称为透明度（transparency）。从本质上来说，透明度取决于矿物对光线的吸收能力。但吸收能力除和矿物本身的化学性质与晶体构造有关以外，还明显地和厚度及其他因素有关。因此，某些看来是不透明的矿物，当其磨成薄片时，却仍然是透明的，所以透明度只能作为一种相对的鉴定依据。为了消除厚度的影响，一般以矿物的薄片（0.03mm）为准。据此，透明度可以分为透明、半透明、不透明三级。

（1）透明。绝大部分光线可以通过矿物，因而隔着矿物的薄片可清楚地看到对面的物体，如无色水晶、冰洲石（透明的方解石）等。

（2）半透明。光线可以部分通过矿物，因而隔着矿物薄片可以模糊地看到对面的物体，如闪锌矿、辰砂等。

（3）不透明。光线几乎不能透过矿物，如黄铁矿、磁铁矿、石墨等。

上面所说的颜色、条痕、光泽和透明度都是矿物的光学性质，是由于矿物对光线的吸收、折射和反射所引起的，因而它们之间存在着一定的联系（见表2-4）。例如颜色和透明度以及光泽和透明度之间都有相互消长的关系。矿物的颜色越深，它对光线的吸收能力越强，光线也就越不容易透过矿物，透明度也就越差。矿物的光泽越强，说明投射于矿物表面的光线大部分被反射了，这样通过折射而进入矿物内部的光线也就越少，于是透明度也就越差。掌握这些关系对正确鉴定矿物是有帮助的。

**表2-4　矿物颜色、条痕、光泽、透明度关系简表**

| 颜　色 | 无　色 | 浅　色 | 彩　色 | 黑色或金属色（部分硅酸盐矿物除外） |
|---|---|---|---|---|
| 条痕 | 白色或无色 | 浅色或无色 | 浅色或彩色 | 黑色或金属色 |
| 光泽 | 玻璃 | 金刚 | 半金属 | 金属 |
| 透明度 | 透明 | 半透明 | 不透明 | |

### 2.3.5 硬度

矿物抵抗外来机械作用（刻划、压入、研磨）的能力，称为硬度（hardness）。它与矿物的化学成分及晶体构造有关。在肉眼鉴定矿物时，通常采用刻划法确定其硬度，并以“莫氏硬度计”中所列举的10种矿物作为对比的标准（见表2-5）。例如某矿物能被石英所刻动，但不能被正长石所刻动，则矿物的硬度必介于6~7之间，可以确定为6.5。但必须指出，莫氏硬度（Mohs hardness）只是相对等级，并不是硬度的绝对数值，所以不能认为金刚石比滑石硬10倍。另外，有些矿物在晶体的不同方向上，硬度是不一样的，如蓝晶石沿晶体延长方向的硬度为4.5，而垂直该方向的硬度为6.5。大多数矿物的硬度比较固定，所以具有重要的鉴定意义。

**表2-5 莫氏硬度计**

| 硬度 | 矿物 | 硬度 | 矿物 |
|---|---|---|---|
| 1 | 滑石 | 6 | 正长石 |
| 2 | 石膏 | 7 | 石英 |
| 3 | 方解石 | 8 | 黄玉 |
| 4 | 萤石 | 9 | 刚玉 |
| 5 | 磷灰石 | 10 | 金刚石 |

在野外，可利用指甲（2~2.5）、小刀（5~5.5）、石英（7）来粗略地测定矿物的硬度。

### 2.3.6 解理

很多晶质矿物在受打击后，会优先沿着一定的结晶方向裂开，这种特性称为解理（cleavage），裂开的光滑面叫作解理面，如图2-26所示。矿物之所以能产生解理，是晶体内部质点规则排列的结果，解理面通常就是矿物晶体内部化学键较为薄弱的面。在观察矿

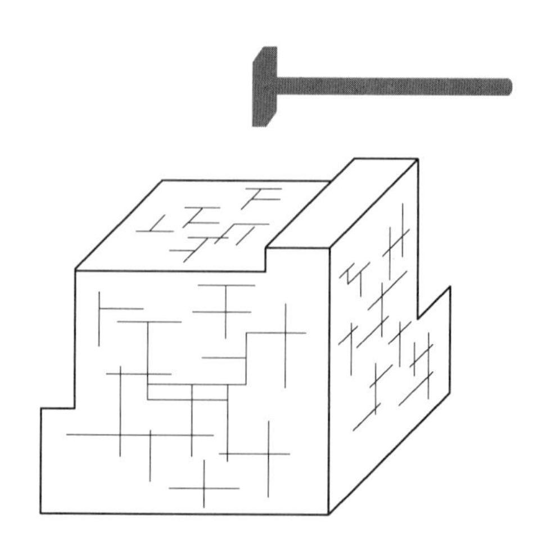

图2-26 解理及解理面（据徐九华等，2014修绘）

物时，有时解理面不易与矿物的晶面相区分，这时可以将矿物敲碎，如果是解理面，则在破碎的矿物一定方向上解理面重复出现，即在矿物的断裂处出现一组互相平行的破裂面，而矿物的晶面则不会出现这种现象。

各种矿物解理发育的组数不一，有一组解理面的，如白云母、黑云母；有二组解理面的，如斜长石、正长石；有三组解理面的，如方解石；有四组解理面的，如萤石；有六组解理面的，如闪锌矿。

根据解理面的完善程度，可将解理分为极完全解理、完全解理、中等解理和不完全解理。

（1）极完全解理。解理面非常平滑，矿物很容易裂成薄片，如云母。

（2）完全解理。解理面平滑，矿物易分裂成薄板状或小块，如方解石。

（3）中等解理。解理面不甚平滑，如角闪石。

（4）不完全解理。解理面不易发现，如磷灰石。

不同的晶质矿物，解理的组数、解理的完善程度和解理间的交角可能不同，例如正长石和斜长石，都有两组完全解理，但正长石的两组解理交角为90°，斜长石则为86°24′~86°50′，正长石和斜长石因此而得名。所以解理是鉴定矿物的重要特性。

### 2.3.7 断口

矿物受力后，沿任意方向发生不规则的断裂，其凹凸不平的断裂面称为断口（fracture）。换言之，断口是矿物破碎时没有沿着解理断开时形成的破裂面。断口和解理是互为消长的，解理越发育，断口越难出现。断口可分为贝壳状断口、参差状断口、锯齿状断口等。

（1）贝壳状断口。即破裂后具有弯曲的同心环状凹面，与贝壳很相似。石英没有解理，其受力后易产生贝壳状断口。

（2）参差状断口。断裂面粗糙不平，参差不齐，绝大多数无解理矿物具有此种断口，如黄铁矿。

（3）锯齿状断口。断面尖锐如锯齿，凡延展性很强的矿物（如自然铜），或发育一组解理的矿物（如云母）在垂直解理方向断开时常具此种断口。

### 2.3.8 密度和相对密度

矿物的密度是指矿物单位体积的质量，度量单位通常为g/cm$^3$。

矿物的相对密度与密度在数值上是相同的，但它更易于测定，且无量纲。矿物的相对密度是矿物在空气中的质量与4℃时同体积水的质量比。矿物的密度和相对密度是矿物的重要物理参数，它们反映了矿物的化学组分和晶体结构，对矿物的鉴定有很大的意义。依据相对密度的大小可把矿物分为三级：

（1）轻级。相对密度小于2.5，如石盐（2.1~2.2）、石膏（2.3）。

（2）中级。相对密度为2.5~4，如石英（2.65）、金刚石（3.5）。

（3）重级。相对密度大于4，如方铅矿（7.4~7.6）、自然金（15.6~19.3）。

### 2.3.9　其他性质

上述的矿物物理性质，几乎是所有矿物都具有的。除此之外，还有一些物理性质是某些矿物所特有的，例如：

（1）脆性。矿物受力后易发生破碎和断裂的性质叫脆性。用小刀刻划这类矿物时，一般容易出现粉末，如黄铁矿。

（2）延展性。矿物在锤压或拉引下，容易形变成薄片或细丝的性质，称为延展性。这一性质通常出现在以金属键为主的自然元素矿物，如自然铜、自然银等。

（3）弹性。矿物受外力时变形，而在外力释放后又能恢复原状的性质，叫作弹性，如云母。

（4）挠性。矿物受外力时变形，而在外力释放后不能恢复原状的性质，叫作挠性，如辉钼矿。

（5）磁性。矿物的颗粒或粉末能被磁铁所吸引的性质，叫作磁性。由于许多矿物具有不同程度的磁性，所以磁性是鉴定矿物的重要特征之一。大多数矿物磁性较弱，只有少数磁性较强，如磁铁矿、磁黄铁矿。

（6）导电性。矿物对电流的传导能力，称作导电性。有些金属矿物（如自然铜、辉铜矿等）和石墨是良导体；另一些矿物（如金红石、金刚石等）是半导体；还有一些矿物（如白云母、石棉等）是不良导体，即绝缘体。

（7）荷电性。矿物在受外界能量作用（如摩擦、加热、加压）的情况下，往往会产生带电现象，称作荷电性。例如电气石在受热时，一端带正电荷，另一端带负电荷，称为热电性；压电石英（纯净透明、不含气泡和包体、不具双晶的水晶）在压缩或拉伸时，能产生交变电场，将机械能转化为电能，称为压电性。

（8）发光性。矿物在外来作用的激发下，如在加热、加压以及受紫外光、阴极射线和其他短波射线的照射时，产生发光的现象，称为发光性。如萤石在加热时、白钨矿在紫外线的照射下均能产生荧光。所谓荧光就是当激发作用停止时，矿物的发光现象也就随之消失的发光现象。如激发射线停止后，矿物继续发光的现象，称为磷光（如金刚石）。

（9）放射性。这是含放射性元素的矿物所特有的性质，特别是含铀、钍的矿物，如晶质铀矿（$UO_2$）、方钍石（$ThO_2$）均具有强烈的放射性。

## 2.4　矿物的分类及鉴定

### 2.4.1　矿物分类的原则及方法

为了更好地研究和利用矿物，有必要对种类繁多的矿物，按照它们之间的相互关系和共性，进行系统归纳，即分类。但由于对矿物共同规律研究的侧重点不一样，因而就出现了多种矿物分类法。常用的矿物分类法包括以下几种：成因分类法是根据形成矿物的主要地质作用进行的分类；地球化学分类法是根据矿物组成中的主要化学元素进行的分类；形态分类法则是根据矿物晶形进行的分类。从资源利用的角度出发，还可将矿物分为造矿矿物和造岩矿物两类，前者是构成矿石的主要矿物，如磁铁矿、黄铜矿、方铅矿等；后者是构成岩石的主要矿物，如长石、石英、角闪石、辉石等。虽然以上各种分类法都带有一定的片面性，但在一定的条件下有其实际意义。

自从应用X射线研究矿物内部构造并积累了大量实际资料后，出现了目前广泛采用的晶体化学分类法，该分类法将整个无机矿物分为五大类。

第一大类：自然元素。

第二大类：硫化物及其类似化合物。

(1) 简单硫化物及其类似化合物；

(2) 复杂硫化物。

第三大类：卤化物。

(1) 氟化物；

(2) 氯化物、溴化物和碘化物。

第四大类：氧化物和氢氧化物。

(1) 简单氧化物；

(2) 复杂氧化物；

(3) 氢氧化物。

第五大类：含氧盐。

(1) 硅酸盐；

(2) 硼酸盐；

(3) 磷酸盐、砷酸盐和钒酸盐；

(4) 钼酸盐、钨酸盐；

(5) 铬酸盐；

(6) 硫酸盐；

(7) 碳酸盐；

(8) 硝酸盐。

以下，我们选取自然界中比较常见的几类矿物进行简要介绍。

(1) 自然元素矿物（native elements）。自然界大约有20种元素单质可以稳定地独立存在，形成自然元素矿物，其中有不到10种可以形成具有经济价值的矿石，并开采利用，如金、银、铂、铜等元素形成的自然元素矿物均可以形成具有经济价值的矿床。在地壳中，铁元素极少形成自然元素矿物，但金属态的铁在某些陨石中非常常见。此外，铁、镍金属单质是地核的主要组成物质。自然硫通常形成于火山口附近，由火山内释放出的气体凝华形成，并且可作为一种资源开采。单质碳可以形成石墨或金刚石，这两种矿物具有相同的成分，但晶体结构不同，构成同质异象变体。石墨是自然界硬度最低的矿物之一，不透明，并且具有良好的导电性。金刚石的物理性质与石墨大相径庭，其为自然界已知硬度最高的矿物，为透明矿物，并且导电性较差。

(2) 硫化物矿物（sulfides）。硫化物矿物以 $S^{2-}$ 或 $S_2^{2-}$ 为阴离子，并与一种或多种金属阳离子结合。许多硫化物矿物是重要的矿石矿物，世界上主要的铜、铅、锌、钼、银、钴、汞、镍等资源都以硫化物矿物的形式产出。常见的金属硫化物包括黄铁矿（$FeS_2$）、黄铜矿（$CuFeS_2$）、方铅矿（PbS）、闪锌矿（ZnS）等。

(3) 氧化物矿物（oxides）。在氧化物矿物中，氧原子直接与一种或几种金属形成共价键。氧化物矿物是铁（赤铁矿、磁铁矿）、锰（硬锰矿、软锰矿）、锡（锡石）、铬（铬铁矿）、铀（沥青铀矿、晶质铀矿）、钛（金红石、钛铁矿）等元素的最主要矿石矿物。世界上的铁主要来源于BIF（banded iron formation）型铁矿床，其矿石矿物主要为赤铁矿。赤铁矿（$Fe_2O_3$）广泛存在于多种岩石之中，在沉积成因的铁矿石中常以红色的隐晶质集合体产出，但在内生矿床中常可见结晶粗大的赤铁矿，其呈钢灰色-铁黑色的板状或片状晶体，也称为镜铁矿。磁铁矿（$Fe_3O_4$）也是一种重要的铁的矿石矿物，其以具有强磁性为特征，常见于多种岩浆岩和变质岩中，也是矽卡岩型铁矿石、IOCG（iron-oxide copper gold deposits）型铁矿石的主要矿石矿物。除矿石矿物外，氧化物矿物中的石英（$SiO_2$）是重要的造岩矿物，在多种地壳岩石中大量出现。在大陆地壳中，无论是沉积岩（如砂岩）、岩浆岩（如花岗岩类）还是变质岩（如石英岩、云母片岩）中均含有大量石英，但石英在大洋地壳（玄武质岩浆岩为主）中含量极低，在地幔岩石（主要为橄榄岩）中则不含石英。

（4）硅酸盐矿物（silicates）。硅酸盐矿物以硅酸根（$SiO_4^{4-}$）为阴离子。硅酸盐矿物构成了整个地壳成分的95%以上。地壳中如此富含硅酸盐矿物的原因，一是由于硅和氧在地壳中含量极高，是地壳中含量最高的两种元素；二是硅元素和氧元素可以形成很强的共价键，非常易于结合形成硅酸根离子。硅酸盐矿物晶体的基本单位为硅氧四面体，其中心为一个硅原子，这个硅原子与4个氧原子构成共价键，形成一个类似于金字塔形态的四面体（由4个正三角形构成的三维几何体）。硅氧四面体中硅和氧之间的共价键非常牢固。

由于硅酸盐矿物在地壳和地幔岩石之中具有极高的含量，自然界多数的造岩矿物都是硅酸盐矿物。橄榄石在地壳岩石中较为罕见，除部分玄武质岩浆岩外，绝大多数地壳岩石中不含橄榄石。但是，橄榄石是地幔中含量最高的矿物，绝大多数的地幔岩石为橄榄岩，其主要由橄榄石及少部分辉石构成，并含有少量石榴石或尖晶石。辉石也是地幔岩石中的常见矿物，并且是许多岩浆岩、变质岩的主要造岩矿物，如玄武岩即主要由辉石和斜长石构成。角闪石也是岩浆岩和变质岩中常见的造岩矿物，闪长岩和安山岩即主要由角闪石和斜长石构成。辉石和角闪石在外观上较为相近，两者均为暗色的柱状矿物，但辉石通常为短柱状，而角闪石多为长柱状或针状。此外，两者的化学成分也较为相近，但角闪石为含水矿物（含有氢氧根），辉石为无水矿物。

长石类矿物在地壳中极为常见，构成了地壳质量的50%以上，长石类矿物尤其在岩浆岩和变质岩中含量很高。长石类矿物根据其化学成分可以分为两类，分别为碱性长石和斜长石。碱性长石的成分中含有钾、钠，但不含钙，是钾长石和钠长石构成的类质同象系列；斜长石成分中含有钠和钙，但不含钾，是钠长石和钙长石构成的类质同象系列。

此外，云母类矿物也广泛发育于变质岩和岩浆岩之中，是一类富含钾、铝，含有氢氧根的硅酸盐矿物。云母类矿物普遍成片状，具有一组极完全解理。黏土类矿物（如高岭石、蒙脱石、伊利石等）的成分和晶体结构与云母类矿物类似，也为具有极完全解理的片状矿物，并富铝、富水（氢氧根）。但是黏土类矿物通常晶体极小，需要电子显微镜观察才可见其晶体形态。多数黏土类矿物为其他含K、含Al矿物（如长石类矿物）的低温蚀变或风化产物，因此，黏土类矿物在地球表面大量存在，是构成土壤的主要成分之一。此外，黏土岩类主要由黏土矿物组成，是沉积岩的一个重要类型。

（5）碳酸盐矿物（carbonates）。碳酸盐矿物以碳酸根（$CO_3^{2-}$）为阴离子。自然界最常见的两种碳酸盐矿物是方解石（$CaCO_3$）和白云石（$CaMg(CO_3)_2$），这两种矿物是碳酸盐岩（灰岩、白云岩）、大理岩、岩浆碳酸岩和热液碳酸盐脉的主要组成矿物。多数灰岩主要由方解石构成，而白云岩主要由白云石构成。此外，文石成分也为 $CaCO_3$，是方解石一种较为常见的同质多象变体矿物。许多海生无脊椎动物的骨骼（如贝壳）即主要由文石组成。

（6）硫酸盐矿物（sulfates）。硫酸盐矿物以硫酸根（$SO_4^{2-}$）为阴离子。石膏（$CaSO_4 \cdot 2H_2O$）和硬石膏（$CaSO_4$）是两种最为常见的硫酸盐矿物，并且具有重要的经济价值，可作为制造建筑石膏或石膏板的原料。这两种硫酸盐矿物主要形成于蒸发枯竭的封闭海盆或盐湖。

（7）磷酸盐矿物（phosphates）。磷酸盐矿物以磷酸根（$PO_4^{3-}$）为阴离子。磷灰石是自然界最为常见的磷酸盐矿物，并且是构成脊椎动物骨骼和牙齿的主要成分，其化学成分为 $Ca_5(PO_4)_3(F, Cl, OH)$。磷是植物生长的重要营养元素，磷酸盐矿物是当今农业上最重要的磷肥来源。磷矿资源主要来源于富含磷灰石的沉积岩。

### 2.4.2　矿物的鉴定方法

矿物鉴定是一切地质工作的基础，掌握正确的识别和鉴定矿物方法，不论对地质、采矿、选矿或冶金工作者来说，都十分重要。目前，可用于矿物鉴定的方法很多，包括肉眼鉴定、显微镜下鉴定和借助于现代测试手段进行的矿物鉴定，包括扫描电镜/能谱、电子探针、显微拉曼光谱、红光吸收光谱等。目前矿物的鉴定主要是依据矿物的物理性质、化学成分、晶体结构等。表 2-6 列出了目前常用的矿物鉴定方法，供初学者参考使用。

**表 2-6　各种分析测试方法的主要研究内容**

| 测试方法 | 测试方法 | | | | |
|---|---|---|---|---|---|
| | 化学成分 | 晶体结构 | 晶体形貌 | 物理性质 | 物相鉴定 |
| 化学分析 | ○ | | | | |
| 发射光谱分析 | ○ | | | | |
| 原子吸收光谱分析 | ○ | | | | |
| X 射线荧光光谱分析 | ○ | | | | |
| 质谱分析 | ○ | | | | |
| 电子探针分析 | ○ | | | | |
| 电子显微镜（透射，扫描） | ○ | ○ | ○ | | ○ |
| X 射线分析 | | ○ | | | ○ |
| 红外吸收光谱 | | ○ | | | ○ |
| 穆斯堡尔谱 | | ○ | | | |
| 隧道显微镜 | | ○ | ○ | | |
| 测角法 | | | ○ | | ○ |

续表 2-6

| 测试方法 | 测试方法 | | | | |
|---|---|---|---|---|---|
| | 化学成分 | 晶体结构 | 晶体形貌 | 物理性质 | 物相鉴定 |
| 相称显微镜 | | | ○ | | |
| 偏光显微镜 | | | | ○ | ○ |
| 反光显微镜 | | | | ○ | ○ |
| 发光分析 | | | | ○ | |
| 热电系数分析 | | | | ○ | |
| 热分析 | | | | ○ | ○ |

在野外和矿山实际工作中，我们常采用肉眼鉴定法（即外表特征鉴定法）对矿物进行鉴定。此法简便易行，它主要是凭肉眼观察，并借助一些简单的工具（小刀、钢针、放大镜、磁铁、条痕板等）来分辨矿物的外表特征和物理性质（有时也配合一些简易的化学分析方法），从而对矿物进行粗略的鉴定。

在肉眼鉴定过程中必须注意以下几点：

(1) 前面所述矿物的各项物理特征，在同一个矿物上不一定全部显示出来，所以在肉眼鉴定时，必须善于抓住矿物的主要特征，尤其是要注意那些具有鉴定意义的特征。如磁铁矿的强磁性、赤铁矿的樱红色条痕、方解石的菱面体解理等。

(2) 在野外鉴定时，还应充分考虑矿物产出状态。各种矿物的生成和存在都不是孤立的，在一定的地质条件下，它们具有一定的共生规律。如闪锌矿和方铅矿常常共生在一起。

(3) 在鉴定过程中，必须综合考虑矿物物理性质之间的相互关系。如金属矿物一般颜色较深、密度较大、光泽较强，而非金属矿物则相反。

对一个初学者来说，肉眼鉴定矿物时，应对各种矿物标本认真观察、仔细分析、相互比较、反复练习，从而建立对矿物外表特征的感性认识。在此基础上，按如下步骤来进行：首先观察矿物的光泽是金属光泽还是非金属光泽，从而确定是金属矿物还是非金属矿物（当然这也不是绝对的，如闪锌矿就常表现为非金属光泽）；其次确定矿物的硬度，是大于小刀还是小于小刀；再次是观察它的颜色；最后观察矿物的形态、解理和其他物理性质。这样可以逐步缩小范围，确定矿物的名称。

### 2.4.3 常见矿物的肉眼鉴定特征

肉眼鉴定矿物的主要依据是矿物的物理性质，并结合矿物的形态、共生矿物等特征。表 2-7 及表 2-8 给出了常见金属和非金属矿物的主要鉴定特征和一般用途，供参考，其中表 2-7 中标 * 者，为重点学习的矿物。矿物中排序按晶体化学分类法中的顺序，首先是常见的自然元素类矿物，然后是常见的硫化物及其类似化合物矿物，以此类推。在学习时应结合手标本的实际观察，掌握常见矿物的肉眼鉴定特征（表 2-7），特别是那些颜色相近矿物之间的差异。表 2-8 列出了常见黄色、铅灰色、棕褐色、黑色、白色矿物组中不同矿物的差异，以便于比较。

**表 2-7 常见矿物肉眼鉴定特征**

| 矿物名称 | 矿物名称及化学成分 | 主要鉴定特征 | 成因与产状 | 用途 |
|---|---|---|---|---|
| 自然元素 | 自然铜 Cu | 多呈不规则的树枝状集合体。颜色和条痕均为铜红色。金属光泽。锯齿状断口。相对密度 8.5~8.9，硬度 2.5~3。具延展性。导电性能良好 | 形成于各种地质过程中的还原条件下。多产于含铜硫化物矿床氧化带内，与赤铜矿、孔雀石共生 | 为铜矿石的有用矿物之一 |
| | *自然金 Au | 通常为分散颗粒状或不规则树枝状集合体。颜色和条痕为金黄色。相对密度 15.6~18.3，纯金相对密度 19.3。具延展性。不易氧化。热和电的良导体 | 主要形成于热液矿床，也常出现于砂矿中。常与石英、黄铁矿、毒砂等伴生 | 为金矿石的重要有用矿物，主要用于装饰、货币和工业技术 |
| | *石墨 C | 多为鳞片状或块状集合体。颜色铁黑至钢灰色，条痕亮黑色。相对密度 2.09~2.23，硬度 1。具滑感，易污手。导电性良好。与辉钼矿的区别是：辉钼矿用针扎后，留有小圆孔，石墨用针一扎即破；在涂釉瓷板上辉钼矿的条痕色黑中带绿，而石墨的条痕不带绿色 | 主要为煤层或含沥青质的沉积岩或碳质沉积岩受区域变质而成 | 制铅笔、电极、石墨坩埚、润滑剂；原子能工业上用作减速剂 |
| | 金刚石 C | 多呈八面体或菱形十二面体晶形。无色透明或带蓝、黄、褐、黑等色。标准的金刚光泽。相对密度 3.47~3.56，硬度 10。性脆。具强色散性。紫外光照射后，发淡青蓝色磷光 | 在高温高压下形成，产于超基性岩中，与橄榄石、辉石共生。因硬度高，也常存在于砂矿床中 | 现代工业技术上，用作研磨材料和切削工具材料。透明者可作高档装饰品 |
| 硫化物 | *辉铜矿 $Cu_2S$ | 一般为致密细粒状块体或烟灰状。颜色铅灰，条痕暗灰色。相对密度 5.5~5.8，硬度 2~3。略具延展性。具有导电性。溶于硝酸，溶液呈绿色。矿物小块加 $HNO_3$ 烧时，颜色呈鲜绿色，加 HCl 烧时，颜色呈天蓝色（即铜的焰色反应） | 主要形成于含铜硫化物矿床的次生富集带，亦可形成于内生过程中。常与斑铜矿、黄铁矿、赤铜矿等伴生 | 为组成铜矿石的重要有用矿物 |
| | *方铅矿 PbS | 晶体呈立方体、八面体，通常为粒状或块状集合体。颜色铅灰，条痕灰黑色。强金属光泽。完全的立方体解理。相对密度 7.4~7.6，硬度 2~3。性脆 | 形成于气液或火山矿床。与闪锌矿、黄铁矿、黄铜矿等共生 | 为组成铅矿石的重要有用矿物 |
| | *闪锌矿 ZnS | 通常为粒状或致密块状的集合体。颜色由浅褐、棕褐至黑色。条痕为白-褐色，树脂-金刚光泽。相对密度 3.9~4.1，硬度 3~4 | 形成于气液或火山矿床。与方铅矿、黄铁矿、黄铜矿等共生 | 为组成锌矿石的重要有用矿物 |
| | *辰 砂 HgS | 晶体呈细小的厚板状或菱面体形，多为粒状、致密块状、被膜状集合体。颜色鲜红，条痕红色。相对密度 8.09，硬度 2~2.5 | 形成于低温热液矿床。常与辉锑矿、黄铁矿等共生 | 为组成汞矿石的重要有用矿物 |

续表 2-7

| 矿物名称 | 矿物名称及化学成分 | 主要鉴定特征 | 成因与产状 | 用途 |
| --- | --- | --- | --- | --- |
| 硫化物 | *磁黄铁矿 $Fe_{1-x}S$ ($x$=0.1~0.2) | 通常为致密块状集合体。暗铜黄色。表面常具暗褐锖色，条痕灰黑色。金属光泽。相对密度4.58~4.70，硬度4。具强磁性 | 形成于各种类型的内生矿床中。与镍黄铁矿、黄铁矿、黄铜矿等共生 | 可制造硫酸 |
| | *镍黄铁矿 $(Fe, Ni)_9S_8$ | 通常呈不规则的颗粒状或包裹体。古铜黄色，条痕绿黑色。金属光泽。相对密度4.5~5，硬度3~4。性脆。不具磁性。导电性强 | 形成于铜镍硫化物的岩浆矿床中。与磁黄铁矿、黄铜矿、磁铁矿等密切共生 | 为组成镍矿石的重要有用矿物 |
| | *辉锑矿 $Sb_2S_3$ | 晶体呈柱状、针状，晶面上有纵纹。集合体为致密粒状、放射状。颜色和条痕均为铅灰色。金属光泽。相对密度4.6，硬度2~2.5。具轴面解理，解理面上有横纹。性脆。加40% KOH溶液产生黄色沉淀 | 形成于低温热液矿床中，常与辰砂、雄黄、雌黄等共生 | 为组成锑矿石的重要有用矿物 |
| | 辉铋矿 $Bi_2S_3$ | 晶体为长柱状、针状，晶面上大多具有纵纹，集合体为致密粒状、放射状。微带铅灰的锡白色，条痕铅灰色。金属光泽。相对密度6.4~6.8，硬度2~2.5 | 主要形成于高、中温热液矿床及接触交代矿床中。常与黑钨矿、锡石、毒砂等共生 | 为组成铋矿石的重要有用矿物 |
| | *辉钼矿 $MoS_2$ | 晶体呈六方板状，底面上有条纹，通常为鳞片状集合体。颜色铅灰，条痕微带灰黑色，在涂釉瓷板上条痕色黑中带绿。金属光泽。相对密度4.7~5，硬度1。一组解理极为完全。薄片具挠性，可以搓成团，且有滑感 | 形成于与酸性侵入体有关的接触交代矿床或高、中温热液矿床中。常与黑（白）钨矿、辉铋矿、石英等共生 | 为组成钼矿石的重要有用矿物 |
| | *铜蓝 CuS $(Cu_2S \cdot CuS_2)$ | 通常以粉末状或被膜状的集合体出现。颜色为靛青蓝色，条痕灰黑色。金属光泽。硬度1.5~2，相对密度4.59~4.67。一组解理完全。性脆 | 形成于含铜硫化物矿床次生富集带。常和黄铜矿、辉铜矿等伴生 | 为组成铜矿石的有用矿物 |
| | 雌黄 $As_2S_3$ | 晶体呈短柱状，集合体多呈片状、梳状、放射状、肾状、球状等。颜色为柠檬黄，条痕鲜黄色。相对密度3.4~3.5，硬度1~2。油脂-金刚光泽。一组解理极为完全。薄片具有挠性 | 主要形成于低温热液矿床中。常与雄黄、辉锑矿等共生 | 为组成砷矿石的重要有用矿物 |
| | 雄黄 AsS | 晶体呈柱状，柱面有纵纹，但晶体少见，常呈致密粒状或块状集合体。橘红色，条痕淡橘红色。晶面金刚光泽，断口树脂光泽。相对密度3.4~3.6，硬度1.5~2。二组完全解理。烧之，有强烈蒜臭，并发出蓝色火苗 | 形成于低温热液矿床中，与雌黄、辉锑矿等共生。也见于火山喷发物及温泉沉积物中 | 组成砷矿石的有用矿物；还可用于颜料及玻璃工业 |

续表 2-7

| 矿物名称 | 矿物名称及化学成分 | 主要鉴定特征 | 成因与产状 | 用　途 |
| --- | --- | --- | --- | --- |
| 硫化物 | *黄铁矿 $FeS_2$ | 晶体呈立方体或五角十二面体，相邻晶面常有互相垂直的晶面条纹，集合体呈致密块状、浸染状、结核状等。浅铜黄色，条痕绿黑色。相对密度 4.9~5.2，硬度 6~6.5。金属光泽。性脆，无解理，断口参差状或贝壳状 | 分布极广，可形成于各种成因的矿床中，具开采价值者，多为热液型。能与氧化物、硫化物、自然元素等各种矿物共生 | 主要用于制造硫酸或制硫黄 |
| | *毒砂 FeAsS | 晶体呈短柱状或柱状，晶面具纵纹，集合体为粒状或致密块状。锡白色，条痕灰黑色。金属光泽。相对密度 5.9~6.2，硬度 5.5~6。性脆，锤击之发蒜臭味 | 主要形成于热液型和接触交代型矿床中。在钨、锡矿脉中，常与黑钨矿、锡石等伴生 | 为提炼砷或各种砷化合物的重要原料 |
| | *黄铜矿 $CuFeS_2$ | 单个晶体少见，通常为致密块状及粒状集合体。铜黄色，条痕绿黑色，解理不完全。相对密度 4.1~4.3，硬度 3~4。金属光泽。性脆，能导电 | 可形成于各种条件下，主要为气化-热液及火山成因矿床，常与各种硫化物矿物共生 | 为组成铜矿石的重要有用矿物 |
| | *斑铜矿 $Cu_5FeS_4$ | 单个晶体少见，通常为致密块状或粒状集合体。新鲜面古铜红色。表面常被覆蓝、紫斑状锖色，条痕灰黑色。金属光泽。相对密度 4.9~5.3，硬度 3，有时出现 {111} 的解理，但程度很差。性脆，具导电性 | 主要形成于热液矿床中，与黄铜矿、方铅矿共生。也见于次生硫化物富集带中 | 为组成铜矿石的重要有用矿物 |
| 卤化物 | *萤石 $CaF_2$ | 晶体为立方体、八面体，集合体常呈粒状或块状。无色透明者少见，常呈绿、黄、浅蓝、紫等各种颜色。加热时可失去颜色，玻璃光泽。相对密度 3.18，硬度 4。性脆，八面体的四组完全解理。紫外线照射下发荧光 | 大部分形成于热液矿床，与石英、方解石等共生。 | 可作冶金工业熔剂，也用于化学工业、尖端技术，无色透明者可作光学仪器 |
| | 石盐 NaCl | 晶体呈立方体，通常呈粒状，致密块状集合体。无色透明或白色。玻璃光泽。相对密度 2.1~2.2，硬度 2。性脆，具完全解理，易溶于水，有咸味 | 形成于化学沉积矿床中，与钾盐、光卤石等共生 | 用于食料、防腐剂、化工原料、提取金属钠等 |

续表 2-7

| 矿物名称 | 矿物名称及化学成分 | 主要鉴定特征 | 成因与产状 | 用途 |
| --- | --- | --- | --- | --- |
| 氧化物 | *刚玉<br>$Al_2O_3$ | 晶体呈桶状或短柱状，柱面或双锥面上有条纹，集合体呈致密粒状或块状。钢灰或黄灰色。玻璃光泽。相对密度3.95~4.1，硬度9。性脆，无解理 | 可形成于接触交代、区域变质、岩浆等成因类型的矿床或岩石中 | 可作研磨材料、精密仪器轴承、宝石等用 |
| | *赤铁矿<br>$Fe_2O_3$ | 晶体呈片状或板状，通常呈致密块状、鲕状、肾状等集合体。常呈钢灰或红色，条痕樱红色。相对密度5~5.3，硬度为5.5~6。金属-半金属光泽。性脆，无解理，火烧后具有弱磁性。结晶呈片状并具金属光泽的赤铁矿，称为镜铁矿；红色粉末状的赤铁矿，称为铁赭石 | 形成于各种不同成因类型的矿床和岩石中，在氧化条件下形成。分布十分广泛 | 为组成铁矿石的重要有用矿物 |
| | 金红石<br>$TiO_2$ | 晶体呈柱状或针状，集合体呈致密块状。颜色由白色至褐红或黑色，条痕浅黄-浅褐色。金刚光泽。相对密度4.2~4.3，硬度6~6.5。性脆，具完全柱状解理 | 可形成于各种地质作用中。因其化学稳定性好，故常发现于砂矿床中 | 为组成钛矿石的重要有用矿物 |
| | *锡石<br>$SnO_2$ | 晶体呈四方双锥状或双锥柱状，有时呈针状，具膝状双晶，集合体呈粒状、结核状或钟乳状。棕褐至黑色，条痕白至浅褐色。相对密度6.8~7.0，硬度6~7。晶面金刚光泽，断口油脂光泽。解理不完全，常为贝壳状断口 | 主要形成于伟晶岩、高温热液矿床、接触交代矿床或砂矿床中 | 为组成锡矿石的重要有用矿物 |
| | *软锰矿<br>$MnO_2$ | 晶体少见，通常呈块状、粒状、粉末状、烟灰状等集合体。颜色、条痕均为黑色。表面常带浅蓝金属锖色。相对密度5，硬度2~6（硬度低时易污手）。半金属光泽，性脆 | 形成于氧化条件下。主要生成于外生矿床中，常与硬锰矿、水锰矿等共生 | 为组成锰矿石的重要有用矿物 |
| | *石英<br>$SiO_2$ | 晶体常为六方柱、六方双锥等所成之聚形，集合体多呈粒状、块状或晶簇状。常为白色，含杂质时可呈紫、玫瑰、黄、烟黑等各种颜色。相对密度2.65，硬度7。晶面玻璃光泽，断口油脂光泽。无解理，贝壳状断口。隐晶质的石英称石髓；呈结核状者称燧石；具不同颜色的同心层或平行带状者称玛瑙 | 形成于内生、外生及变质成因的各种岩石或矿床中。分布极为广泛。但大的晶体常形成于伟晶岩或热液充填成因的晶洞中 | 一般石英可做玻璃、陶瓷、磨料等；优质晶体可做光学仪器、压电石英；色美者可做宝石 |
| | 沥青铀矿<br>$kUO_2 \cdot lUO_3 \cdot mPbO$ | 晶体未见，集合体呈胶状、肾状、致密块状。黑色，不透明。相对密度6.5~8.5，硬度3~5。树脂-半金属光泽，强放射性。$UO_2$、$UO_3$、PbO的比例不固定（化学式的$k$、$l$、$m$为比例数） | 形成于伟晶期或热液期的金属矿脉中，也可产于碳酸盐中。常与萤石、方铅矿等伴生 | 为组成铀矿石的重要有用矿物 |

续表 2-7

| 矿物名称 | 矿物名称及化学成分 | 主要鉴定特征 | 成因与产状 | 用　途 |
| --- | --- | --- | --- | --- |
| 氧化物 | *钛铁矿 $FeTiO_3$ | 晶体呈厚板状或菱面体状，集合体多呈不规则的粒状，也有致密块状。钢灰或铁黑色，条痕黑或褐色。相对密度 4.72，硬度 5~6。半金属光泽，无解理，不透明，微具磁性 | 主要形成于岩浆结晶作用晚期。在碱性伟晶岩中与长石、黑云母等共生；在基性岩中与磁铁矿共生 | 为组成钛矿石的重要有用矿物 |
| | *磁铁矿 $Fe_3O_4$ | 晶体多呈八面体，少数呈菱形十二面体，晶面上有平行于菱形晶面长对角线的条纹，集合体多呈致密粒状块体，颜色和条痕均为铁黑色。相对密度 4.9~5.2，硬度 5.5~6。半金属至金属光泽，无解理，但常发育八面体裂开。不透明，强磁性 | 成因不一，主要形成于内生和变质矿床中。常与赤铁矿、钛铁矿、铬铁矿等伴生 | 为组成铁矿石的重要有用矿物 |
| | *铬铁矿 $FeCr_2O_4$ | 晶体呈细小的八面体，通常呈粒状、豆状、致密块状等集合体。黑色，条痕褐色。相对密度 4~4.8，硬度 5.5~7.5。半金属光泽，具弱磁性 | 是岩浆成因的矿物，常存在于超基性岩中。与橄榄石密切共生 | 为组成铬矿石的唯一有用矿物 |
| | 铌钽铁矿 $(Fe,Mn)Nb_2O_6$~$(Fe, Mn)Ta_2O_6$ | 晶体呈板状或短柱状。黑色或褐黑色，条痕暗红至黑色。相对密度 5.15~8.20，随着 $Ta_2O_6$ 含量的增高而加大，硬度 6。半金属光泽，性脆 | 形成于伟晶期末，常见于花岗伟晶岩中，与钠长石、绿柱石、电气石等共生 | 为组成铌、钽矿石的重要有用矿物 |
| 氢氧化物 | *铝土矿 | 它是细分散矿物的集合体，实质上是一种岩石名称，包括一水硬铝石 $HAlO_2$、一水软铝石 $AlO[OH]$、三水铝石 $Al[OH]_3$ 等三种矿物，并含其他杂质矿物，如黏土矿物、赤铁矿等。一般铝土矿多呈豆状、土状或块状集合体。颜色变化大，由灰白、灰褐色到黑灰色。相对密度 2.43~3.5，硬度 2.5~7。玻璃光泽或土状光泽 | 主要形成于风化和沉积矿床中，少数形成于低温热液矿床中 | 重要的铝矿石；铝土矿还是人工磨料、耐火材料、高铝水泥的原料 |
| | *硬锰矿 $mMnO \cdot MnO_2 \cdot nH_2O$ | 晶体少见，集合体通常呈钟乳状、肾状、葡萄状，具同心层状构造，有时亦呈致密块状或树枝状。实质上是多种含水氧化锰的细分散矿物集合体总称。颜色和条痕均为黑色。相对密度 4.4~4.7，硬度 4~6。半金属光泽，性脆，呈土状、烟灰状者称锰土 | 形成于风化或沉积矿床中。常与软锰矿相伴生 | 为组成锰矿石的重要有用矿物 |

续表 2-7

| 矿物名称 | 矿物名称及化学成分 | 主要鉴定特征 | 成因与产状 | 用途 |
|---|---|---|---|---|
| 氢氧化物 | 蛋白石 $SiO_2 \cdot nH_2O$ | 非晶质，通常呈致密块状，外观呈钟乳状。多呈白色，含杂质时，可呈黄、褐、红、绿、黑等各种颜色。玻璃或蜡状光泽。相对密度 1.9~2.5，硬度 5~5.5。贝壳状断口 | 主要由风化或沉积作用所形成，也常为火山区温泉的沉积物 | 可作研磨材料、建筑材料、陶瓷原料、装饰品等 |
| | *褐铁矿 $Fe_2O_3 \cdot nH_2O$ | 实际上是包含针铁矿、水针铁矿、水赤铁矿、含水氧化硅和泥质所组成的混合体。通常呈钟乳状、土状、块状等集合体。黄褐至棕黑色，条痕褐色，相对密度 3.9~4.0，硬度 1~4。半金属或土状光泽 | 由含铁矿物风化而成，常与针铁矿、水针铁矿等伴生 | 富集时为组成铁矿石的有用矿物；此外，可作颜料 |
| 硅酸盐 | *橄榄石 $(Mg, Fe)_2[SiO_4]$ | 晶体呈短柱状，通常呈粒状集合体。颜色为橄榄绿、黄绿至黑绿。相对密度 3.3~3.5，硬度 6.5~7.5。玻璃光泽，半透明，贝壳状断口，性脆 | 为岩浆成因矿物，主要产于基性、超基性岩中，常与铬铁矿、辉石等共生 | 作镁质耐火材料；透明者可做宝石；铸造用砂 |
| | *石榴石 $A_3B_2[SiO_4]_3$（化学式中 A 代表二价阳离子：$Mg^{2+}$、$Fe^{2+}$、$Mn^{2+}$、$Ca^{2+}$；B 代表三价阳离子：$Al^{3+}$、$Fe^{3+}$、$Cr^{3+}$） | 晶体呈菱形十二面体和四角三八面体，集合体为散粒状或致密块状。有肉红、褐、绿、紫等颜色。玻璃或油脂光泽。相对密度 3.5~4.2，硬度 6.5~7.5。不完全或无解理，断口参差状 | 主要由接触交代和变质作用所形成。常与透辉石、绿帘石、蓝晶石、硅线石等矿物共生。结晶片岩中也可见到 | 可作研磨材料；透明色美者可作宝石 |
| | 蓝晶石 $Al_2[SiO_4]O$ | 晶体呈扁平柱状，集合体呈放射状。蓝色、黄色或绿色。相对密度 3.56~3.68，硬度异向性明显，平行晶体伸长方向 4.5，垂直方向为 6~7。解理 {100} 完全，{010} 中等，晶面玻璃光泽，解理面珍珠光泽，性脆 | 为区域变质作用的产物，常见于各种结晶片岩中 | 用于制作耐火和耐酸材料的原料，也可从中提取铝 |
| | 红柱石 $Al_2[SiO_4]O$ | 晶形呈柱状，横断面近于四方形，集合体常呈粒状及放射状（形似菊花者又称菊花石）。常为灰、黄、褐、玫瑰、红等色，玻璃光泽。相对密度 3.1~3.2，硬度 7~7.5，解理 {110} 中等，{100} 不完全 | 主要由接触变质形成，常见于泥质岩石和侵入体接触带。少数见于区域变质岩中 | 同蓝晶石 |

续表 2-7

| 矿物名称 | 矿物名称及化学成分 | 主要鉴定特征 | 成因与产状 | 用　途 |
|---|---|---|---|---|
| 硅酸盐 | * 黄玉 $Al_2[SiO_4](F, OH)_2$ | 晶体呈柱状，晶面有纵纹，通常为致密粒状集合体。有浅黄、浅蓝、浅绿、浅红等颜色。相对密度 3.52~3.57，硬度 8。玻璃光泽。一组解理完全，贝壳状断口 | 典型的高温气成矿物。常见于花岗伟晶岩脉，云英岩及钨锡石英脉内 | 作研磨材料、仪器轴承；透明色美者做宝石 |
| | 绿帘石 $Ca_2(Al, Fe)_3[Si_2O_7][SiO_4]O(OH)$ | 晶体呈柱状或板状，晶面有明显条纹，集合体多为密集粒状或放射状。颜色黄绿至黑绿。玻璃光泽。相对密度 3.35~3.38，硬度 6.5 | 主要为热液蚀变产物，广泛存在于矽卡岩和经受热液作用的岩浆岩和沉积岩中 | 暂无实用价值 |
| | 电气石 $(Na, Ca)(Mg, Al)_6[B_3Al_3Si_6(O, OH)_{30}]$ | 晶体呈柱状，晶面上有明显的纵纹，其横断面为球面三角形，集合体多为放射状、棒状、束针状。常呈暗蓝、暗褐及黑色，也有绿、浅黄，浅红、玫瑰等色。晶体两端或晶体中心与边缘部分表现出不同的颜色。相对密度 2.9~3.25，硬度 7~7.5。玻璃光泽。加热、摩擦、加压时生电 | 主要由气成作用形成，常见于伟晶岩脉及云英岩中，与石英、长石、云母、绿柱石等矿物共生 | 大的晶体可做无线电器材；薄片做偏光器；美丽者可做宝石 |
| | * 绿柱石 $Be_3Al_2[Si_6O_{18}]$ | 晶体呈六方柱状，柱面有纵纹。集合体呈晶簇状。常呈浅蓝绿色或黄色，有时呈玫瑰色或无色透明。相对密度 2.63~2.91，硬度 7.5~8。晶面玻璃光泽，垂直柱面解理不完全，贝壳状或参差状断口，性脆 | 主要为气成作用的产物，常见于花岗伟晶岩中 | 为组成铍矿石的重要有用矿物；色美者可做宝石，其中以祖母绿最佳 |
| | * 透辉石 $CaMg[Si_2O_6]$ | 晶体呈短柱状，完整者少见，其横断面呈假正方形或八边形，集合体呈粒状或放射状。浅灰或浅绿色。相对密度 3.27~3.38，硬度 5.5~6。玻璃光泽，二组解理交角为 87° | 主要形成于接触交代过程中，为矽卡岩的主要矿物成分，常与石榴石、硅灰石等矿物共生。此外，还广泛分布于基性岩和超基性岩浆岩以及高级变质岩中 | 节能陶瓷原料，钢铁工业中可用作保护渣和保温帽原料 |
| | * 普通辉石 $Ca(Mg, Fe, Al)[(Si, Al)_2O_6]$ | 晶体常呈短柱状，横断面近等边的八边形，集合体呈致密粒状。颜色为黑绿或褐黑色，条痕灰绿色，相对密度 3.2~3.6，硬度 5~6。玻璃光泽，二组解理完全，交角为 87° | 多为岩浆成因的矿物。常见于基性岩中，与橄榄石、基性斜长石等矿物共生 | 暂无实用价值 |
| | 透闪石 $Ca_2Mg_5[Si_4O_{11}]_2(OH)_2$ | 晶体呈长柱状或针状，集合体为放射状或纤维状。颜色浅灰。相对密度 2.9~3.0，硬度 5~6。玻璃光泽。性脆，两组解理交角为 56° | 形成于岩浆期后和变质作用。常见于矽卡岩或结晶片岩中 | 节能陶瓷原料 |

续表 2-7

| 矿物名称 | 矿物名称及化学成分 | 主要鉴定特征 | 成因与产状 | 用途 |
|---|---|---|---|---|
| 硅酸盐 | 阳起石 $Ca_2(Mg, Fe)_5[Si_4O_{11}]_2(OH)_2$ | 形态同透闪石。其隐晶质致密块体称为软玉，颜色较透闪石深，呈深浅不同的绿色。相对密度为3.1~3.3，硬度5.5~6。玻璃或丝绢光泽 | 同透闪石 | 一般无实用价值。软玉可作装饰用 |
| | *普通角闪石 $Ca_2Na(Mg, Fe)_4(Al, Fe)[(Si, Al)_4O_{11}]_2(OH)_2$ | 晶体呈柱状。深绿至黑色，条痕微带浅绿的白色。相对密度3.1~3.3，硬度5.5~6。玻璃光泽。其横断面呈假六方形，两组解理中等，交角为56° | 为岩浆成因或变质成因矿物，常见于基性、中性岩浆岩和变质岩中 | 用作水泥优质充填材料 |
| | 硅灰石 $Ca_3[Si_3O_9]$ 或 $CaSiO_3$ | 晶体呈板状或柱状，集合体呈片状或放射状。白色，微带浅灰或浅红色。相对密度2.78~2.91，硬度4.5~5。玻璃光泽。两组解理交角74°。易溶于酸 | 为接触变质成因的矿物，常与石榴石、透辉石等矿物共生 | 节能陶瓷原料；塑料、橡胶制品的填充、增强改性剂；连铸保护渣基料；新型建材等 |
| | 硅线石 $Al[AlSiO_5]$ | 晶体呈针状或棒状，柱面有条纹，集合体呈放射状或纤维状。有灰、浅绿、浅褐等色。相对密度3.23~3.25，硬度7。玻璃光泽，一组完全解理 | 为变质成因矿物。常见于火成岩与富铝质岩石的接触变质带和结晶片岩中 | 用作耐火材料 |
| | *滑石 $Mg_3[Si_4O_{10}](OH)_2$ | 晶体呈板状，但少见，通常呈片状或致密块状集合体。白色，微带浅黄、浅褐或浅绿等色，有时染色很深。相对密度2.7~2.8，硬度1。玻璃光泽或油脂光泽，解理面显珍珠光泽。一组解理极完全。薄片有挠性，且具滑感和绝缘性 | 富镁质的岩石受热液蚀变的产物。常与菱镁矿、赤铁矿等共生 | 为造纸、陶瓷、橡胶、香料、药品、耐火材料的重要原料 |
| | *蛇纹石 $Mg_6[Si_4O_{10}](OH)_8$ | 通常呈致密块状，少数呈片状或纤维状等集合体。颜色多为深浅不同的绿色（如黑绿、暗绿、黄绿）。油脂光泽或蜡状光泽。相对密度2.5~2.7，硬度2~3.5 | 是热液对橄榄石、辉石、白云石等交代的产物 | 可炼制钙镁磷肥；制耐火材料；用作细工石材 |
| | 石棉（分别与蛇纹石、透闪石、阳起石的成分相同） | 为纤维状的集合体。包括：蛇纹石石棉，又称为温石棉，即纤维状蛇纹石的集合体；角闪石石棉，即透闪石石棉（纤维状透闪石集合体）和阳起石石棉（纤维状阳起石集合体）。石棉是三者的总称，其颜色有灰白、浅黄、浅绿等色。相对密度3.2~3.3，硬度2~4。丝绢光泽。具有耐热、绝缘、劈分等性能。蛇纹石石棉以其能溶于HCl区别于角闪石石棉 | 富含镁质的岩石或矿物经热液蚀变或接触交代而成 | 用作隔热、保温、绝缘、防火、过滤等方面材料的原料 |

续表 2-7

| 矿物名称 | 矿物名称及化学成分 | 主要鉴定特征 | 成因与产状 | 用 途 |
| --- | --- | --- | --- | --- |
| 硅酸盐 | *高岭石 $Al_4[Si_4O_{10}](OH)_8$ | 常呈疏松鳞片状，结晶颗粒细小。多呈致密粒状、土状、疏松块状等集合体。主要为白色或灰白色，也有浅黄、浅绿、浅褐等色。相对密度 2.58~2.60，硬度 1~2.5。土状光泽。解理一组极完全，鳞片具挠性，干燥时具吸水性，用水潮湿后具可塑性。粘舌，有粗糙感 | 主要由富含铝硅酸盐矿物的火成岩及变质岩风化而成。有时也为低温热液对围岩蚀变的产物 | 用于陶瓷、造纸、橡胶工业等 |
| | *黑云母 $K(Mg, Fe)_3[AlSi_3O_{10}](OH, F)_2$ | 晶体呈板状或短柱状，集合体呈片状。黑或深褐色。相对密度 3.02~3.12，硬度 2~3。玻璃光泽，解理面上显珍珠晕彩。半透明，一组极完全解理，薄片具弹性 | 主要为岩浆和变质成因的矿物。是主要造岩矿物之一。大的晶体常见于花岗伟晶岩脉中 | 细片常用做建筑材料充填物，如云母沥青毡 |
| | *白云母 $KAl_2[AlSi_3O_{10}](OH)_2$ | 晶体呈板状或片状，集合体多呈致密片状块体。薄片一般无色透明，并具弹性。相对密度 2.76~3.10，硬度 2~3。解理面显珍珠光泽，一组极完全解理。绝缘性极好。具有丝绢光泽的隐晶质块体称为绢云母 | 内生和变质作用均可形成。常见于花岗岩、伟晶岩、云英岩和变质岩中，与黑云母共生 | 电气工业上用作绝缘材料。超细粉可作橡胶、塑料、油漆、化妆品、各种涂料的填料。云母粉还可以制成云母陶瓷、云母纸等 |
| | *绿泥石<br>叶绿泥石为：$(Mg, Fe)_5Al[AlSi_3O_{10}](OH)_8$<br>鲕绿泥石为：$Fe_4Al[AlSi_3O_{10}](OH)_6 \cdot nH_2O$ | 绿泥石为一族矿物的总称，其中包括：叶绿泥石、斜绿泥石、鲕绿泥石、鳞绿泥石等矿物。这些矿物极相似，肉眼难分辨。其共同特点有：通常呈片状、板状或鳞片状集合体。颜色浅绿至深绿。相对密度 2.60~3.40，硬度 2~3。玻璃光泽或珍珠光泽，一组极完全解理。薄片具有挠性，但无弹性，以此可与绿色云母相区别。还具滑感 | 主要由中、低温热液作用和浅变质作用所形成。产于变质岩及中、低温热液蚀变的围岩中。但鲕绿泥石常产于沉积铁矿床中 | 鲕绿泥石大量聚积时，可作为铁矿石 |
| | 海绿石 $K_{<1}(Fe^{3+}, Fe^{2+}, Al, Mg)_{2\sim3}[Si_3(Si, Al)O_{10}](OH)_2 \cdot nH_2O$ | 晶体呈细小的六方外形，但极少见。通常为粒状或小球状浸染体。暗绿或黑绿色。相对密度 2.2~2.8，硬度 2~3。一般无光泽 | 仅形成于浅海沉积岩和近代海底沉积物中 | 可作肥田粉或绿色染料 |

续表 2-7

| 矿物名称 | 矿物名称及化学成分 | 主要鉴定特征 | 成因与产状 | 用途 |
|---|---|---|---|---|
| 硅酸盐 | 叶蜡石 $Al_2[Si_4O_{10}](OH)_2$ | 完好晶形少见。常呈叶片状，鳞片状或隐晶质致密块体。白色、浅绿、浅黄或淡灰色，半透明，玻璃光泽，致密块者呈油脂光泽，解理面珍珠光泽。一组完全解理。硬度 1~1.5，相对密度 2.65~2.90。与滑石相似，可用硝酸钴法区别，滑石灼烧后与硝酸钴作用变为玫瑰色，而叶蜡石则呈蓝色 | 富铝岩石受热液作用的产物。主要由中酸性喷出岩、凝灰岩或酸性结晶片岩经热液作用变质而成 | 作为填料或载体，用于造纸、橡胶、油漆、日用化工和农药等部门。在雕刻工艺和印章制作中，叶蜡石已有悠久的历史 |
| | 蛭石 $(Mg,Ca)_{0.3\sim4.5}(H_2O)n\{(Mg,Fe^{3+},Al)_3[(Si,Al)_4O_{10}]OH)_2\}$ | 常呈片状。褐、黄褐、金黄、青铜黄色，有时带绿色。光泽较黑云母弱，油脂或珍珠光泽。一组完全解理，解理片不具弹性。硬度1~1.5，相对密度2.4~2.7。灼热时体积膨胀并弯曲如水蛭，显浅金黄或银白色，金属光泽，膨胀后体积增大 15~40 倍 | 主要由黑云母或金云母经热液蚀变或风化而成，也可由基性岩受酸性岩浆有关的流体蚀变作用而形成 | 作为轻质、保温、隔热、隔音、防水等材料，广泛应用于建筑行业及多种工业部门 |
| | 蒙脱石 $(Na,Ca)_{0.33}(Al,Mg)_2(Si_4O_{12})(OH)_2 \cdot nH_2O$ | 常呈土状隐晶质块体，电镜下为细小鳞片状。白色，有时为浅灰、粉红、浅绿色。硬度 2~2.5，相对密度 2~2.7。有滑感，加水膨胀，体积能增加几倍，并变成糊状物。具有很强的吸附力及阳离子变换能力 | 主要由基性火成岩在碱性环境中风化而成。也有的是海底沉积的火山灰分解后的产物。蒙脱石为膨润土的主要成分 | 蒙脱石黏土用途广泛。用于做铁矿球团和铸造型砂的黏结剂和钻井泥浆的分散剂以及吸附剂、脱色剂和添加剂 |
| | 坡缕石 $(Mg,Al)_5(H_2O)_4[(Si,Al)_4O_{10}](OH)_2 \cdot 4H_2O$（又称凹凸棒石） | 通常为纤维状或土状集合体。白、灰、浅绿或浅褐色。硬度 2~3，相对密度 2.05~2.32。淋滤热液成因者常呈纤维状，纤维柔软，具强吸附性。土状者土质细腻，具滑感。具良好的吸附性，吸水性强，遇水不膨胀，湿时具黏性和可塑性，干燥后收缩性小。具阳离子交换性能 | 形成于沉积作用或为热液、蚀变的产物 | 当前最好的特殊泥浆料，用于地热、盐类地层、石油及海洋钻探；由于它具有良好的吸附、脱色、净化、过滤性而广泛用于食品、酿造、医药、环保、国防、畜牧等方面；还作为填料、黏结剂等用于橡胶、塑料、纸张及冶金球团 |
| | 海泡石 $Mg_8(H_2O)_4[Si_6O_{15}]_2(OH)_4 \cdot 8H_2O$ | 常为纤维状、土状集合体，白、浅灰、褐红等色。硬度 2~3，相对密度 2~2.5。性软，有滑腻感，具吸附性、抗盐性、阳离子交换性等 | 通常作为表生矿物见于蛇纹岩风化壳。沉积作用形成的见于碳酸盐岩石中 | 同坡缕石 |
| | *斜长石 $(100-n)Na[AlSi_3O_8] \cdot nCa[Al_2Si_2O_8]$ | 晶体呈板状或板柱状，双晶常见，通常为粒状、片状或致密块状集合体。常为白或灰白色。相对密度 2.61~2.76，硬度 6~6.5。玻璃光泽。两组解理完全，其解理交角为 86°24′~86°50′ | 内生、变质作用均可形成。广泛存在于岩浆岩和变质岩中，是主要造岩矿物之一 | 用于陶瓷工业；色彩美丽者可做装饰品 |

续表 2-7

| 矿物名称 | 矿物名称及化学成分 | 主要鉴定特征 | 成因与产状 | 用　途 |
| --- | --- | --- | --- | --- |
| 硅酸盐 | *正长石 $K[AlSi_3O_8]$ | 晶体呈短柱状或厚板状，双晶常见。集合体为粒状或致密块状。多为肉红或黄褐色。相对密度 2.57，硬度 6~6.5。玻璃光泽，两组解理完全，其交角为 90°。当两组解理交角为 89°30′时，称为钾微斜长石 | 主要形成于岩浆期和伟晶岩期，多存在于酸性及部分中性岩浆岩中 | 用作陶瓷、玻璃和钾肥的原料 |
| | 霞石 $Na[AlSiO_4]$ | 晶体少见，通常呈粒状或致密块状集合体。一般无色，有时为灰白色或灰色微带浅黄、浅褐、浅红等色调。相对密度 2.6，硬度 5~6。晶面显玻璃光泽，断口呈油脂光泽。解理不完全，性脆 | 是标准的岩浆矿物。分布于贫 $SiO_2$ 的碱性火成岩中，与碱性长石和碱性辉石等矿物共生 | 用作玻璃和陶瓷的原料，也可从中提炼铝 |
| | 白榴石 $K[AlSi_2O_6]$ | 常呈粒状集合体。单晶体呈四角三八面体。白色、灰色或炉灰色。透明、玻璃光泽，断口油脂光泽，条痕无色或白色。无解理。硬度 5.5~6。相对密度 2.40~2.50 | 通常呈斑晶产于富钾贫硅的喷出岩及浅成岩中。一般不与石英共生 | 可作为提取钾和铝的原料 |
| | 沸石 $A_mX_pO_{2p} \cdot nH_2O$ (A=Na，Ca，K 及少量的 Ba，Sr，Mg 等；X=Si，Al；四面体位置的 Al：Si≤1) | 沸石为一族矿物的总称。其中包括毛沸石、丝光沸石、斜发沸石、片沸石、方沸石、菱沸石等矿物。本族矿物的晶体形态多数呈纤维状或束状、柱状，部分为板状、菱面体、八面体、立方体等近三向等长的粒状。硬度 3.5~5.5，相对密度 2.1~2.5。具较低的折射率，易被酸分解。肉眼鉴定沸石族矿物比较困难，需借助 X 射线，光学显微镜、差热分析及红外光谱等方法确定之 | 内力作用中形成于晚期低温热液阶段，常见于基性火山岩的裂隙或杏仁体中。外力作用中多见于由火山碎屑形成的沉积岩中，在土壤中也有发现 | 由于具有优良的吸附，离子交换、催化、耐酸、耐热和相对密度小等性能，因此在建筑材料工业、农业、轻工业、环保及国防等方面具有十分广泛的用途 |
| 硼酸盐 | 硼砂 $Na_2[B_4O_7] \cdot 10H_2O$ | 晶体呈短柱状，集合体呈土状块体。通常为无色或白色，有时微带淡灰、淡蓝及淡绿等色。硬度为 2~2.5，相对密度 1.71。玻璃或土状光泽。易溶于水，在空气中易脱水，表面形成白色块状皮膜。置火焰上烧之膨胀，易熔成透明的玻璃状物体，并使火焰染成黄色 | 形成于化学沉积矿床。主要产于干旱地区的盐湖中，与石盐、石膏、芒硝等矿物共生 | 为组成硼矿石的重要有用矿物 |
| 磷酸盐 | *磷灰石 $Ca_5[PO_4]_3$ (F，Cl) | 晶体呈六方柱状，集合体为粒状、致密块状、土状和结核状等。有灰白、黄绿、翠绿等色。相对密度 3.18~3.21，硬度 5，解理不完全至中等。玻璃或油脂光泽。性脆。于暗处以锤击之或用火烧其粉末均发绿光。将钼酸铵粉末置于磷灰石上，加硝酸时，生成黄色磷钼酸铵沉淀 | 成因不一，主要为外生沉积形成；内生成因次之；变质成因也有 | 为组成磷矿石的重要有用矿物。为制造磷肥的主要原料 |

续表 2-7

| 矿物名称 | 矿物名称及化学成分 | 主要鉴定特征 | 成因与产状 | 用途 |
| --- | --- | --- | --- | --- |
| 钨酸盐 | *白钨矿（钨酸钙矿）$Ca[WO_4]$ | 晶体呈八面体形，通常呈不规则的颗粒，较少为致密块体。多为灰白色，有时带浅黄、褐色。相对密度5.8~6.2，硬度4.5，解理中等。油脂或金刚光泽。紫外光照射下可发浅蓝色荧光 | 主要形成于接触交代型的矿床中，常与石榴石、透辉石，符山石，硅灰石等矿物共生 | 为组成钨矿石的重要有用矿物 |
| | *黑钨矿（钨锰铁矿）$(Mn, Fe)[WO_4]$ | 晶体呈厚板状或短柱状，晶面上有纵纹，集合体多为粒状。褐黑色，条痕褐色。相对密度6.7~7.5，硬度4.5~5.5。半金属光泽，一组完全解理，性脆 | 主要形成于高温热液的石英脉内，常与锡石、毒砂、辉钼矿等共生 | 同白钨矿 |
| 硫酸盐 | 硬石膏 $CaSO_4$ | 晶体呈板状或厚板状，集合体呈致密粒状或纤维状。多为白色，有时带浅蓝、浅灰或浅红等色调。相对密度2.8~3，硬度3~3.5。玻璃光泽，三组解理完全，且相互直交 | 主要形成于化学沉积矿床中，偶尔也有内生成因的。常与石盐、石膏等共生 | 可作农肥、水泥、玻璃、建筑等原料 |
| | 石膏 $CaSO_4 \cdot 2H_2O$ | 晶体呈板状或柱状，通常呈纤维状、叶片状、粒状、致密块状等集合体。多为白色，也有灰、黄、红、褐等浅色。相对密度2.3，硬度1.5。玻璃光泽，性脆。发育三组解理，{010}极完全，{100}和{011}中等，解理块裂成夹角为66°的菱形块。微溶于水，当温度为37~38℃时溶解度最大 | 成因不一，但主要为化学沉积作用的产物。常在干旱盐湖中与石盐、硬石膏等矿物共生 | 可作水泥、建筑、陶瓷、农肥等原料；还可用于造纸、医疗等方面 |
| | 重晶石 $BaSO_4$ | 晶体呈板状，集合体多为粒状或致密块状。一般无色，因含杂质而染成灰白、淡红、淡褐等色。相对密度4.3~4.5，硬度3~3.5。玻璃或珍珠光泽。三组解理，{001}完全，{210}中等，{010}不完全。性脆，用火烧时有噼啪响声 | 为热液或沉积成因。常与萤石、方解石、闪锌矿、方铅矿等共生 | 用于钻井、化工、橡胶和造纸工业 |
| 碳酸盐 | *方解石 $CaCO_3$ | 晶形多样，常见的有菱面体，集合体多呈粒状，钟乳状、致密块状、晶簇状等。多为白色，有时因含杂质染成各种色彩。相对密度2.6~2.8，硬度3。玻璃光泽，透明或半透明。无色透明，晶形较大者叫冰洲石。完全的菱面体解理。遇HCl起泡 | 各种地质作用均可形成。可产于各种岩石中，是石灰岩的主要组成矿物 | 可作石灰、水泥原料，冶金熔剂等，冰洲石具有极强的双折射率和偏光性能，被广泛应用于光学领域 |
| | 菱镁矿 $MgCO_3$ | 晶体少见，通常为致密粒状集合体。多为白色，有时微带浅黄或浅灰色。相对密度2.9~3.1，硬度4~4.5。玻璃光泽。完全菱面体解理。加冷HCl不起泡 | 由热液或风化作用所形成。常与白云石、滑石、方解石等共生 | 用于耐火材料及提取金属镁 |

续表 2-7

| 矿物名称 | 矿物名称及化学成分 | 主要鉴定特征 | 成因与产状 | 用　途 |
| --- | --- | --- | --- | --- |
| 碳酸盐 | 菱锌矿 $ZnCO_3$ | 晶体不常见，集合体通常呈土状、钟乳状、皮壳状等。常为白色，有时微带浅绿、浅褐或浅红色。相对密度 4.1~4.5，硬度 5。玻璃光泽，性脆 | 主要分布于石灰岩中铅锌硫化物矿床的氧化带，是闪锌矿氧化分解所形成 | 为组成锌矿石的有用矿物 |
| | *菱铁矿 $FeCO_3$ | 晶体呈菱面体形，集合体呈粒状，鲕状、结核状、钟乳状等。颜色为浅褐、灰或深褐色。相对密度 3.9，硬度 3.5~4.5。玻璃光泽，性脆。加热 HCl 起泡，加冷 HCl 时缓慢作用，形成黄绿色的 $FeCl_3$ 薄膜。碎块烧后变红，并显磁性 | 形成于还原条件下。沉积型的常产于黏土、页岩及煤层内；也有热液成因的 | 为组成铁矿石的有用矿物 |
| | 菱锰矿 $MnCO_3$ | 晶体不常见，通常呈粒状、肾状、结核状等集合体。常为玫瑰色，氧化后为褐黑色。相对密度 3.6~3.7，硬度 3.5~4.5。玻璃光泽，菱面体解理完全，性脆 | 有内生热液成因和外生沉积成因的。常见于海相沉积锰矿床中 | 为组成锰矿石的重要有用矿物 |
| | *白云石 $CaMg[CO_3]_2$ | 晶体常呈弯曲马鞍状的菱面体。集合体呈粒状、多孔状或肾状。主要为灰白色，有时微带浅黄、浅褐、浅绿等色。相对密度 2.8~2.9，硬度 3.5~4。玻璃光泽，三组解理完全，解理面常弯曲 | 主要为外生沉积成因，与石膏、硬石膏共生；也有热液成因的，多与硫化物、方解石等共生 | 用作耐火材料、冶金熔剂的原料 |
| | 白铅矿 $PbCO_3$ | 晶体呈板状或假六方双锥状，集合体呈致密块状、钟乳状和土状。多为白色，有时微带浅色。相对密度 6.4~6.6，硬度 3~3.5。金刚光泽，贝壳状断口。性脆，遇 HCl 起泡 | 为铅锌硫化物矿床氧化带的次生铅矿物。往往与铅矾、方铅矿等矿物伴生 | 为组成铅矿石的有用矿物 |
| | *孔雀石 $Cu_2[CO_3](OH)_2$ | 晶体呈柱状，单晶极少见，通常呈肾状、葡萄状、放射纤维状集合体。绿色，条痕淡绿色。相对密度 3.9~4.1，硬度3.5~4，解理完全。玻璃至金刚光泽，纤维状者具丝绢光泽。遇 HCl 起泡，以此与相似的硅孔雀石（$CuSiO_3 \cdot 2H_2O$）相区别 | 仅产于含铜硫化物矿床的氧化带，常与蓝铜矿、赤铜矿、辉铜矿等矿物共生 | 为组成铜矿石的有用矿物；还可作颜料；致密色美者可用来雕刻工艺品 |
| | *蓝铜矿 $Cu_3[CO_3]_2(OH)_2$ | 晶体呈短柱状或厚板状，通常为细小晶簇、致密粒状、放射状等集合体。颜色深蓝或浅蓝，条痕浅蓝色。相对密度 3.7~3.9，硬度 3.5~4，玻璃至土状光泽，性脆。一组解理完全。遇 HCl 起泡 | 同孔雀石 | 同孔雀石 |

**表 2-8 部分常见相似矿物肉眼鉴定特征表**

| 矿物颜色 | 矿物名称 | 鉴定特征与步骤 |
| --- | --- | --- |
| 黄色 | 黄铜矿<br>黄铁矿<br>磁黄铁矿<br>镍黄铁矿<br>斑铜矿 | 首先根据颜色深浅，可将黄色矿物再分为两组。<br>（1）浅黄铜色：黄铜矿、黄铁矿。<br>（2）暗铜黄（红）色：磁黄铁矿、镍黄铁矿、斑铜矿。<br>黄铜矿与黄铁矿的主要区别是：黄铜矿可被小刀刻动，且颜色比黄铁矿要深一些；而黄铁矿不能被小刀所刻动。<br>斑铜矿、磁黄铁矿、镍黄铁矿的区别是：磁黄铁矿有较强的磁性；斑铜矿表面有锖色，且具有铜的焰色反应（见辉铜矿的鉴定特征）；而镍黄铁矿既无磁性，又无铜的焰色反应，但有较强的导电性 |
| 铅灰色 | 方铅矿<br>辉锑矿<br>辉铋矿<br>辉钼矿<br>镜铁矿 | 首先根据矿物的晶形，可将铅灰色矿物分为三组。<br>（1）立方体：方铅矿。<br>（2）柱状：辉锑矿、辉铋矿。<br>（3）片状：辉钼矿、镜铁矿。<br>辉锑矿与辉铋矿的区别是：辉锑矿的解理面上有横纹，其矿物粉末加上KOH后，先生成黄色，再变为褐色；而辉铋矿无此两特点。<br>辉钼矿与镜铁矿的区别是：辉钼矿的条痕是灰黑色；而镜铁矿的条痕为樱红色 |
| 棕褐色 | 闪锌矿<br>锡石<br>褐铁矿 | 根据矿物的光泽，可将棕褐色矿物再分为两组。<br>（1）油脂或金刚光泽：闪锌矿、锡石。<br>（2）半金属或土状光泽：褐铁矿。<br>闪锌矿与锡石的区别是：闪锌矿可被小刀刻动；而锡石不能被小刀刻动 |
| 黑色 | 磁铁矿<br>铬铁矿<br>钛铁矿<br>黑钨矿<br>铌钽铁矿<br>硬锰矿<br>软锰矿<br>辉铜矿 | 首先根据矿物的形态，可将黑色矿物分为三组。<br>（1）粒状：磁铁矿、铬铁矿。<br>（2）板状：钛铁矿、黑钨矿、铌钽铁矿。<br>（3）土状或钟乳状：硬锰矿、软锰矿、辉铜矿。<br>磁铁矿和铬铁矿的区别是：磁铁矿具强磁性，且矿物粉末溶解于浓盐酸，生成 $FeCl_3$，溶液呈草黄色；而铬铁矿仅具弱磁性，且不溶于浓盐酸。<br>钛铁矿、黑钨矿、铌钽铁矿的区别是：钛铁矿不具解理，且粉末溶于磷酸中，冷却稀释后加入 $Na_2O$，可使溶液呈黄褐色；黑钨矿和铌钽铁矿都具有一组完全的解理，但黑钨矿可被小刀刻动；而铌钽铁矿则不能被小刀刻动。<br>硬锰矿、软锰矿、辉铜矿的区别是：有铜的焰色反应者为辉铜矿；加 $H_2O_2$ 起泡，硬度大于指甲者为硬锰矿；而软锰矿虽加 $H_2O_2$ 也起泡，但多数情况下，其硬度小于指甲，且易污手。<br>说明：所谓强磁性矿物，即磁铁能直接吸引起矿物小块；而弱磁性矿物，磁铁只能吸引起矿物粉末 |
| 白色 | 石英<br>斜长石<br>方解石<br>石膏<br>硬石膏<br>重晶石 | 首先根据矿物的硬度，将矿物分为三组。<br>（1）硬度小于指甲：石膏。<br>（2）硬度介于指甲和小刀之间：方解石、硬石膏、重晶石。<br>（3）硬度大于小刀：石英、斜长石。<br>石英和斜长石的区别是：石英断口具有特征的油脂光泽，具贝壳状断口，无解理；而斜长石为玻璃光泽，有两组完全解理。<br>方解石、硬石膏、重晶石的区别是：滴入稀盐酸后冒泡者为方解石，无反应者为硬石膏或重晶石。硬石膏与重晶石在外观上相近，但重晶石密度远高于硬石膏和其他常见透明矿物，用手掂量重晶石手标本明显感觉其较重 |

# 3 岩浆作用和岩浆岩

岩石是天然产出的由一种或多种矿物（除晶质矿物外还包括火山玻璃、生物遗骸、胶体）组成的、具有一定结构构造的矿物集合体。

## 3.1 岩浆及岩浆作用

### 3.1.1 岩浆的概念及特点

岩浆（magma）是在上地幔和地壳深处形成的、以硅酸盐为主要成分的炽热、黏稠、富含挥发性物质的熔融体。除以硅酸盐为主要成分的岩浆之外，也有极少数的岩浆为碳酸盐熔融体。

岩浆作为一种特殊的熔体（melt），在成分、温度、黏度等方面具有不同于一般流体的显著特征。

3.1.1.1 岩浆的成分

根据对现代火山熔岩流的观察和实验岩石学的研究，岩浆的组分以硅酸盐为主，其主要的化学组成包括氧、硅、铝、铁、镁、钙、钾、钠，其次是锰、钛、磷等造岩元素，其中以氧最多。岩浆中各种元素的含量常以氧化物质量分数表示，在上述元素的氧化物中，$SiO_2$ 的含量在30%~80%之间，金属氧化物如 $Al_2O_3$、$Fe_2O_3$、FeO、MgO、CaO、$Na_2O$ 等占20%~60%。岩浆中的微量元素有Cr、Ni、Co、Pt、Cu、Nb、Ta、Zr、Ce、Y、U、Th、W、Sn等，其他重金属、有色金属、稀有金属及放射性元素等，总量不超过5%。

此外，岩浆中还含有一些挥发性组分（volatiles），主要是 $H_2O$、$CO_2$、$SO_2$、CO、$N_2$、$H_2$、$NH_3$、HCl、HF等。

3.1.1.2 岩浆的温度

根据对火山熔岩流的直接测定和对岩石熔融与结晶温度的观察，岩浆的温度通常在700~1200℃之间。但不同成分的岩浆其温度不同，玄武质岩浆的温度较高，多为1025~1225℃；安山质岩浆的温度中等，多为900~1000℃；酸性岩浆的温度较低，只有735~890℃。

3.1.1.3 岩浆的黏度

黏度是岩浆的重要特征之一，反映了岩浆熔体的流动性能。这种性能取决于岩浆自身的成分特点，同时也受岩浆所处的温度、压力等条件的影响。

（1）岩浆的 $SiO_2$、$Al_2O_3$ 含量越高，则岩浆的黏度也越大，其中 $SiO_2$ 含量对黏度的影响最大。酸性的流纹质岩浆富 $SiO_2$，其黏度较大，而基性的玄武质岩浆贫 $SiO_2$，其黏度较小。

（2）岩浆中挥发分增加，可以降低岩浆的黏度，尤其是 $H_2O$，它可以夺去硅氧四面体中的氧，使其形成 $OH^-$，从而使硅氧四面体长链解聚，降低黏度。

（3）Fe、Mg、Ca、Na、K 等金属元素的含量越高，岩浆的黏度越小。

（4）岩浆的黏度随岩浆的温度升高而减小。

（5）对于基本不含水的“干”岩浆来说，压力越大，黏度越大。但由于压力增加，挥发分在岩浆中的溶解度也增大，这又会降低岩浆的黏度。

### 3.1.2　岩浆作用

处于地下深处的岩浆受浮力或围压的驱动会沿构造薄弱带上升到地壳浅部或喷出地表。在岩浆上升、运移的过程中，其物理化学条件和自身成分不断发生变化，最终随温度的降低而冷却凝固形成岩浆岩。通常把高温熔融岩浆的产生、发展、演化直至冷凝固结成岩的整个过程称为岩浆作用（magmatism）。

根据岩浆活动方式的不同，岩浆作用可分为侵入作用和喷出作用两种类型。岩浆由地下深处上升到地壳一定深度，由于上升动力不足而停留在地壳一定深度，并冷凝结晶形成岩浆岩，这种作用类型叫作侵入作用；反之，把岩浆冲破上覆岩层而喷出地表的作用叫作喷出作用。根据岩浆侵入深度的不同，侵入作用又可分为深成侵入作用（深度大于 3km）和浅成侵入作用（深度小于 3km）。

由地壳深处或上地幔中形成的高温熔融的岩浆，经侵入地下或喷出地表冷凝而成的岩石，统称为岩浆岩或火成岩（magmatic rock / igneous rock）。相应地，岩浆岩也可分为由侵入作用形成的侵入岩（intrusive rock，包括深成侵入岩和浅成侵入岩）和由喷出作用形成的喷出岩（extrusive rock）两大类。

## 3.2　岩浆岩的一般特征

岩浆岩约占整个地壳总质量的 95%、总体积的 65%。在三大类岩石中，岩浆岩占有非常重要的地位，许多金属或非金属矿产资源的形成都与岩浆作用或岩浆岩有着非常密切的关系。

不同类型的岩石，由于其物质组成、结构构造以及产出状态的不同，导致其含矿性、加工性能以及工程性质有着较大的差异，因此，对于地质学、资源勘查、工程地质、矿业工程等领域，了解岩浆岩的成分、结构构造及产状等一般特征都是非常必要的。

### 3.2.1　岩浆岩的物质成分

岩浆岩的物质成分包括化学成分和矿物成分两个方面。

#### 3.2.1.1　岩浆岩的化学成分

现有的岩石地球化学研究结果表明，岩浆岩中几乎含有地壳中的所有元素，但含量差异较大。对大多数岩浆岩来说，其中含量最多的是 O、Si、Al、Fe、Mg、Ca、Na、K、Ti 等元素，这些元素也称为主量元素（major element）或造岩元素，其总和约占岩浆岩（不包括碳酸岩等特殊岩石，下同）总质量的 99.25%。其中，氧的含量最高，平均约占岩浆岩总质量的 46.42%。除了主量元素之外，岩浆岩中还含有 Pb、Zn、W、Mo、Sn、Mn、B 等次要元素及多种微量元素（trace element），这些元素的总体含量不到 1%，但却可富集成矿，有着重要的研究意义和工业价值。

岩浆岩的化学成分常用这些元素的氧化物质量分数来表示，这些氧化物被称为造岩氧化物，如 $SiO_2$、$Al_2O_3$、$Fe_2O_3$、FeO、MgO、CaO、$K_2O$、$Na_2O$、$H_2O$、$P_2O_5$等。表 3-1 为岩浆岩的主要化学成分组成特点，其中 $SiO_2$ 是岩浆岩的主要化学成分，平均含量占 59.14%，其次为 $Al_2O_3$，占 15.34%。

**表 3-1 岩浆岩的平均化学组成**

| 元　素 | 质量分数/% | 氧化物 | 质量分数/% |
| --- | --- | --- | --- |
| O | 46.42 | $SiO_2$ | 59.14 |
| Si | 27.59 | $Al_2O_3$ | 15.34 |
| Al | 8.08 | $Fe_2O_3$ | 3.08 |
| Fe | 5.08 | FeO | 3.80 |
| Ca | 3.61 | MgO | 3.49 |
| Na | 2.83 | CaO | 5.08 |
| K | 2.58 | $Na_2O$ | 3.84 |
| Mg | 2.09 | $K_2O$ | 3.13 |
| Ti | 0.72 | $H_2O$ | 1.15 |
| P | 0.16 | $TiO_2$ | 1.05 |
| H | 0.13 | $P_2O_5$ | 0.30 |
| Mn | 0.13 | MnO | 0.12 |
| | | $CO_2$ | 0.10 |
| 其他 | 0.59 | 其他 | 0.38 |
| 合计 | 100.00 | 合计 | 100.00 |

#### 3.2.1.2 岩浆岩的矿物成分

岩浆岩除少数由玻璃质组成外，绝大多数都是由矿物组成的。矿物成分既可反映岩石的化学成分特点，又可反映其特征和成因，因此也常被用作岩浆岩分类和命名的主要依据。

组成岩浆岩的矿物，常见的不过二十几种，这些构成岩石的主要矿物统称为造岩矿物（rock-forming minerals），这些矿物可以根据其不同的特点分为不同的类型。例如，按其在岩浆岩中的含量及其在岩浆岩分类和命名中所起的作用不同，可将它们分为主要矿物、次要矿物和副矿物三类；按其化学成分特征不同，可以分为硅铝矿物和铁镁矿物两类。

（1）含量分类。

1）主要矿物（essential mineral）：是岩石中含量较多的矿物，一般都在10%以上。它们是划分岩石大类的依据，如辉长岩是指其主要组成矿物是辉石和斜长石。

2）次要矿物（subordinate mineral）：是岩石中含量不多的矿物，一般都在10%以下。它们对划分岩石大类不起作用，但可作为确定岩石种属的依据，如石英闪长岩中的石英，黑云母花岗岩中的黑云母。同种矿物在不同的岩石中随着含量多少的变化，可以是主要矿物，也可以是次要矿物。

3）副矿物（accessory mineral）：是岩石中含量很少的矿物，通常不到1%，偶尔可达5%，如磷灰石、磁铁矿、锆石等。它们在岩石的分类和命名中一般不起作用，但可用来确定种属名称，如榍石花岗岩。通过岩浆岩中副矿物的类型及其成分特征、微观结构特征、同位素组成特征等可以获得岩浆岩的源区、演化、形成的物理化学条件、含矿性、侵位年代等重要信息。例如，利用岩浆岩中的副矿物锆石进行U-Pb同位素测年目前被广泛应用于岩浆岩侵位年龄的精确厘定研究。

（2）化学成分分类。

1）硅铝矿物（felsic minerals）：$SiO_2$ 与 $Al_2O_3$ 的含量较高，不含铁镁，包括游离的 $SiO_2$ 及富含钾、钠的铝硅酸盐矿物，如石英、斜长石、钾长石等。这些矿物由于颜色较浅，所以又叫做浅色矿物。

2）铁镁矿物（mafic minerals）：FeO 与 MgO 的含量较高，$SiO_2$ 含量较低，大部分为岛状、链状、层状硅酸盐以及少数金属氧化物，主要包括橄榄石类、辉石类、角闪石类及黑云母类等矿物。这些矿物的颜色一般较深，多为黑色或暗绿色，所以又叫做暗色矿物。

3.2.1.3 岩浆岩的矿物共生组合规律及其与化学成分的关系

岩浆岩中众多的矿物不是任意组合的，而是按一定规律共生在一起，这种规律称为矿物的共生组合规律。影响岩浆岩中矿物之间这种共生组合关系的因素除了温度、压力等物化条件之外，最主要的是岩浆岩的化学成分，特别是 $SiO_2$ 的含量。由于 $SiO_2$ 含量对岩浆岩中矿物共生关系有重要影响，在岩浆岩的分类体系中，通常根据 $SiO_2$ 含量将岩浆岩分成超基性岩、基性岩、中性岩和酸性岩四大类，每类岩石都有其特定的矿物共生组合。

（1）超基性岩类（ultramafic rocks）：$SiO_2$ 含量低于45%，富含MgO、FeO，而贫 $K_2O$、$Na_2O$，反映在矿物成分上，以铁镁矿物为主，一般含量可达90%以上，主要是橄榄石、辉石，而长石含量很少或没有。

（2）基性岩类（mafic rocks）：$SiO_2$ 含量为45%~52%，随着 $SiO_2$ 含量的增加，FeO、MgO较超基性岩减少，$Al_2O_3$、CaO含量则增加，因此出现了辉石和基性斜长石的共生。

（3）中性岩类（intermediate rocks）：$SiO_2$ 含量为52%~65%，FeO、MgO、CaO含量均较基性岩减少，而 $K_2O$、$Na_2O$ 的含量却相对增加，因而出现了角闪石与中性斜长石的共生，而铁镁矿物含量较基性岩进一步降低。另外，还有一类较富含 $K_2O$ 和 $Na_2O$ 的中性岩（正长岩类），出现铁镁矿物和碱性长石的共生。

（4）酸性岩类（felsic rocks）：$SiO_2$ 含量大于65%，FeO、MgO、CaO含量大大减少，而 $K_2O$、$Na_2O$ 则明显增加，因此出现了石英、钾长石、酸性斜长石、黑云母等的共生现象，其中铁镁矿物不超过15%，多小于10%。

对于岩浆岩中矿物之间的特殊组合关系，1922年美国岩石学家Bowen根据硅酸盐熔浆的结晶实验以及岩石中矿物生成顺序和结构特征，提出了玄武质岩浆冷却过程中矿物的结晶顺序，称为鲍文反应系列（Bowens reaction series，见图3-1）。

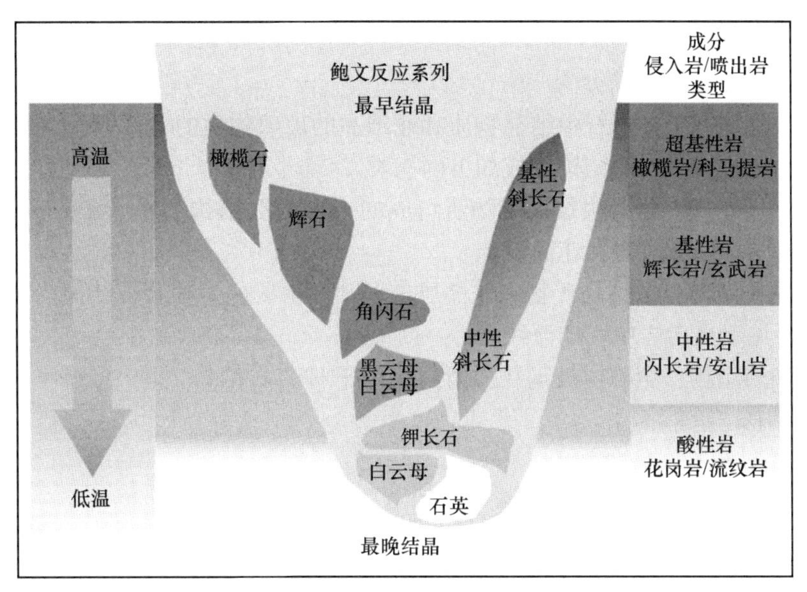


图 3-1　岩浆中矿物结晶的鲍文反应系列

（据网上资料修改，http：//www. geologyin. com/）

鲍文反应系列表明，随着岩浆熔体温度的下降，造岩矿物分作纵向的两个系列并行结晶，即由橄榄石→辉石→角闪石→黑云母的暗色矿物结晶系列，以及由基性斜长石→中性斜长石→酸性斜长石的浅色矿物结晶系列。随着温度的进一步下降，两个系列变成单一系列，结晶出正长石→白云母→石英。如图 3-1 所示，鲍文反应系列的横向正好揭示了不同岩石的矿物共生组合规律，即在同一水平位置上的暗色矿物和浅色矿物能够共生，进而组合成一定类型的岩石。如辉石和基性斜长石组合成为基性岩，角闪石和中性斜长石组合成中性岩，石英、正长石、酸性斜长石、黑云母组合成酸性岩。与此同时，鲍文反应系列也能够说明不同矿物之间共生的可能性大小，在纵向上相距不远的矿物有共生的可能性，如中性岩中可以有少量的辉石和黑云母，基性岩中可以有少量的橄榄石和角闪石。反之，在纵向上相距很远的矿物共生的可能性很小，如橄榄石和石英一般不能共生。橄榄石的出现标志岩石中硅不饱和，石英的出现标志岩石中硅过饱和。

### 3. 2. 2　岩浆岩的结构构造

在研究岩石时，不但要掌握其物质组成，而且还要了解这些物质成分是怎样构成岩石的。这种由岩石的物质组分所反映的岩石的构成特征，就是岩石的结构和构造。成分相同的岩浆，在不同的物理化学条件下，可以形成结构、构造截然不同的岩石或矿石，而结构构造的差异性，往往会导致岩矿石具有不同的性质和加工性能。岩浆岩的结构和构造特征是区分和鉴定岩浆岩的重要标志，也是判别岩浆岩分类和形成条件的重要依据。

#### 3. 2. 2. 1　*岩浆岩的结构*

岩浆岩的结构（rock texture）是指组成岩石中矿物的结晶程度、颗粒大小、晶体形态、自形程度和矿物间（包括玻璃相）的相互关系。

由上述关于岩浆岩结构的定义可以看出，结构要素主要包括矿物的结晶程度、颗粒大小、晶形、自形程度等。要素不同，岩石所表现出来的结构特征也会不同，相应地可以把岩石的结构分为不同的类型。

A　按岩石的结晶程度分类

岩石的结晶程度是指岩石中结晶物质和非结晶的玻璃物质的含量比例。根据岩石的结晶程度不同，可将岩浆岩的结构分成如下的三类。

（1）全晶质结构：全部由结晶矿物所组成的一种岩石结构（图 3-2 中 a）。这种结构多见于深成岩中，如辉长岩、花岗岩。

（2）半晶质结构：由结晶矿物和非晶质玻璃共同组成的一种岩石结构（图 3-2 中 b）。这种结构主要见于火山岩中，如流纹岩。

（3）玻璃质结构：全部由玻璃物质所组成的一种岩石结构（图 3-2 中 c）。这种结构常见于火山岩中，如黑曜岩。

图 3-2　按结晶程度划分的结构类型

a—全晶质结构；b—半晶质结构；c—玻璃质结构（已去玻化）

岩石中矿物的结晶程度反映了岩石形成时所处的物理化学条件特征。随着岩浆温度、压力条件发生变化，岩浆开始结晶，形成结晶中心，矿物在这些中心上不断长大。但是任何矿物都是在它的过冷却区域内（低于熔点若干度）结晶的。如果岩浆在过冷却区内停留时间长，即冷却缓慢，结晶中心形成速度小于晶体生长速度，矿物就会充分生长，形成全晶质且较大的晶体；如果冷却迅速，就会结晶不全，形成细小的晶体，甚至来不及结晶而淬冷形成玻璃质。

另外，岩浆的成分也会影响岩石的结晶程度，进而形成不同的结构，如易流动的基性熔岩常为全晶质，而黏度大的酸性熔岩则常为半晶质或玻璃质。玻璃质是一种不稳定相，随着条件的改变，它们常常会发生脱玻璃化作用，开始形成一些细小的雏晶。雏晶是一些形态多种多样的晶芽。这些晶芽一般无明显的光性特征，当它们进一步发展时就会形成骨架状的骸晶或细小的微晶。

B　按矿物颗粒大小分类

（1）按照矿物颗粒的绝对大小（粒度）和肉眼下可辨别的程度，可将岩浆岩的结构做如下的划分。

1）显晶质结构：矿物颗粒在肉眼下可以辨别。显晶质结构按其主要矿物颗粒的平均直径又可分为以下几种。

①伟晶结构：颗粒直径小于10mm。

②粗粒结构：颗粒直径5~10mm。

③中粒结构：颗粒直径5~2mm。

④细粒结构：颗粒直径1~0.2mm。

⑤微粒结构：颗粒直径小于0.2mm。

2）隐晶质结构：指颗粒非常细小，肉眼下不可分辨，但在显微镜下可以看出矿物晶粒者，是浅成侵入岩和喷出岩中常有的一种结构。这种结构很致密，有时和玻璃质结构不易区分，但是它们一般无玻璃光泽和贝壳状断口，也不像玻璃质结构的岩石那样脆，而是具有瓷状断面。按其晶粒在显微镜下的可见程度，隐晶质结构还可以进一步划分为显微显晶质结构和显微隐晶质结构。

（2）按矿物颗粒的相对大小，又可以把岩浆岩的结构划分为以下三种类型。

1）等粒结构：岩石中主要矿物颗粒大小大致相等（图3-3中a）。

2）不等粒结构：岩石中主要矿物颗粒大小不等，且矿物粒度大小是渐变的（图3-3中b）。

3）斑状和似斑状结构：岩石中所有的矿物颗粒分属于大小不同的两群，大者组成斑晶，小的组成基质。若基质由微晶质、隐晶质或玻璃质组成，则称为斑状结构（porphyritic texture，图3-3中c）；若基质由显晶质组成，则称为似斑状结构（图3-3中d）。

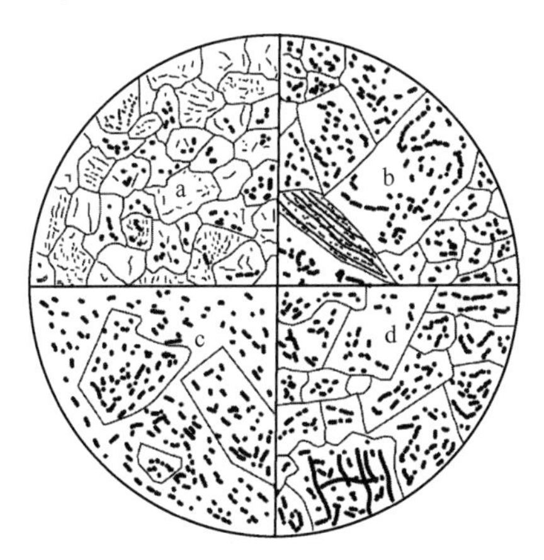


图3-3　按矿物相对大小划分的结构类型

a—等粒结构；b—不等粒结构；c—斑状结构；d—似斑状结构

斑状结构常见于浅成侵入岩和火山岩中，其斑晶和基质可能形成于不同的物理化学条件或不同的时代。如熔浆在地壳深处时开始析出晶体，形成了一些较大的斑晶，随后这种混合着晶体的岩浆迅速上升到地壳浅部或喷溢至地表，炽热的含晶岩浆骤然冷却，形成斑状结构的岩浆岩。在这一过程中，斑晶形成于地壳深处，而基质为微晶体或玻璃质，是岩浆在近地表或地表环境下结晶形成。

似斑状结构主要分布于浅成侵入岩和部分中深成侵入岩中。似斑状结构的基质一般都是显晶质的，如细粒、中粒，甚至是粗粒的。似斑状结构岩石的斑晶和基质形成在相同或几乎相同的物化条件，斑晶和基质的矿物成分也基本相同。由于斑晶的继续生长和基质的结晶是同时进行的，因此可见基质的颗粒从边缘插到斑晶中去的现象，因此斑晶虽然一般有结晶轮廓，但却很难形成平整的晶面。在这种结构中，若斑晶和基质的晶粒大小无明显界线，而是连续变化，这时就变为不等粒结构。

C　按矿物颗粒的自形程度分类

自形程度是指矿物晶面发育的完善程度。根据岩石中组成矿物的自形程度，可将岩石结构分为以下三种类型（图3-4）。

（1）自形晶（euhedral crystal）：矿物晶形发育完整，这种晶体主要是在空间较为充裕或晶体生长能力较强的情况下形成的。

（2）半自形晶（subhedral crystal）：矿物晶形发育不完整，仅有部分完整的晶面，其余部分为不规则状或受其他晶体形态所限。这是由于晶体生长有先后，或多种矿物同时生长时互相竞争空间造成的。如果岩石主要由半自形晶、粒状矿物构成，则称为半自形晶粒状结构。半自形晶粒状结构是侵入岩常见的结构类型。

（3）它形晶（anhedral crystal）：晶体的所有晶面都不发育，形成形状不规则的它形晶体。它形晶一般多充填于其他矿物颗粒之间。如岩石主要由它形粒状矿物组成，即构成它形晶粒状结构。

图3-4　按自形程度划分的结构类型

a—自形晶结构；b—它形晶结构；c—半自形晶结构

需要说明的是，特定的结构是岩浆岩在特定环境条件下形成的产物，基于具体的结构特征，可大致判断岩浆岩中矿物的结晶顺序。一般来说自形程度越好的矿物，晶出越早，较晚结晶的矿物的形态往往受早期结晶矿物的形态所限；另外，一般被包裹的客晶晶出的时间不晚于主晶，但固溶体出溶形成的包裹关系或由于后期交代作用形成的不在此列。对于斑状结构岩石，斑晶矿物比基质矿物一般更早结晶。

3.2.2.2　岩浆岩的构造

岩浆岩的构造（rock structure）是指岩浆岩中不同矿物集合体间，或矿物集合体与岩石的其他组成部分之间的排列、空间充填方式。岩浆岩常见的构造类型包括：

（1）块状构造（massive structure）。也叫均一构造，表现为组成岩石的矿物在整块岩石中分布较为均匀，岩石各部分在成分上和结构上没有太大变化。块状构造是岩浆岩最常见的构造类型。

（2）条带状构造（banded structure）。表现为岩石中不同成分、颜色或结构的组成部分相间呈条带状分布。条带状构造常见于基性、超基性岩中，通常是由岩浆脉动侵入或重力分异作用造成的（图 3-5）。

（3）斑杂状构造。是由岩石中不同组成部分在结构上或成分上的差异造成的。表现为岩石的颜色或粒度都非常不均一，呈现出斑驳的外貌（图 3-6）。这种构造类型主要由岩浆分异或岩浆同化混染作用而成。

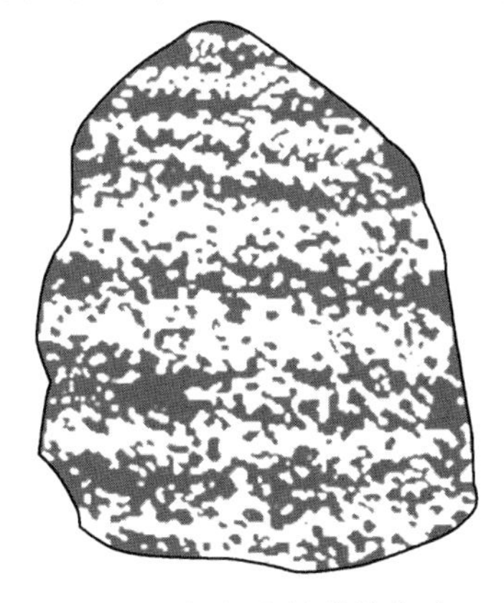

图 3-5 辉长岩的带状构造

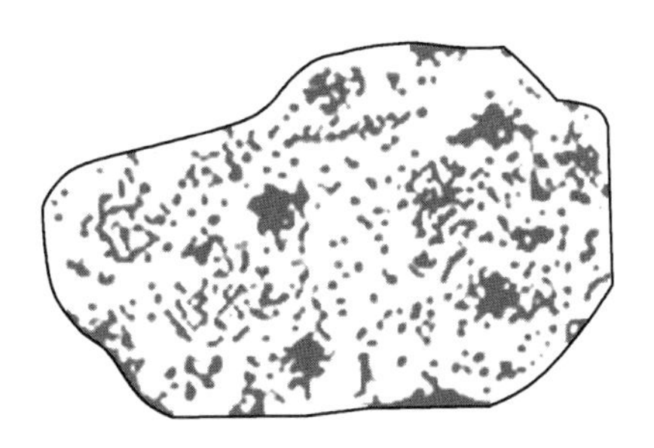

图 3-6 斑杂状构造

（4）气孔状（vesicular）和杏仁状构造（amygdaloidal structure）。是火山岩中常见的一种构造类型。指岩浆喷溢地表冷凝时，由于减压造成其中的挥发份出溶形成气泡，在岩浆快速冷凝成岩过程中，这些气泡被封存于其中而形成的具有空洞的构造（图 3-7）。气孔状构造常分布于熔岩流顶部，气孔呈圆、椭圆或不规则状，其量或多或少，分布或密或疏，或定向或无定向。如果这种气孔被后来的矿物质（如方解石、石英、玉髓等）所充填，则形成了杏仁体，称杏仁状构造（图 3-8）。

图 3-7 气孔状构造
（北京科技大学地质陈列室藏）

图 3-8 杏仁状构造
（北京科技大学地质陈列室藏）

（5）晶洞（geode）构造和晶腺构造。有些侵入岩中会发育原生的近圆形或不规则的孔洞，这是由于岩浆中的流体出溶和流体中矿物结晶造成的。由于流体从岩浆中出溶，并封存于岩浆，后由于岩浆冷凝和流体中矿物的结晶形成晶洞。晶洞中矿物的结晶一般都是从洞壁向内生长（图3-9），这种构造称为晶洞构造。晶洞构造常见于花岗岩中，若花岗岩中大量发育晶洞则可称为晶洞花岗岩。如果在晶洞的洞壁上生长有较多的晶形良好的矿物晶体，称晶腺（晶簇）构造。

图3-9 晶洞构造

（6）枕状构造（pillow structure）。基性岩浆在海底喷溢，或由陆地流入海水中时，由于淬火效应及快速冷凝收缩而形成一个个的球状体，这些球状体进一步因重力压实、塑性变形等作用而变为椭球状、面包状或枕状体，具有这种特征的构造称为枕状构造，常见于海底喷出的玄武岩（图3-10）。

图3-10 枕状构造

（7）流纹构造。是中酸性熔岩中最常见的构造。因熔浆流动导致不同颜色、不同成分的隐晶质、玻璃质或拉长气孔等定向排列所形成的流状构造（图3-11）。

（8）绳状构造。溢出地表的岩浆在流动过程中，熔岩流表面塑性层被推挤、扭曲成绳索状，岩石的这种构造称为绳状构造（图3-12）。

（9）侵入岩的原生节理构造。侵入围岩中的岩浆会发生冷却和收缩，这种冷却和收缩是从边缘到中心缓慢进行的，因此在岩体内容易形成与岩体和围岩接触面平行的裂隙，称为层节理；另外，由于岩浆内部冷却不均匀，可以形成与原生流动构造垂直或斜交的裂隙，这些均为侵入岩的原生节理。

（10）喷出岩的柱状节理构造。表现为一些与熔岩层面垂直的直立六边形或多边形柱状节理（图3-13）。

图 3-11　流纹构造
（北京科技大学地质陈列室藏）

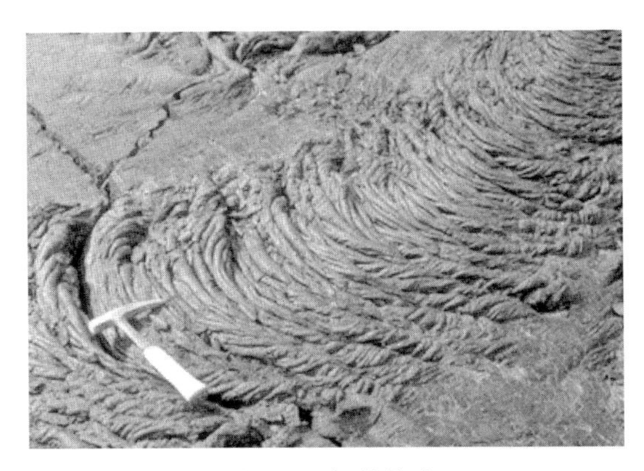

图 3-12　绳状构造

图 3-13　玄武岩的柱状节理构造（拍摄自赤峰地区）

### 3.2.3　岩浆岩的产状特征

岩浆岩的产状是指岩浆岩体在地壳中的产出状态，包括岩体的大小、形状、所处深度及其与围岩的接触关系。岩浆岩生成条件和所处环境的特殊性，决定了岩浆岩的产出状态是多种多样的（图 3-14）。了解岩浆岩的产状有助于确定岩浆岩的成因、岩浆岩与成矿的

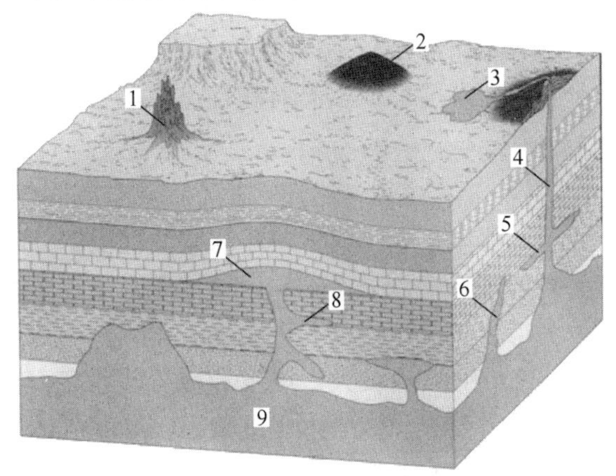


图 3-14　岩浆岩的产状
1—火山颈；2—火山锥；3—熔岩流；4—岩管；5—岩床；6—岩墙；7—岩盘；8—岩株；9—岩基

关系、与岩浆岩相关矿床的成矿条件等。

#### 3.2.3.1 侵入岩体的产状

根据侵入岩体与围岩的接触关系，可以将侵入岩体分为整合侵入岩体和不整合侵入岩体。

##### A 整合侵入岩体

整合侵入岩体指其边界面或接触面基本上平行于围岩的层理或片理的侵入岩体。根据整合侵入岩体的形态和大小，可进一步分为岩盘、岩盆、岩床和岩鞍等。

（1）岩床（sill）：顺层侵入的板状侵入体。岩床规模不等，一般多为中小型，厚度自数十厘米至数米。组成岩床的岩石成分可以是酸性、中性、基性、超基性，但以基性岩床居多。

（2）岩盘（laccolith）：又称岩盖，是一种上凸下平的透镜状侵入岩。岩盘规模一般较小，直径十米至数百米。岩石多为酸性岩和碱性岩（富K、Na的岩浆岩）。

（3）岩盆（lopolith）：规模巨大的似盆状侵入体，多产出于构造盆地之中。岩体和围岩自四周向中心倾斜。岩盆直径可达数十至上百公里，岩体厚度数百至上千米。组成岩盆的岩石一般为流动性较大的基性、超基性和碱性岩。

（4）岩鞍：新月形或马鞍状小岩体，常产出于褶皱转折端的虚脱部位。

##### B 不整合侵入岩体

不整合侵入岩体指其边界面或接触面与围岩层理或片理斜交的侵入岩体。主要类型有岩基、岩株、岩枝、岩墙等。

（1）岩基（batholith）：面积超过100km$^2$（常达数千甚至上万平方公里）的巨大岩体，通常产于造山带核部。岩基一般成不规则长圆形，长轴与区域构造线方向一致。岩基一般由花岗岩类或花岗闪长岩类组成，往往由多期、多次侵入的不同岩石组成复式岩体。

（2）岩株（stock）：较小的近等轴状岩体，平面上多呈圆形或近圆形。面积不超过100km$^2$，多数岩株直径不过数公里或更小。组成岩株的岩石包括酸性、中酸性、碱性、基性、超基性岩等多种类型。

（3）岩墙（dyke）：一种板状侵入体，一般产状陡并切割围岩层理、片理。岩墙规模变化大，宽度多在数十厘米至数十米，个别可达数百米以上，长度一般为数百米至数公里，个别可延伸达数十公里。组成岩墙的岩石有酸性、中性和基性岩等，区域性岩墙群多为基性岩。

#### 3.2.3.2 喷出岩的产状

喷出岩产状受多种因素的影响。它不仅取决于岩浆的性质、挥发组分的含量和温度的高低，也取决于岩浆岩的控岩构造、围岩类型和区域地质背景等。根据熔岩形态、性质和喷出方式，可将喷出岩分为熔岩被、熔岩流和火山锥三类。

（1）熔岩被（lava sheet）：喷发规模大、厚度和成分较稳定、产状平缓的喷出岩体。熔岩被的覆盖面积可达数千平方公里至数十万平方公里，厚度可达数百至数千米。熔岩被主要由裂隙式喷发而成，多为基性玄武岩。

（2）熔岩流（lava flow）：带状和舌状展布的熔岩。一般由中心式喷发而成。

（3）火山锥（volcanic cone）：火山喷发物围绕火山通道构成的锥状体，是中心式火山喷发的产物。火山锥的顶部中央为圆形的漏斗状火山口。根据组成火山锥的火山喷发物的成分，可将火山锥分为碎屑锥、熔岩锥和混合锥三类。

## 3.3 岩浆岩的分类及各类岩石的特征

### 3.3.1 岩浆岩的分类

自然界的岩浆岩多种多样，已有岩石多达1000种以上，它们之间在成分、结构、矿物组合、产状和成因上，既有联系也有差异。因此，对种类繁杂的岩浆岩进行科学的归纳和分类对于认识各类岩浆岩的共性和特性、掌握其变化规律、进行正确描述具有重要意义。

岩浆岩的分类研究已有一百多年的历史，其间曾出现过多种不同的分类方案，由于这些分类方案采用的分类依据和基础不同，加之岩浆岩本身的复杂性，目前的分类尚不十分完善，还没有一个完全统一的分类方案。总的来看，不同分类方案采用的分类依据归纳起来包括以下几个方面：岩石的矿物成分、岩石的化学成分、岩石的结构构造及岩石的产状。本教材依据岩浆岩这几个方面的特征，归纳出岩浆岩的分类体系，如表3-2所示。

表3-2 岩浆岩分类简表

<table>
<tr><td colspan="6">岩 石 类 型</td><td>超基性岩</td><td>基性岩</td><td colspan="2">中 性 岩</td><td>酸性岩</td></tr>
<tr><td rowspan="5">物质成分</td><td colspan="5">$SiO_2$ 平均含量/%</td><td><45</td><td>45~52</td><td colspan="2">52~65</td><td>>65</td></tr>
<tr><td colspan="5">石英含量/%</td><td>无或罕见</td><td>少见</td><td colspan="2">0~20</td><td>>20</td></tr>
<tr><td colspan="5">长石类型</td><td>无或罕见</td><td colspan="2">斜长石为主</td><td colspan="2">钾长石为主</td></tr>
<tr><td colspan="5">暗色矿物含量/%</td><td>橄榄石<br>辉 石 } 95<br>角闪石</td><td>辉 石<br>角闪石 } 45~50<br>橄榄石</td><td>角闪石<br>黑云母 } 30~45<br>辉 石</td><td>角闪石<br>} 20<br>黑云母</td><td>黑云母<br>} 10<br>角闪石</td></tr>
<tr><td colspan="6">岩石颜色</td><td colspan="5">深色 ——————→ 浅色</td></tr>
<tr><td colspan="6">岩石密度</td><td colspan="5">大 ——————→ 小</td></tr>
<tr><td rowspan="7">产状</td><td rowspan="3">喷出岩</td><td rowspan="7">结构</td><td>玻璃</td><td rowspan="7">构造</td><td>气孔</td><td colspan="5">黑曜岩、浮岩、珍珠岩、松脂岩</td></tr>
<tr><td>隐晶</td><td>杏仁</td><td rowspan="5">金伯利岩</td><td>玄武岩</td><td>安山岩</td><td>粗面岩</td><td>流纹岩</td></tr>
<tr><td>斑状</td><td>流纹</td><td>玄武玢岩</td><td>安山玢岩</td><td>钠长玢岩</td><td>石英斑岩</td></tr>
<tr><td rowspan="3">浅成岩</td><td>伟晶</td><td rowspan="3">块状</td><td colspan="4">煌斑岩 细晶岩 伟晶岩</td></tr>
<tr><td>细晶</td><td rowspan="2">辉绿岩<br>辉长玢岩</td><td rowspan="2">闪长玢岩</td><td rowspan="2">正长斑岩</td><td rowspan="2">花岗斑岩</td></tr>
<tr><td>斑状</td></tr>
<tr><td>深成岩</td><td>粒状</td><td>块状</td><td>橄榄岩<br>辉石岩</td><td>辉长岩<br>（斜长岩）</td><td>闪长岩</td><td>正长岩</td><td>花岗岩</td></tr>
</table>

表3-2中横行按岩浆岩的化学成分及矿物成分排列，自左至右依次为超基性岩、基性岩、中性岩、酸性岩，其下列出了它们的主要浅色矿物和暗色矿物组成。在超基性岩中主要组成矿物是橄榄石（或辉石），而酸性岩中以含大量石英和钾长石为特征；从长石的类

型上看，超基性岩不含或很少含长石类矿物，中性岩和基性岩中的长石以斜长石为主，而酸性岩中的长石以钾长石为主。从表3-2中可以看出，随着暗色矿物含量由超基性岩到酸性岩逐渐减少，岩石颜色随之变浅，而岩石的密度也随之变小。

表3-2中纵行按岩石产状排列，由上到下依次为喷出岩、浅成侵入岩、深成侵入岩。同时列出岩石相应的主要结构构造类型。同一纵行的岩石成分相同或相似，故列为一个岩类，因其产状不同（表现为结构、构造不同）而有不同的岩石名称。

肉眼鉴定岩浆岩时，将所鉴别岩石的颜色、矿物成分、产状及与之相应的结构构造分类后，便可从表3-2中查出相应的岩石类型名称。

### 3.3.2　各类岩浆岩的主要特征

#### 3.3.2.1　超基性岩类

超基性岩在化学成分上的特点是 $SiO_2$ 含量低，一般低于45%，属硅酸不饱和的岩石。$Al_2O_3$ 的含量也低，约1%~6%，而 $Na_2O$ 和 $K_2O$ 含量极少，一般均低于1%，MgO和FeO则很高，其中FeO可达10%左右，而MgO则可高达40%左右。反映在矿物成分方面，岩石中以铁镁矿物为主，一般无长石或含量很少（<10%）。超基性岩中的绝大多数又可叫作超镁铁岩，其色率即暗色矿物的含量均大于70%，故岩石色深、相对密度大。超基性侵入岩体在地表分布的面积很小，约占岩浆岩分布总面积的0.4%。常见的岩石有橄榄岩、苦橄岩、辉石岩、金伯利岩等。

超基性岩中常伴有铂族元素（铂、钯、锇、铱、钌、铑6种金属元素的统称）、铬铁矿、镍矿、钴矿、钒钛磁铁矿、磷灰石以及金刚石等矿产，如河南桐柏、宁夏小松山的铬铁矿床，甘肃金川的铜镍硫化物矿床，四川攀枝花地区的钒钛磁铁矿床等均产于超镁铁质岩中。此外，超基性岩经次生变化可形成石棉、滑石、蛇纹石、金云母、菱镁矿等非金属矿产。超镁铁岩也可作为钙镁磷肥的原料来使用。可以看出，虽然超基性岩在地表的分布很少，但工业意义很大。超基性岩性脆，易蚀变，抗风化能力差，有透水性，不应作为水文工程施工的对象。

（1）橄榄岩（peridotite）。橄榄岩是超基性侵入岩的代表性岩石。一般多呈黑色、暗绿色、黄绿色，半自形粒状结构或粒状镶嵌结构，块状构造。主要矿物为橄榄石和辉石；次要矿物为角闪石、黑云母，偶见斜长石；副矿物常见有尖晶石、磁铁矿、铬铁矿、钛铁矿、磁黄铁矿、镍黄铁矿、磷灰石等。

（2）苦橄岩（picrite）。苦橄岩属于富含橄榄石的一类超镁铁质喷出岩，常产于玄武岩底部。一般为黑色或灰绿色，矿物成分与橄榄岩相似，主要为橄榄石和辉石，橄榄石含量一般达50%~70%，并可含有少量铬尖晶石、磁铁矿、钛铁矿，偶见金云母、角闪石和少许斜长石。岩石呈致密块状，由于是喷出岩，可有气孔或杏仁构造，枕状构造也常见。具斑状结构或无斑的隐晶质结构，典型结构为玻基斑状结构。

超基性喷出岩在自然界分布极少，根据其中橄榄石、辉石的含量多少可分为橄榄石苦橄岩、橄榄石-辉石苦橄岩和辉石苦橄岩3种。

（3）金伯利岩（kimberlite）。金伯利岩是金刚石矿床的成矿母岩，因1887年发现于非洲金伯利（Kimberley）而得名，旧称角砾状云母橄榄岩，是一种浅成—超浅成超基性侵入岩。金伯利岩主要分布在大陆内部的地壳构造稳定地区，多呈岩筒、岩床、岩墙产出。

岩石呈暗绿、暗灰及灰黑色。化学成分上 $SiO_2$ 占 27%~40%，$K_2O$、$TiO_2$、$P_2O_5$ 较高，属于偏碱性超基性岩，微量元素以富 Cr、Ni、Co 为特征；常见的原生矿物为橄榄石、镁铝榴石、金云母、铬铁矿、钙钛矿等。岩石多具斑状结构及角砾状构造。金伯利岩常发育较强的蚀变，特别是蛇纹石化及碳酸盐化较为普遍。

3.3.2.2 基性岩类

基性岩在化学成分上的特征是 $SiO_2$ 含量为 45%~52%，高于超基性岩。$Al_2O_3$ 含量可达 14%以上，CaO 可达 9%，均较超基性岩明显增多，但 MgO 和 FeO 则明显减少，$Na_2O$ 和 $K_2O$ 仍然很少。基性岩的矿物成分与超基性岩的不同之处在于其含有大量的铝硅酸盐矿物，主要是基性斜长石；铁镁矿物含量较高，一般占 40%左右，故又称镁铁岩类。基性岩的主要暗色矿物组成包括辉石、橄榄石、黑云母和角闪石，浅色矿物主要为基性斜长石。

基性岩岩石颜色较超基性岩浅，色率一般为 40%~70%，但比其他岩类深。岩石密度较大。侵入岩常呈致密块状构造或带状构造，喷出岩常具气孔和杏仁构造。在产状上，基性岩可与超基性岩、碱性岩共生，也可单独产出，其中深成岩和浅成岩常成岩株、岩盆、岩床、岩脉等小侵入体产出，而喷出岩常形成较大的熔岩流和熔岩被，其中玄武岩是地球上分布最广的一类喷出岩。基性岩常见的岩石有辉长岩、辉绿岩、玄武岩等。

与基性侵入岩相伴生的矿床主要有铜镍硫化物矿床和钒钛磁铁矿床，此外也有少量铬铁矿，有时还伴有铂族元素、钴、金、银等有用组分富集，可作综合利用。辉长岩比超镁铁岩相对稳定，未受风化、蚀变的辉长岩抗侵蚀能力和强度都较大，可用作良好的建筑材料，辉绿岩和玄武岩也可作为柱石原料。

（1）辉长岩（gabbro）。为典型的深成基性侵入岩，多为黑色、灰色或带红的深灰色。一般为中粗粒的等粒结构，常见的构造类型为块状构造和条带状构造，有时可见由斜长石或角闪石组成同心球体，称球状构造。主要矿物成分为基性斜长石和单斜辉石；次要矿物为斜方辉石、橄榄石、角闪石和黑云母，偶见正长石和石英；常见副矿物为磁铁矿、钛铁矿、铬铁矿、磷灰石和尖晶石等。

辉长岩体一般规模不大，常呈岩盆、岩株、岩床产出，有的辉长岩体常与超基性岩或中性的闪长岩共生。这类岩石中，若斜长石含量增多，达 85%以上，且不含或很少含暗色矿物者，称斜长岩。斜长岩是岩浆成分极端分异的产物，呈白色或白中微带绿色，偶见有黑色者。自然界中，斜长岩一般较少见。我国河北大庙产有大量斜长岩，其与钒钛磁铁矿床有关。

（2）辉绿岩（diabase）。属于浅成基性侵入岩，其矿物成分和辉长岩相当，即主要由辉石和斜长石组成，但与辉长岩的不同之处在于其结晶粒度细，常呈细粒结构或辉绿结构。岩石常因绿泥石化、钠黝帘石化而呈暗绿色。辉绿岩是一种分布很广的基性侵入岩，常呈岩墙、岩脉、岩床或岩盘产出，它既可以单独产出，也可以同辉长岩、基性喷出岩共生。

（3）玄武岩（basalt）。玄武岩为典型的基性喷出岩，一般呈黑色或灰黑色，经变化后可呈暗红色、黑褐色或暗绿色。玄武岩的矿物成分与辉长岩相同，主要为斜长石和辉石，其次为橄榄石，有时见角闪石、黑云母，偶见石英、正长石，副矿物主要为钛铁矿和磁铁矿。岩石呈细粒至隐晶质结构，也可有玻璃质和斑状结构，致密块状构造，也常见气孔和杏仁构造，水下喷发者常具枕状构造。

有些铜矿和玄武岩具有成因联系，如我国峨眉山玄武岩和台湾地区金瓜石玄武岩的气孔中产出有自然铜。此外，冰洲石、玛瑙和钴土矿也可产于玄武岩中。玄武岩由于常发育很好的柱状节理，因此是很好的柱石原料，用其制成的柱石产品具有很强的耐酸、抗磨、抗压和绝缘性能。另外，玄武岩还可制成玄武岩纤维用于混凝土中。

3.3.2.3　中性岩类

与基性岩相比，此类岩石的化学成分特点表现为 $SiO_2$ 含量有所增加，一般达 52%～65%，属硅饱和或弱饱和。FeO、$Fe_2O_3$、MgO 和 CaO 含量比基性岩更低，$Al_2O_3$ 可达 16%～17%，$Na_2O$ 和 $K_2O$ 含量也高于基性岩。中性岩中暗色矿物含量较少，一般为 30%左右，主要是角闪石，其次为辉石和黑云母；浅色的铝硅酸盐矿物含量高达 70%左右，主要为中长石，有时有少量钾长石和石英。中性岩的色率比基性岩低，约为 30%，密度比基性岩小。在产状上，中性岩与基性岩类相似，也是喷出岩比侵入岩更加常见。常见的岩石类型有闪长岩、闪长玢岩、安山岩及正长岩、正长斑岩和粗面岩等。

（1）闪长岩（diorite）。为最常见的中性侵入岩，多为灰白色、灰绿色、绿色或肉红色。常为中粒等粒结构，块状构造，也可见条带状构造。主要矿物成分为中性斜长石和普通角闪石，次要矿物为单斜辉石、黑云母、石英、钾长石，副矿物为磷灰石、磁铁矿、钛铁矿和榍石。石英含量小于 5%，暗色矿物含量占 20%～40%（平均 30%）。

与闪长岩有关的矿产主要是铜铁矽卡岩型矿床，矿体主要分布于闪长岩和碳酸盐岩的接触带上，如湖北大冶铁山的铁矿、铜绿山的铜矿、安徽铜官山的铜铁矿床等。

闪长岩的稳定性优于辉长岩，抗风化能力强，其抗压强度为 $2400\times10^5$ Pa 左右，是很好的建筑材料。当其岩体规模较大时也可作为良好的工程建筑地基，如我国黄河三门峡坝址即位于闪长岩组成的砥柱石上。

（2）闪长玢岩（diorite-porphyry）。为浅成相的中性侵入岩。岩石具斑状结构，斑晶为自形、宽板状斜长石和角闪石，斜长石往往可见环带结构，基质为细粒至隐晶质。闪长玢岩既可以单独呈岩墙或其他小岩体产出，也可成为闪长岩体的一个局部岩相。

（3）安山岩（andesite）。典型的中性喷出岩。一般呈红褐色、浅褐色及灰绿色。岩石多呈斑状结构，无斑隐晶质结构少见。斑晶为辉石、角闪石、黑云母和斜长石等。常为块状或气孔状构造，气孔被碳酸盐、硅质、绿泥石、绿帘石等充填，形成杏仁构造。矿物成分主要为斜长石、角闪石、辉石和黑云母。

与安山岩有关的矿产主要是和青磐岩化蚀变相伴的金银矿床，其次也有铜矿或铁矿床。安山岩的抗压强度为 $1200\times10^5$～$2400\times10^5$ Pa，可作建筑材料，而且也是天然的耐酸建筑材料。

3.3.2.4　酸性岩类

此类岩石最突出的特点是 $SiO_2$ 含量高，一般可达 65%以上，属硅酸过饱和的岩石。$Fe_2O_3$、FeO、MgO 和 CaO 含量低，而 $Na_2O$ 和 $K_2O$ 则有明显的增加，总碱量（$Na_2O$ 和 $K_2O$ 含量）约 6%～8%。根据碱含量的高低，可将本类岩石分为钙碱性和碱性两个系列。本类岩石在矿物成分上的特点是硅铝矿物明显增多，可达 90%左右，除酸性斜长石外，还有大量的碱性长石和石英。暗色矿物大为减少，一般在10%左右，且主要为黑云母和角闪石，辉石少见。

本类岩石的色率低，通常小于15，为浅色岩类，相对密度也小。在喷出岩中常有玻璃质组分。本类岩石分布很广，而且侵入岩多于喷出岩。主要分布于大陆地壳内的褶皱带及稳定大陆的结晶基底。常见的岩石有花岗岩、花岗斑岩和流纹岩等。

（1）花岗岩（granite）。典型的深成相酸性侵入岩。一般为肉红色、灰白色或白色，细至粗粒等粒、不等粒或似斑状结构，块状构造，可有球状构造、斑杂构造，在岩体边部还可有似片麻状构造。主要的矿物成分为石英、碱性长石（钾长石、钠长石）、酸性斜长石；次要矿物为黑云母、角闪石，有时还有少量辉石；副矿物种类极多，其中常见的有锆石、榍石、磷灰石、电气石、萤石、褐帘石、独居石、磁铁矿和钛铁矿等。

许多重要的金属矿产在空间上和成因上都与花岗岩类相关，如铁、铜、铅、锌、金、银、钨、钼、锡、铋、铍、汞、锑，以及稀土和放射性元素矿产等。这些有用矿产或是形成于花岗岩之中，或是在岩体的边部形成矽卡岩型矿床、伟晶岩型矿床或热液矿床。有些风化型的高岭土矿和稀土矿则是与花岗岩风化有关，如江西的高岭土矿和稀土矿。

花岗岩也是很好的建筑石材，因其孔隙度小，耐风化，强度也大。不同粒度的花岗岩的力学性质有所差别，粗粒的花岗岩抗压强度约$800\times10^5$Pa，细粒的则可达$2000\times10^5$Pa。天安门广场前的人民英雄纪念碑选用的就是优质的青岛花岗岩，南京的中山陵则是选用福建的淡绿色花岗岩。适宜的花岗岩基还可作为地下工程和水电工程的设施地与油田盆地的基底。

（2）花岗斑岩（granitic porphyry）。为浅成相的酸性侵入岩。岩石具斑状结构，斑晶为石英和钾长石，基质由细小的长石、石英及其他矿物组成，其他特征与花岗岩类似。

（3）流纹岩（rhyolite）。典型的酸性喷出岩。岩石一般色浅，多为灰白色、灰色、灰红色、粉红色、浅紫色，有时为灰绿、灰黑色。斑状结构，或无斑隐晶质结构和玻璃质结构。在岩浆流动过程中因黏性较大常形成流纹构造；流纹岩常见气孔构造，且气孔多顺流纹呈不规则的拉长状，与基性岩中的圆形气孔明显不同。

由于喷出岩形成于低压、高温、氧化性条件，因此其矿物具有高温氧化特性，而与深成岩不同。矿物在形成以后，随着时间的推移，可逐渐向低温特征转变。主要矿物为石英、碱性长石、斜长石、黑云母、角闪石，副矿物常见有赤铁矿、磁铁矿、磷灰石、锆石、榍石等。

相关的矿产主要为铜矿，如甘肃白银厂铜矿床，有时一些铁矿、铅、锌、汞、铀矿也和酸性火山岩相伴。其次，明矾石、叶蜡石、刚玉等矿产也可产于由酸性火山岩变成的次生石英岩中。流纹岩的抗压强度为$(1500\sim3000)\times10^5$Pa，可作建筑材料。松脂岩和珍珠岩加工后更是一种良好的轻质建筑材料。

应当指出，上述各大类岩石之间，尚有一些过渡种属的岩石，以中性岩到酸性岩为例，随着岩石中石英、钾长石和斜长石含量的变化，可出现石英闪长岩、石英二长岩和花岗闪长岩等。现将其特点简述如下：

（1）花岗闪长岩（granodiorite）。与花岗岩的区别是斜长石多于正长石，石英含量较花岗岩少，一般为15%~25%；暗色矿物稍多，以角闪石为主，黑云母次之。

（2）石英二长岩（quartz monzonite）。与花岗闪长岩的主要区别是正长石含量增多，与斜长石含量相近。铁镁矿物以黑云母为主，角闪石次之。

(3) 石英闪长岩（quartz diorite）。其特点与闪长岩类似，与闪长岩的区别在于岩石中石英含量大于5%。

除上述主要岩浆岩外，在自然界尚可见到一些呈脉状产出的浅成岩，如煌斑岩、细晶岩、伟晶岩等，统称为脉岩。它们的化学成分和矿物成分都与其相应的深成岩有共同之处，多为相应深成岩的母岩浆经过分异演化的产物。现将其特点分别介绍如下：

(1) 煌斑岩（lamprophyre）。几乎全由暗色矿物组成，颜色很深，呈暗绿色、黑褐色或黑色，故称为暗色脉岩。其矿物成分为黑云母、角闪石、辉石等。岩石具有细粒-斑状结构，斑晶大部分为暗色矿物，如黑云母、角闪石等，硅铝矿物多呈细粒基质。常见的有云煌岩，即由黑云母和少量正长石组成。

(2) 细晶岩（aplite）。具细粒结构（主要矿物呈细粒它形粒状结构）的岩石。颜色一般较浅，呈灰白、黄白、浅红、灰绿色等。常见的有花岗细晶岩、闪长细晶岩、辉长细晶岩。它们的矿物成分分别与花岗岩、闪长岩、辉长岩相同。其中以花岗细晶岩分布较广。

(3) 伟晶岩（pegmatite）。其特征是具有伟晶结构，常见者为花岗伟晶岩。其矿物成分与花岗岩相同，主要为石英、钾长石和黑云母。这些矿物晶体特别粗大，一般在几厘米以上，有时可达几十厘米甚至更大，伟晶岩即因此而得名。伟晶岩来源于岩浆冷凝结晶过程的后期，从岩浆中分离出来的一种富含挥发成分及稀有元素的残余岩浆（或热液），其侵入地壳浅处岩石裂隙中冷凝结晶而形成伟晶岩。这类岩石多呈脉状产于侵入体内以及与侵入体接触的围岩中。伟晶岩中常伴生多种稀有金属和非金属矿产，如锂辉石、锂云母、铌钽铁矿、绿柱石、沥青铀矿、独居石等，以及绿柱石、电气石、黄玉和石英等宝石矿产。

值得一提的是，在前述浅成岩中，包括部分所谓次火山岩。这种次火山岩是指与当地火山岩同源、同期，岩性也相似的浅成-超浅成侵入岩。其命名方法沿用相应的火山岩名称，或在其词首冠以“次”字以示区别，如次闪长玢岩等。

### 3.3.3　岩浆岩的肉眼鉴定和命名

#### 3.3.3.1　岩浆岩的肉眼鉴定

岩浆岩的特征表现在颜色、矿物成分、结构和构造等方面，通过对这些特征的观察可大致区别各种岩石，其观察步骤如下：

(1) 观察岩石的颜色。岩浆岩的颜色在很大程度上反映了它们的化学成分和矿物成分。前述关于岩浆岩的分类中，根据化学成分中的 $SiO_2$ 含量将其分为超基性岩、基性岩、中性岩和酸性岩。事实上 $SiO_2$ 含量凭肉眼是无法看出的，但其含量多少可表现在矿物成分上。一般情况下，岩石的 $SiO_2$ 含量高，浅色矿物多，暗色矿物少；$SiO_2$ 含量低，浅色矿物减少，暗色矿物相对增多。造岩矿物的颜色决定了岩石的颜色，因此颜色可以作为肉眼鉴定岩浆岩的特征之一。

一般超基性岩呈黑色—绿黑色—暗绿色；基性岩呈灰黑色—灰绿色；中性岩呈灰色—灰白色；酸性岩呈肉红色—淡红色—白色。

(2) 观察矿物成分。认识矿物时，可先借助颜色。若岩石颜色深可先鉴定深色矿物，如橄榄石、辉石、角闪石、黑云母等；若岩石颜色浅时，可先鉴定浅色矿物，如石英、长石等。在鉴定时，通常先观察岩石中有无石英及石英的含量，其次是观察有无长石及长石是属于钾长石还是斜长石，再次是有无橄榄石。这些矿物都是判别岩石类型的指示矿物。此外，还须注意黑云母，它经常见于酸性岩之中。在野外观察时，还应注意矿物的次生变化，如黑云母容易变为绿泥石或蛭石、长石容易变为高岭石等，这对鉴别已风化的岩石非常重要。

（3）观察岩石的结构构造。岩石的结构构造是判断该类岩石属于喷出岩、浅成岩还是深成岩的依据之一。一般喷出岩具隐晶质结构、玻璃质结构、斑状结构，流纹构造、气孔或杏仁构造。浅成岩具细粒状、隐晶质、斑状结构，块状构造。深成岩常具等粒结构、块状构造。

综合上述几方面特征，即可大致区别不同类型的岩石。

#### 3.3.3.2 岩浆岩的命名

随着岩石学的不断发展，岩石分类标志及命名要素逐渐增多，岩石的名称亦随之复杂化。但总的来说，岩石的名称大体包括基本名称和附加名称两部分。

基本名称是岩石名称必不可少的部分，它是由岩石中的主要矿物所决定的，反映岩石的最基本特征，是岩石分类的基本要素，如“花岗岩”“闪长岩”等。附加名称是说明岩石不同特征的各种形容词，一般置于岩石基本名称之前，通常包括岩石的颜色、结构、构造以及次要矿物种类等。

前已提及，岩浆岩的矿物成分是其化学成分的反映。不同类型的岩浆岩，其矿物组合有所不同。因此，矿物成分在岩石命名中常常占有重要地位。按矿物在岩浆岩分类和命名中的作用，可将岩浆岩中的原生矿物分为三类：

（1）主要矿物。它是划分岩石大类，确定岩石基本名称的依据，例如花岗岩中的石英和钾长石都是主要矿物，没有它们就不能称为花岗岩。

（2）次要矿物。其是划分岩石种属，确定岩石附加名称的依据。例如，石英在闪长岩中一般少于5%；若石英含量超过5%，则称为石英闪长岩。

（3）副矿物。其含量甚少，不足1%，通常不参与命名，但是，有些副矿物对于指示岩石的成因具有重要意义，可参与命名。副矿物纳入命名时，不受含量限制。如花岗岩中，含微量的电气石或绿柱石时，可分别命名为电气石花岗岩或绿柱石花岗岩。

命名时，需首先结合岩石产状，区分侵入岩和喷出岩；然后肉眼观察其主要矿物的成分及含量，决定其大类，定出岩石的基本名称；再根据次要矿物成分及含量，进一步确定出附加名称。如某种岩浆岩，根据其产状定为侵入岩，又知其主要矿物为辉石和基性斜长石，次要矿物为少量橄榄石，可初步定名为橄榄辉长岩。

# 4　沉积作用和沉积岩

沉积岩（sedimentary rock）是在地壳表层的常温常压条件下，由风化作用、生物作用和某些火山作用形成的母岩物质，经过搬运、沉积和成岩等一系列地质作用而形成的岩石。

沉积岩在地壳表层分布甚广，约占陆地面积的 75%，海底几乎全部为沉积物（岩）所覆盖。因此，沉积岩是地表最常见的一类岩石，但是就体积而言，沉积岩仅占岩石圈总体积的 5%。

沉积岩中分布最广的是泥质岩、砂岩和碳酸盐岩，它们共占沉积岩总量的 98%~99%，其余种类的沉积岩仅占 1%~2%。

沉积岩中蕴藏着大量的矿产资源，这些矿产不仅矿种多，而且储量大。据统计，世界矿产资源总储量的 75%~85%是沉积和沉积变质成因。例如，可燃有机矿产（石油、天然气、油页岩和煤）及盐类矿产几乎全为沉积成因，铁、铝、磷、铅锌等矿产多为沉积成因或赋存于沉积岩之中。此外，很多沉积岩本身就是矿产，被用作建筑材料及耐火材料，或生产冶金熔剂、水泥及玻璃的原料。另外，沉积物和沉积岩还与地下水资源的开发利用、工程建设的规划和设计密切相关。

沉积岩除与矿产资源和工程建设密切相关外，还有重大的科学研究价值。地球形成于 46 亿年前，而目前已发现的最古老的沉积岩形成于约 36 亿年，有生命记载（化石）的沉积岩年龄约为 31 亿年。因此，沉积岩对研究地球发展、演变，生命起源和进化具有重大科学意义。

## 4.1　沉积岩的形成过程

沉积岩是外力地质作用的产物，其形成过程一般可以分为先成岩石的破坏（风化作用和剥蚀作用）、搬运作用、沉积作用和固结成岩作用等几个互相衔接的阶段。

### 4.1.1　先成岩石的破坏

存在于地表的岩石，在大气、水、生物及其他因素的综合作用下，会由坚硬完整的块体逐渐变得松散、破碎。引起岩石各发生这种转变的作用包括风化作用和剥蚀作用。

#### 4.1.1.1　风化作用

在常温常压下，由于温度、水、空气和生物等因素的影响，地壳表层的岩石发生崩裂、分解、溶解、化学成分变化的作用，称为风化作用（weathering）。按风化作用影响因素的不同，可将风化作用分为物理风化、化学风化和生物风化三种类型。

A　物理风化作用

物理风化作用又称机械风化作用，是指岩石只发生机械破碎而化学成分未发生改变的风化作用。物理风化是纯机械的破坏作用，其结果是使岩石破碎成粗细不等、棱角显著、由上到下颗粒逐渐变粗的碎屑物质。碎屑成分与下伏母岩成分一致。物理风化作用按其方式的不同，可分为温差风化、冰冻风化、盐分结晶以及层裂（岩石释重）等类型。

（1）温差风化。由温度变化造成岩石各部分发生胀缩差异而崩解破碎的作用，称为温差风化（图 4-1）。岩石由于内外受热不均，或组成岩石的不同矿物的热膨胀系数存在差异，在温度发生显著变化时便会发生不同部分间的胀缩差异，内部形成应力，并出现破裂。温差风化的强弱主要受控于温度变化的速率和幅度，温差越大，风化越强烈。在沙漠地区，盛夏的昼夜温差可达 50~60℃。在干旱气候区，温差风化最为强烈，是岩石发生风化的主要作用方式。

图 4-1　温差效应导致花岗岩的球状风化（摄于北京房山）

（2）冰冻作用。又称冰劈作用，指充填在岩石裂隙中的水分结冰造成岩石破坏的作用。水在结冰时，体积可比原来增大 9%左右。由于体积的增大对岩石的裂隙壁可产生较大的压力（可达$960\times10^5\sim2000\times10^5$Pa），使岩石裂隙加宽、加深。在寒冷的高山区，冰冻风化作用异常显著。

（3）盐分结晶。在低降水量地区，地表或近地表的岩石空隙中含盐分较多。白天气温升高，岩石裂缝中的含盐溶液蒸发剧烈，盐分增高，达到过饱和状态时，盐分结晶析出，体积膨胀，对围岩产生压力并形成新的空隙；夜晚气温降低，盐分从大气中吸收水分，将盐溶解变成盐溶液，体积缩小，并渗透到结晶时所产生的新裂隙中，周而复始，岩石裂隙不断增多、扩大以至岩石发生崩解。

（4）层裂。指岩石中形成平行于地面的裂隙的过程（图 4-2）。形成于地下深处的岩石，因有上覆岩石的重量而承受着较大的围岩压力，当上覆岩石被剥蚀后，释重的岩石会发生体积膨胀，引起的张应力会导致岩石发生层裂。

B　化学风化作用

化学风化作用指岩石在氧、水和溶解于水中的各种酸以及生物的作用下，发生化学分解的风化作用。其作用方式包括这些介质对原岩组分的溶解、水化、水解、碳酸化及氧化作用等。

（1）溶解作用。组成岩石的矿物溶于水的作用过程称为溶解作用。水是一种天然的溶剂，其中含有一定量的 $O_2$、$CO_2$ 以及其他酸、碱性物质，具有一定的溶解矿物的能力。

图4-2 岩石因卸荷释重产生的层裂（引自舒良树，2010）

水的溶解能力随矿物类型、水的温度、压力及pH值的不同而有所差异。常见矿物在水中的溶解度由大到小排序为：石盐、石膏、方解石、橄榄石、辉石、角闪石、滑石、蛇纹石、绿帘石、钾长石、黑云母、白云母、石英。经过水的溶解作用，岩石中的易溶物质随水流失，难溶物质残留于原地。岩溶（喀斯特）地貌就是以方解石、白云石为主要组成矿物的碳酸盐岩经溶解作用所形成的典型地貌。

（2）水化作用。有些矿物与水作用时，能够吸取水分作为自己的组成部分（结晶水或结构水），从而形成含水的新矿物，称为水化作用。例如，硬石膏（$CaSO_4$）经水化作用形成石膏（$CaSO_4 \cdot 2H_2O$）的过程就属于典型的水化作用：

$$CaSO_4 + 2H_2O \longrightarrow CaSO_4 \cdot 2H_2O$$

（3）水解作用。弱酸强碱或强酸弱碱的盐类矿物溶于水后，会解离成带不同电荷的离子，这些离子可与水中活泼的$H^+$、$OH^-$发生化学反应，形成新矿物。这种复分解反应过程，称为水解作用。地壳中含量较高的钾、钠硅酸盐和铝硅酸盐类矿物，是弱酸强碱的化合物，易被水解作用破坏。例如，钾长石遇水可发生水解作用，析出的阳离子$K^+$随水流失；同时析出的$SiO_2$可呈胶体溶液随水流失，或形成蛋白石（$SiO_2 \cdot nH_2O$）残留于原地；其余部分则形成难溶于水的高岭石而残留于原地。钾长石被水解的化学反应为：

$$\underset{\text{(钾长石)}}{4K[AlSi_3O_8]} + 6H_2O \longrightarrow 4KOH + 8SiO_2 + \underset{\text{(高岭石)}}{Al_4[Si_4O_{10}][OH]_8}$$

（4）碳酸化作用。溶解于水中的$CO_2$形成$CO_3^{2-}$和$HCO_3^-$离子，它们能夺取盐类矿物中的$K^+$、$Na^+$、$Ca^{2+}$等金属离子，结合成易溶于水的碳酸盐而随水流失，使原有矿物分解，这种化学作用称为碳酸化作用。如钾长石易发生碳酸化，其反应式如下：

$$\underset{\text{(钾长石)}}{4K[AlSi_3O_8]} + 4H_2O + 2CO_2 \longrightarrow 2K_2CO_3 + 8SiO_2 + \underset{\text{(高岭石)}}{Al_4[Si_4O_{10}][OH]_8}$$

（5）氧化作用。矿物中的低价元素与大气中的游离氧反应变为高价元素的化合物，进而导致原有矿物的解体和新矿物生成，这种作用称为氧化作用。一些金属硫化物矿床的露头常发生氧化作用，形成由褐铁矿组成的红褐色或黑褐色的产物，称为铁帽。铁帽的出现指示其下可能埋藏有原生的金属硫化物矿床，是一种良好的找矿标志。黄铁矿的氧化过程为：

$$\underset{\text{黄铁矿}}{4FeS_2} + 15O_2 + 10H_2O \longrightarrow \underset{\text{褐铁矿}}{4FeOOH} + 8SO_4^{2-} + 16H^+$$

C　生物风化作用

处于地表的岩石，受生物的影响使其在原地发生破坏，这种作用称为生物风化作用。在地壳表面的水圈、大气圈和相当深的岩石裂隙里都有生物存在。生物在其生命活动过程中，可以不断地对其周围的岩石产生崩解和分解作用，其方式包括物理和化学两种。

生物的物理风化作用是生物生命活动对岩石产生的机械破坏作用。例如穴居动物的钻洞挖土、生长在岩石裂隙中的植物根部对岩石的撑裂（根劈作用，见图4-3）。

图4-3　植物的根劈作用

生物的化学风化作用是生物在生长过程中新陈代谢、死亡后遗体腐烂分解出的化学物质与岩石发生化学反应，促使岩石发生破坏的作用。

生物风化作用的结果，使岩石最终形成含有腐殖质的松散物质，称为土壤。

母岩经过风化作用后，形成的产物按其性质可分为三类：碎屑物质、不溶残余物质以及溶解物质，它们是形成沉积岩的最初的、也是最主要的物质来源。

4.1.1.2　剥蚀作用

风以及河流、地下水、海（湖）、冰川中的水体在运动状态下对地表或地下岩石产生破坏，它们一方面对岩石产生破坏作用，同时又使破坏后的产物脱离母岩，这一过程叫剥蚀作用（denudation）。

风化作用与剥蚀作用紧密相关，岩石风化为剥蚀作用提供了条件，剥蚀之后又利于继续风化。

A　风的剥蚀作用

风吹起地表碎屑物质并携带它们磨蚀岩石表面的过程称为风的剥蚀作用。风的剥蚀作用有两种方式：吹蚀和磨蚀。吹蚀是指风把岩石表面风化的碎屑物质及松散沉积物吹起而剥离下来；磨蚀是指风挟带的碎屑物质撞击和磨损岩石表面，使其遭受破坏。

B 河流的剥蚀作用

河水在流动过程中对地表的破坏作用，包括下蚀和侧蚀两种方式。

（1）河流的下蚀（底蚀）作用：河水及其夹带的砂石对河床底部岩石进行冲击、磨蚀和溶蚀等作用的过程。河流下蚀作用的结果是导致河床逐渐降低、河谷加深。河流的下蚀（底蚀）作用到一定深度后，河水就无力继续向下侵蚀了，这个高度面称河流的侵蚀基准面，是控制河流下蚀的极限面。

（2）河流的侧蚀作用：河水在水平方向上冲击和侵蚀河岸，使河床左右迁移、河谷加宽的过程。

C 海水的剥蚀作用

海水对海岸及海底岩石进行破坏的过程叫海蚀作用，常发生在海岸带。其剥蚀的方式包括三种类型。

（1）机械破坏。运动海水的冲刷、海浪卷动的石块或沙粒对滨岸带的磨蚀。可形成浪蚀岩洞、海蚀崖、海蚀平台和海蚀柱等景观。

（2）化学溶蚀。海水使岩石溶解所造成的破坏作用。

（3）生物蛀蚀。潜穴动物利用其壳、刺或分泌物侵蚀岩石，使岩石表面产生许多洞穴，破坏了岩石的强度。

D 冰川的剥蚀作用

冰川是在重力影响下缓慢移动的冰体。冰川活动对组成冰床的岩石进行磨蚀、掘蚀等破坏作用的过程，称为冰蚀作用。冰川以自身的重量，以及冰体冻结挟带的许多岩块、岩屑，像锉刀一样对沿途基岩进行推锉、碾磨和挖掘，常留下擦痕。

### 4.1.2 搬运作用

母岩的风化产物除少部分残留于原地之外，大部分会由水、风和冰等介质搬运到沉积区。由于风化产物的性质不同，其搬运的方式也不同，据此可将搬运作用（transportation）分为两种类型，即以搬运碎屑物质为主的机械搬运作用以及以搬运溶解物质为主的化学搬运作用。

#### 4.1.2.1 机械搬运作用

机械搬运作用指碎屑物质在水、风、冰及重力等作用下，以机械方式进行的搬运，其中以流水为主。

A 碎屑物质在流水中的搬运

碎屑物质的密度、粒度、形状、相互引力、摩擦力，流水的流速、流量和性质，是影响碎屑物质搬运能力的主要因素。只有当流水动力大于碎屑重力，并克服了摩擦力时，碎屑物质才能够被搬运。受碎屑物质与流水介质之间这种关系的制约，碎屑颗粒在流水中通常表现为三种搬运方式：滚动搬运、跳跃搬运和悬浮搬运（图4-4）。

（1）滚动搬运：是指碎屑颗粒在流水的作用下沿流水底面滚动前进。一些粒度较大、

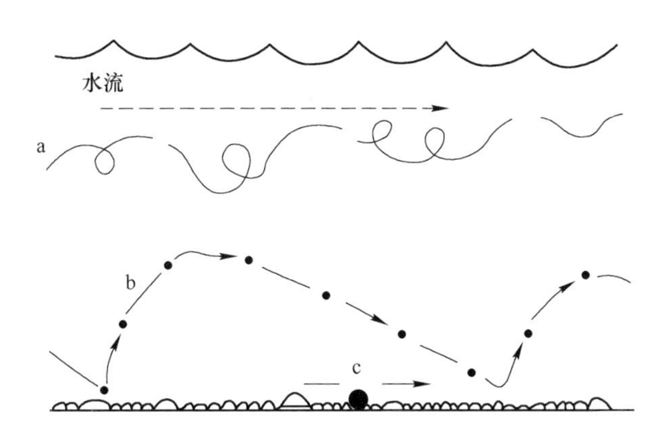


图 4-4 碎屑颗粒在流水中的搬运方式
a—悬浮搬运；b—跳跃搬运；c—滚动搬运

密度较大、球度较高的碎屑，通常做这种运动。

(2) 跳跃搬运：指碎屑颗粒间歇性地离开流水底面而沿流向跳跃前进。跳跃搬运通常是流水流量、流速等的突然变化所导致的。

(3) 悬浮搬运：指碎屑颗粒在水中保持不下沉，呈悬浮状态前进。一些粒度小、密度小、球度较低的碎屑，通常做这种运动。

碎屑物质在搬运过程中，由于颗粒之间的碰撞和摩擦，以及流水对颗粒的分选和化学分解，使其在矿物成分、粒度、分选性和形状上都发生变化。一般是随着搬运距离的增加，其粒度变小，圆度、球度增高，分选变好，不稳定矿物逐渐减少，而稳定矿物相对增多。

B 碎屑物质在水盆地中的搬运和沉积

水盆地包括海洋、潟湖、湖泊等水体，其中以海水盆地较为重要。在海水盆地中，碎屑物质由波浪、潮汐及海流搬运。

波浪对碎屑物质的搬运能力和搬运容量主要取决于波浪的大小，而波浪的大小则取决于海面上风的强度和潮汐作用的影响。海浪搬运作用随水深的增加而降低，所以波浪搬运碎屑物质主要发生在浅海浪基面以上，碎屑物质或垂直于海岸方向移动，或平行于海岸方向运动，波浪在沉积物表面上造成对称或不对称的波纹。

海流流速慢，对海底的粗碎屑物质影响较小，搬运的主要是上部的悬浮物质和溶解物质。海流的搬运主要发生在浅海大陆架地区，搬运距离较长，可达数千公里。潮汐作用对海岸沉积物的改造和形成、对陆源碎屑和盆内碎屑沉积物的改造均有很大影响。

碎屑物质在水盆地中的搬运多是往返运动（如波浪、潮汐），碎屑物质经历较长时间的磨蚀和分选，故海相碎屑沉积物分选、圆度较好，稳定矿物含量较高。

C 碎屑物质在风中的搬运

风是碎屑物质在空气中搬运及沉积的主要营力。在干旱地区，这种搬运及沉积作用占主要地位，空气只能搬运碎屑物质，而不能搬运溶解物质。在远洋深海中也能出现尘暴携扬搬运的细粒沉积物。由于风的密度和黏度远小于水，故风的搬运能力比流水弱，一般只能搬运细砂、粉砂和泥质物质。但大风暴有可能搬运粗砂和砾石，所谓“飞沙走石”，描述的就是风的这种搬运作用。风的搬运方式也有滚动、跳跃和悬浮三种，其中以跳跃搬运为主。

风运砂的特点是粒度小、分选和磨圆好，可形成大型沙丘，以及造成厚度很大的交错层理。

D　冰川的搬运和沉积作用

冰川分布于高寒地区，其搬运方式是碎屑物质浮于冰上或包于冰中呈固体形式发生搬运，部分碎屑物质则沿谷底被冰体拖运。因此，冰川沉积物既无分选又无磨圆，多呈棱角状，碎屑上往往有“丁”字形擦痕和压坑。

4.1.2.2　化学搬运作用

化学风化作用和化学溶蚀作用所产生的溶解物质，常通过化学搬运作用，以真溶液或胶体溶液形式由源区运移到沉积区。溶解物质的搬运与物质的溶解度密切相关，主要受物理化学定律的支配。在自然界中，化学搬运物质的溶解度从小到大依次为：

$$Al_2O_3 \rightarrow Fe_2O_3 \rightarrow MnO \rightarrow SiO_2 \rightarrow P_2O_5 \rightarrow CaCO_3 \rightarrow CaSO_4 \rightarrow NaCl \rightarrow MgCl_2$$

由于Al、Fe、Mn、Si等的氧化物难溶于水，故一般呈胶体溶液搬运；而Ca、Na、Mg的化合物溶解度大，易呈真溶液搬运。

A　胶体溶液的搬运

搬运物质来源于岩石风化、剥蚀产物中Fe、Mn、Al、Si等元素的氧化物和氢氧化物组成的胶体物质和难溶物质。胶体质点很小，其大小介于粗分散系（悬浮液）和离子分散系（真溶液）之间，故受重力影响甚微，扩散能力很弱。胶体质点带有电荷，而且普遍具有吸附能力。当胶体溶液失去平衡时，就会发生凝聚作用，聚集成絮凝状、团块状的块体，在重力作用下沉积下来。电解质的加入、正负胶体的混合及胶体溶液的浓缩等均可引起胶体物质的凝聚和沉积。

B　真溶液的搬运

搬运物质主要是岩石风化剥蚀产物中的K、Na、Ca、Mg等元素组成可溶性盐类，如$CaCO_3$、NaCl等。其搬运能力主要取决于物质的溶解度，物质的溶解度又与溶液的pH值（酸碱度）、Eh值（氧化-还原电位）、温度、压力和$CO_2$的含量等一系列因素有关。溶解度小者先从溶液中析出，而溶解度大者则可作长时间、远距离的搬运。

### 4.1.3　沉积作用

母岩风化、剥蚀产物在搬运过程中，由于搬运介质能量的减弱、物理化学条件的改变或生物的作用，可使被搬运的物质在适当的环境下卸载、堆积起来，这一过程称为沉积作用（sedimentation）。它可划分为三种类型：机械沉积作用、化学沉积作用和生物沉积作用。

（1）机械沉积作用。被搬运的碎屑颗粒在其重力大于水流、风的搬运能力时，便会先后沉积下来，这种作用称为机械沉积作用。

（2）化学沉积作用。化学沉积包括胶体溶液沉积和真溶液沉积两种情况。

1）胶体溶液沉积：当胶体溶液中加入电解质发生中和作用时，小质点逐渐聚合成大质点，产生胶体沉积。如海岸地带，携带胶体溶液的大陆淡水与富含电解质的海水混合，便会出现胶体沉淀，形成浅海锰矿、铁矿等。

2）真溶液沉积：水介质酸碱度、温度、$CO_2$ 含量、溶液浓度的变化可以影响溶质的溶解度。溶解度降低后，以真溶液形成长途搬运来的 K、Na、Ca、Mg 的卤化物、硫酸盐、碳酸盐会因达到过饱和而沉积下来。

（3）生物沉积作用。

1）生物遗体沉积：海洋生物骨骼、贝壳堆积，形成生物灰岩或磷灰岩、硅质岩等。有的生物遗体会在成岩过程中转化为煤、油页岩、石油和天然气等。

2）生物化学沉积：生物新陈代谢引起周围介质改变，促使某些物质沉积。例如海藻光合作用吸收海水中的 $CO_2$，促使碳酸盐沉积，生成石灰岩。

母岩的风化产物在搬运的过程中，因其各自的性质不同，往往会按一定的次序先后沉积下来，这种现象称为沉积分异作用。沉积分异作用按分异机制的不同可进一步分为机械沉积分异作用和化学沉积分异作用两类。机械沉积分异作用是指碎屑物质在搬运过程中，随着介质流速的减小和动能的减弱，由于粒度、密度和形状等的差异而按一定次序沉积的现象（图 4-5）。化学沉积分异作用是指溶解的物质在搬运过程中，由于各种元素和化合物的溶解度不同而发生先后沉积的现象（图 4-6）。

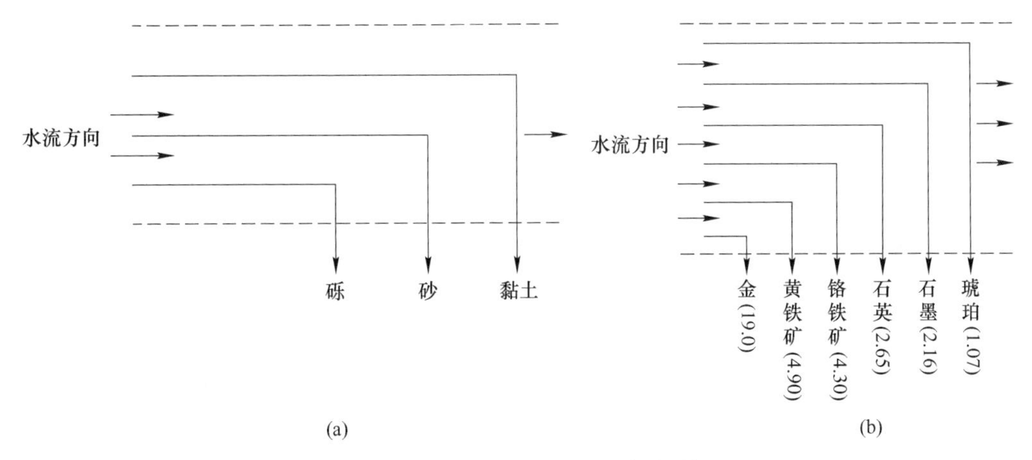


图 4-5　碎屑物质的机械沉积分异图解

（a）粒度分异；（b）密度分异

由图 4-5 可以看出，机械沉积分异作用表现为随着搬运介质动能的减弱，粒度、密度比较大的碎屑物质会先发生沉积；粒度、密度比较小的碎屑物质后沉积，堆积在先期沉积的大颗粒之上，或被继续搬运到较远的地方，然后沉积下来。随着沉积作用的持续进行，就会在空间上形成从下到上、由近及远碎屑物质由粗变细的堆积规律。

图 4-6 表明，受化学规律的支配，随着搬运介质物理化学条件的变化，溶解度最低的铁、锰、铝的氧化物首先析出；然后是大量呈胶体状态的二氧化硅开始沉淀；另外还有少部分二氧化硅被搬至离海岸较远的地带，在弱还原的环境下，与氧化亚铁（低价铁）化合生成铁的硅酸盐矿物——海绿石、鲕绿泥石等沉淀下来。继二氧化硅析出后，碳酸盐类（石灰岩、白云岩等）开始沉淀。当铁的硅酸盐（海绿石、鲕绿泥石）沉淀之后，剩余的

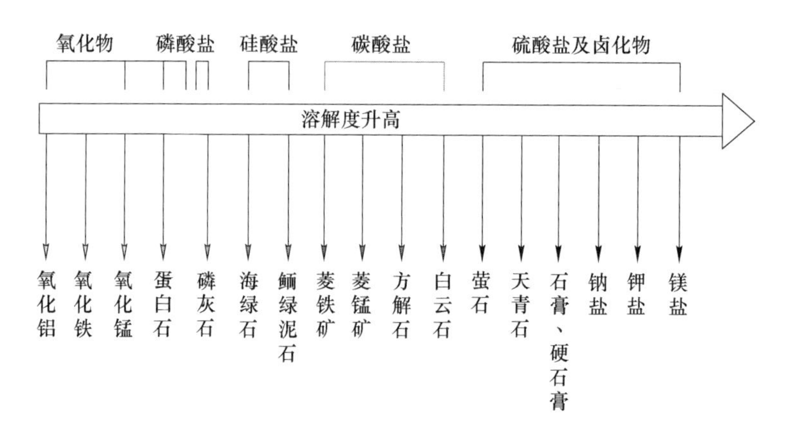


图 4-6 化学沉积分异作用图解

氧化亚铁将以碳酸盐（菱铁矿）的形式沉淀。硫酸盐及卤化物（如石膏、硬石膏、石盐、钾盐、镁盐等）由于其溶解度比较大，是化学沉积分异最晚期的产物。

### 4.1.4 固结成岩作用

沉积物堆积下来之后，进入与原搬运介质隔绝的新环境，在该环境温度、压力的作用下，沉积物经受压缩、脱水、胶结、重结晶等一系列复杂的变化，最终转变为坚硬的岩石，即沉积岩，这种由松散的沉积物转变为坚硬岩石的过程叫固结成岩作用（diagenesis）。固结成岩作用包括压固作用、胶结作用及重结晶作用。

（1）压固作用。在上覆水体或沉积物质的静压力作用下，沉积物体积收缩、孔隙缩小、密度加大、水分脱出、颗粒间吸附力加强，沉积物逐渐固结变硬成为岩石，这种作用称为压固作用。通常情况下，沉积的新鲜软泥孔隙度高达80%，压固成岩后可减至20%。压固作用是黏土沉积物成岩的主要方式。

（2）胶结作用。充填在碎屑沉积物孔隙中的化学沉淀物或其他物质，将松散的沉积颗粒黏结成坚硬岩石的过程，称为胶结作用。胶结作用是碎屑岩成岩的主要方式。常见的胶结物有：碳酸盐质（如方解石、白云石等）、硅质（如石英、玉髓、蛋白石等）、铁质（如赤铁矿、褐铁矿等）、硫酸盐质（如石膏、硬石膏、重晶石等）、泥质（黏土质）、凝灰质（火山质）等。这些胶结物有的来源于沉积物中，由水溶液或胶体溶液沉淀析出；有的与沉积物同时形成（火山质）；有的亦可由地下水带来。

（3）重结晶作用。指在一定的温度、压力作用下，沉积物中的非结晶物质变为结晶物质、细粒结晶变成粗粒结晶的过程。它不仅使松软的沉积物转变成为固结的岩石，同时还可破坏沉积物的原生结构、构造，形成新的结构、构造。重结晶作用的强度取决于物质成分、质点大小、成分的均一性及密度等。一般由真溶液和胶体溶液沉积的物质颗粒细小、溶解度较大、成分均一，容易发生重结晶。这是内源沉积岩（化学岩）和部分黏土岩成岩的主要方式。

需要强调的是，上述成岩作用的三种方式并不是各自孤立地进行，而是彼此互相影响、密切联系，它们共同促成了从沉积物到沉积岩的转变过程。

# 4.2 沉积岩的一般特征

组成沉积岩的物质主要来源于母岩的风化、剥蚀产物，因此，沉积岩的化学成分和矿物成分与母岩有着不可分割的联系。然而，由于沉积、成岩作用对母岩物质的改造，尤其是生物因素的参与，使沉积岩的化学成分和矿物成分又具有自己的特征，其结构、构造等也不同于先成的岩浆岩、变质岩等母岩。

## 4.2.1 沉积岩的物质成分

### 4.2.1.1 化学成分

形成沉积岩的沉积物主要源于各种先成岩石的风化产物、溶解物质和再生矿物，沉积岩的总体平均化学成分与岩浆岩基本类似（表4-1）。

**表4-1 沉积岩和岩浆岩的平均化学成分对比** （%）

| 氧 化 物 | 沉 积 岩 (Clark and Washington, 1924) | 岩 浆 岩 (Clark and Washington, 1924) |
|---|---|---|
| $SiO_2$ | 57.95 | 59.14 |
| $Al_2O_3$ | 13.39 | 15.34 |
| $Fe_2O_3$ | 3.47 | 3.08 |
| FeO | 2.08 | 3.80 |
| MgO | 2.65 | 3.49 |
| CaO | 5.89 | 5.08 |
| $Na_2O$ | 1.13 | 3.84 |
| $K_2O$ | 2.86 | 3.13 |
| $TiO_2$ | 0.57 | 1.05 |
| MnO | — | 0.12 |
| $P_2O_5$ | 0.13 | 0.30 |
| $CO_2$ | 5.38 | 0.10 |
| $H_2O$ | 3.23 | 1.15 |
| 总和 | 98.73 | 99.62 |

由成分对比可知，两类岩石的最主要组分 $SiO_2$ 和 $Al_2O_3$ 含量基本接近，但由于沉积岩和岩浆岩形成条件和形成过程的不同，致使部分造岩氧化物在两类岩石中的含量存在明显差异，主要表现为：

（1）沉积岩与岩浆岩中铁的总量相近，但由于沉积岩形成于接近地表的环境，自由氧比较充足，致使其中 $Fe_2O_3>FeO$，而岩浆岩中正好相反。

（2）沉积岩中碱金属和碱土金属的含量低于岩浆岩，但 CaO 例外，它在沉积岩中的含量高于岩浆岩，这与生物及生物化学作用造成的 $CaCO_3$ 聚集有关。

（3）碱金属钾与钠的含量相比较，在沉积岩中 $K_2O>Na_2O$，而岩浆岩中则 $K_2O<$

$Na_2O$。这是由于沉积岩中富钾的白云母、绢云母相对比较稳定。岩浆岩风化后，其中钠以氧化物、硫酸盐等以可溶盐的形式流失，使沉积岩中钠的含量相对降低；而胶体分散物（黏土矿物）易吸附钾，因此沉积岩中钾的含量相对增高。

（4）沉积岩的形成过程往往会导致游离的 $SiO_2$ 以石英、玉髓、蛋白石及其他低温变种的形式聚集起来，而岩浆中的 $SiO_2$ 更多的是以石英及其他高温变种的形式出现。

（5）沉积岩形成于地表环境下，富含 $H_2O$ 和 $CO_2$，而岩浆形成于地壳深部高温、高压环境，$H_2O$、$CO_2$ 的含量很低。此外，在沉积岩中常含有大量的有机质，这是岩浆岩中所没有的。

4.2.1.2　*矿物成分*

沉积岩中已发现的矿物有160余种，但常见的仅有20多种，包括石英、长石、云母、黏土矿物、方解石、白云石、菱铁矿、石膏、硬石膏、石盐，以及铁、锰、铝的氧化物和氢氧化物等。在一种岩石中，常见的主要（造岩）矿物不过1~3种，通常不超过5~6种。沉积岩中的矿物按其成因一般可以分为三类：陆源碎屑矿物、自生矿物和次生矿物。

（1）陆源碎屑矿物：指在母岩中存在并被继承下来的性质比较稳定的矿物，如石英、钾长石、白云母等，呈碎屑状态出现，是母岩物理风化的产物，亦称继承矿物或它生矿物。

（2）自生矿物：指在沉积岩形成过程中，由母岩分解出的化学物质沉积形成的矿物及成岩作用过程中生成的矿物。如方解石、白云石、铁锰氧化物、石膏、磷酸盐矿物和有机质等。

（3）次生矿物：是沉积岩遭受风化作用而形成的矿物，如由海绿石或黄铁矿风化所产生的褐铁矿和由碎屑长石风化而成的高岭石等。

如果将沉积岩的矿物成分与岩浆岩相比较，则可看出两者存在着比较显著的差别：

（1）岩浆岩中一些常见的造岩矿物如橄榄石、辉石、角闪石、黑云母及基性斜长石等，在沉积岩中含量甚微或缺失。这些矿物是在高温、高压条件下由岩浆作用形成的，当转入地表的常温常压环境后很难稳定存在，在风化作用阶段会被大量地风化分解。

（2）岩浆岩中含量较多的矿物如钾长石、酸性斜长石和石英等，在沉积岩中也大量存在。不同的是岩浆岩中长石的含量多于沉积岩，而石英却相反，在沉积岩中较多。

（3）游离的 $SiO_2$ 在岩浆岩中绝大部分是以石英的形式出现，而在沉积岩中除石英外，还有大量的玉髓、蛋白石等低温变种。

（4）在沉积岩形成过程中新生成的矿物，如黏土矿物、碳酸盐矿物等，在沉积岩中含量极高，而岩浆岩中却很少或没有。

（5）由生物作用形成的有机碳为沉积岩所特有。

在沉积物碎屑颗粒之间存在胶结物（把松散沉积物黏结起来的物质）。胶结物对于沉积岩的颜色、坚硬程度有很大影响。按其成分可以分为下面几种：

（1）泥质胶结物。胶结物为黏土矿物，由其胶结成的岩石硬度较小，易碎，断面呈土状。

（2）钙质胶结物。胶结物的成分为钙质碳酸盐，由其所胶结的岩石硬度比泥质胶结的岩石稍大，呈灰白色，滴冷稀盐酸起泡。

（3）硅质胶结物。胶结物成分为二氧化硅，由其所胶结的岩石强度比前两种胶结物形成的岩石都大，呈灰色。

(4) 铁质胶结物。胶结物的成分为氢氧化铁或三氧化二铁，由其所胶结成的岩石也较为坚硬，常呈黄褐色或砖红色。

胶结物在岩石中的含量一般仅占25%左右，若含量超过25%，即可参加岩石的命名。如钙质长石石英砂岩即为长石石英砂岩中钙质胶结物含量超过了25%。

### 4.2.2 沉积岩的颜色

沉积岩的颜色常常是岩层的特殊标志，沉积岩的颜色按成因可分为原生色和次生色。

原生色又可分成继承色和自生色。继承色取决于碎屑物质的颜色，为碎屑岩所特有，如石英砂岩所显示的白色、灰白色，主要是继承了原岩中碎屑石英的颜色。自生色取决于自生矿物及原生混入物的颜色，主要为化学岩、黏土岩及部分碎屑岩所具有。

次生色主要是在风化作用过程中，原生色素组分发生次生变化而形成的颜色。例如，原岩中含有黄铁矿，在风化过程中可以变成褐铁矿，从而把岩石染成黄褐色。次生色的特点是颜色深浅不均、分布不匀，有时呈斑点状。

沉积岩的原生色往往反映了岩石形成时的沉积环境，以及成岩作用过程中所形成的各种组成物质（碎屑物质、胶结物）的特点。

在氧化环境下，铁元素可以形成 $Fe_2O_3$，岩石颜色多为红色或褐色；在还原环境下，形成 FeO，并常含有有机碳等，因而岩石常为蓝色、绿色、深灰色和黑色。随氧化还原条件的不同，岩石中高价铁与低价铁的比例也会不同，中高价铁比例由高到低，岩石相应地会呈现紫红、棕红、绿灰、黑色等。

由石英颗粒组成的石英砂岩往往显示白色、灰白色，而由正长石颗粒组成的长石砂岩往往显示肉红、黄白等色，这主要是由组成岩石的碎屑物质——石英和正长石的原生色所决定的。

胶结物是泥质、钙质、硅质的沉积岩，颜色一般较浅；胶结物为铁质的沉积岩，颜色一般较深。

此外，含碳质、沥青质及细分散黄铁矿的岩石，常呈灰色、深灰色或黑色；含绿色矿物如海绿石、绿泥石等的沉积岩，多呈绿色；含硬石膏、天青石等的岩石多呈蓝色。

值得注意的是，风化作用常常会改变岩石的颜色，如煤和炭质泥岩经风化后，可以变为灰色以至白色。这种经风化作用后颜色变浅的现象，叫作褪色现象。岩石风化后的颜色叫作次生色或风化色。

描述岩石颜色时，常与自然界中常见物质的颜色相比较，如天蓝色、瓦灰色、砖红色、肉红色、猪肝色和橘黄色等。此外，也可采用复合名称来描述，有时加以深浅字样，如紫红色、蓝灰色、深紫色、浅灰色等。凡是复合颜色，前面的是次要颜色，后面的是主要颜色。

### 4.2.3 沉积岩的结构

沉积岩的结构是指沉积岩中组成物质的形状、大小和结晶程度。岩石的结构类型及其特点主要取决于其形成的条件。由于沉积岩物质来源的多样性、形成过程的多阶段性以及生物因素的参与，导致沉积岩的结构具有不同于岩浆岩的显著特点。岩浆岩大多数为结晶结构，而沉积岩则多为碎屑结构，且沉积岩可具有岩浆岩所没有的生物结构。

沉积岩的结构按其成因划分，可以分为碎屑结构、泥质结构、粒屑结构、晶粒结构、生物结构和火山碎屑结构。

4.2.3.1 碎屑结构

碎屑结构（clastic texture）指由机械搬运和机械沉积作用形成的碎屑沉积岩所具有的结构。碎屑结构通常由碎屑、胶结物和杂基三部分组成（图4-7）。其中，碎屑物质构成了岩石的主体或“骨架”，包括经风化破碎形成的矿物碎屑和岩石碎屑（岩屑）两种。矿物碎屑以石英为主，长石次之，再次是白云母和少量重矿物；胶结物是碎屑颗粒间的物质，对碎屑颗粒起胶结作用。常见的化学沉淀胶结物包括钙质（方解石、白云石等）、硅质（玉髓、蛋白石、石英等）、铁质（赤铁矿、褐铁矿等）、石膏、海绿石和有机质等。杂基是指与粗碎屑颗粒同时沉积下来的粒度小于0.03mm的细粒碎屑物质及黏土矿物，对碎屑颗粒也起胶结作用。

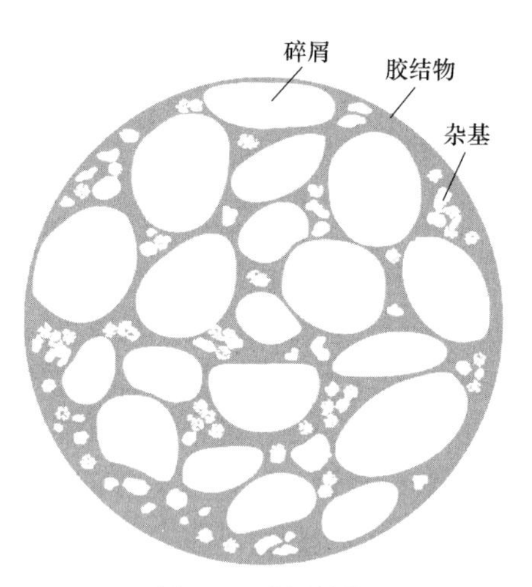

图4-7 碎屑结构

按照碎屑颗粒大小的不同，碎屑结构可以分为：

（1）砾状结构。粒径大于2mm，磨圆度较好，无棱角，为砾岩所具有的结构；若磨圆度较差，具有明显的棱角，则称为角砾状结构，角砾岩常具有此种结构。

（2）粗砂结构。粒径介于2~0.5mm之间，具有此种结构的岩石称为粗砂岩。

（3）中砂结构。粒径介于0.5~0.1mm之间，具有此种结构的岩石称为中砂岩。

（4）细砂结构。粒径介于0.1~0.05mm之间，具有此种结构的岩石称为细砂岩。

（5）粉砂结构。粒径介于0.05~0.005mm之间，具有此种结构的岩石称为粉砂岩。

具有砾状和砂状结构的碎屑岩用肉眼能分辨其中的碎屑物外形，同时可以看出碎屑颗粒、杂基与胶结物之间的关系；具有粉砂状结构的碎屑岩用放大镜能辨认其中碎屑的界线。

碎屑颗粒粗细的均匀程度称为分选性。粒径大小均匀者，为分选良好，大小混杂者，为分选差。如果岩石中主要粒级的颗粒含量在75%以上，则称为分选好；若颗粒大小悬殊，没有一种主要粒级含量超过50%，则称为分选差。

碎屑颗粒棱角的磨损程度称为磨圆度或圆度。圆度有不同的级别，一般分四级（图4-8）：Ⅰ级为棱角状，表现为颗粒具尖锐的棱角，原始形状基本未变或变化很小，说明碎屑未经搬运或搬运距离极短。Ⅱ级为次棱角状，表现为碎屑颗粒的棱和角稍有磨蚀、尖角并不十分突出，一般说明碎屑经过了短距离搬运。Ⅲ级为次圆状，表现为棱角有显著磨损，碎屑的原始轮廓还可看出，说明碎屑经过了较长距离的搬运。Ⅳ级为圆状，表现为棱角已全磨圆，碎屑的原始轮廓已消失，表明碎屑经过了很长距离的搬运和磨损。

4.2.3.2 泥质结构

泥质结构（pelitic texture）是指由粒度小于0.005mm的黏土质点所组成的结构，是泥质岩的特征结构。其特点是质地均匀、致密，常具滑感和贝壳状断口，矿物成分主要为黏土矿物。泥状结构的岩石，只有借助于显微镜甚至电子显微镜才能辨认其中的黏土矿物颗粒。

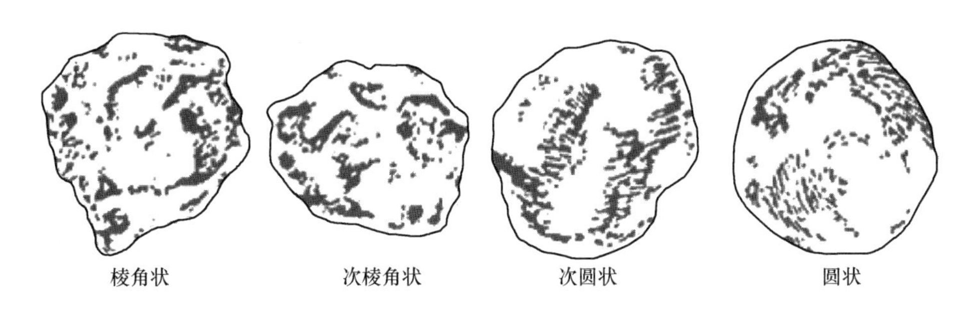


图 4-8　碎屑的圆度分级

除典型泥质结构的泥质岩外，自然界的泥质结构岩石往往有少量砂和粉砂等混入物，形成过渡类型的砂泥状结构或粉砂泥状结构（表 4-2）。

**表 4-2　泥质岩的结构**

| 结构类型 | 各粒级百分含量 | | |
|---|---|---|---|
| | 黏土 | 粉砂 | 砂 |
| 泥质结构 | >95 | <5 | — |
| 含粉砂泥质结构 | >70 | 5~25 | <5 |
| 粉砂泥质结构 | >50 | 25~30 | <5 |
| 含砂泥质结构 | >70 | <5 | 5~25 |
| 砂泥质结构 | >50 | <5 | 25~50 |

4.2.3.3　粒屑结构

碳酸盐岩等常具有粒屑结构（crumb structure），如鲕状灰岩、竹叶状灰岩分别具有的鲕状结构、竹叶状结构均属此种类型。碳酸盐岩的粒屑结构与碎屑岩结构类似，也可分四个组成部分：颗粒、泥晶基质、亮晶胶结物和孔隙。其中，颗粒类似于碎屑结构中的碎屑物，而泥晶基质或亮晶胶结物类似于碎屑结构中的胶结物。

（1）颗粒。颗粒指沉积盆地内由化学、生物化学、生物作用和波浪及流水的机械作用所形成的颗粒。颗粒相当于碎屑结构中的碎屑物质，主要有五种类型：1）内碎屑。是早期沉积海底的弱固结的碳酸盐沉积物，经岸流、波浪或潮汐等作用破碎并重新沉积的碎屑。2）生物碎屑。有孔虫、纺锤虫、介形虫等的完整个体（骨粒）或不完整个体（骨屑）。3）鲕粒。呈球状、椭球状的颗粒，由一圈或多圈规则的同心纹围绕着一个核心组成、核心通常是一个碳酸盐颗粒或者是陆源碎屑。直径小于 2mm 者叫鲕粒，直径大于 2mm 者叫豆粒。4）球粒（团粒）。是由碳酸盐矿物组成的颗粒，一般呈卵圆形，内部结构均匀。5）团块。由几个碳酸盐颗粒被灰泥或藻类黏结在一起形成的不规则块体，一般不具内部构造。

（2）泥晶基质。泥晶基质指沉积盆地内与碎屑颗粒一起沉淀形成的灰泥，晶粒小于 0.03mm。与碎屑结构中的杂基相当，充填于粒屑颗粒之间，起胶结作用。当基质含量大于 90%时，则构成泥晶灰岩。

（3）亮晶胶结物。亮晶胶结物是充填于粒屑间孔隙中的化学沉淀物质，对颗粒起胶结作用，相当于碎屑结构中的化学胶结物。亮晶由干净的、较粗大的方解石等晶体构成，晶粒大于0.01mm，含量低于30%~40%。

4.2.3.4　晶粒结构

在碳酸盐岩等化学岩或生物化学岩的沉积及成岩过程中，其中的碳酸盐等矿物有可能发生重结晶，晶体变大，形成晶粒结构。按结晶程度可分为显晶质、隐晶质和非晶质。按晶粒绝对大小可以细分为：（1）巨晶结构，粒径大于4mm；（2）极粗晶结构，粒径4~1.0mm；（3）粗晶结构，粒径1.0~0.5mm；（4）中晶结构，粒径0.5~0.25mm；（5）细晶结构，粒径0.25~0.06mm；（6）微晶结构，粒径0.06~0.004mm；（7）泥晶或隐晶结构，粒径小于0.004mm。

4.2.3.5　生物结构

生物结构是生物化学岩所具有的一种结构，由生物遗体及其碎片组成，如生物介壳结构和珊瑚结构等。具此种结构的岩石，其内部所含的生物骨骼需达30%以上，常见于石灰岩、硅质岩和磷质岩中。

4.2.3.6　火山碎屑结构

火山碎屑结构（pyroclastic texture）是火山碎屑岩的特有结构。其特点是岩石中火山碎屑物的含量达到50%以上。碎屑呈尖角或棱角状，没有或几乎没有化学胶结，碎屑物以压紧胶结为主。根据碎屑粒径大小可分为：

（1）集块结构。粒径大于64mm的粗火山碎屑（含量占50%以上）组成的火山碎屑岩所具有的结构。

（2）火山角砾结构。主要由粒径为2~64mm的熔岩碎块或角砾（含量50%以上）固结而成，常含其他岩石的角砾。

（3）凝灰结构。主要由粒径小于2mm的火山灰（岩屑、晶屑、玻屑，含量50%以上）及其他火山碎屑等固结而成。

### 4.2.4　沉积岩的构造

沉积岩的构造是指岩石各个组成部分的空间分布和排列方式。沉积岩的构造是沉积岩最显著的鉴别特征之一，尤其是原生构造，能为研究岩相古地理等提供重要依据。

沉积岩的构造，种类多样，成因复杂。根据沉积岩形成过程中有无生物活动参与，可将其分为生物成因的构造和非生物成因的构造两大类。非生物成因构造是沉积岩最主要的构造，可细分为机械成因构造和化学成因构造两类。沉积岩的构造大类划分参见表4-3。

**表4-3　沉积岩构造分类简表**

| 非生物成因的构造 | | 生物成因的构造 |
|---|---|---|
| 机械的（原生的） | 化学的（主要为次生的） | |
| 层理构造 | 溶解构造 | 生物构造 |
| 层面构造 | 凝集构造 | 生物层理 |

4.2.4.1　层理构造（bedding structure）

在沉积岩的形成过程中，气候、季节等因素的周期性变化，必然会引起搬运介质如水的流向、水量大小等改变，从而使搬运物质的数量、成分、颗粒大小、有机质成分的多少等也随之发生变化，甚至出现一定时间的沉积间断。该过程造成沉积物在垂直方向上由于成分、颜色、结构等的不同，而显示出成层的特征，这种构造就是层理构造。层与层之间的接触面称层面，上、下两个层面之间的岩石称为岩层。岩层是在一个基本稳定的物理条件下所形成的沉积单位。根据岩层中每个单层厚度的不同，可将沉积岩层划分为：（1）块状，单层厚度大于 1m；（2）厚层状，单层厚度 1~0.5m；（3）中厚层状，单层厚度 0.5~0.1m；（4）薄层状，单层厚度 0.1~0.01m；（5）页片状，单层厚度小于 0.01m。

层理构造是绝大多数沉积岩最典型、最重要和最基本的特征。按层理形态的不同，可分为水平层理、波状层理、斜层理、粒序层理和块状层理。

A 水平层理

水平层理的细层平直并互相平行，并且总方向平行于层面（图 4-9）。细层可由颜色差异、粒度变化、矿物成分不同、片状矿物定向排列等形式显示出来。水平层理分布广泛，多见于泥质岩、粉砂岩中。一般认为水平层理是在比较安静的水体（海、湖的深水地带、潟湖、沼泽等）或微弱水流中经缓慢沉积作用形成的。

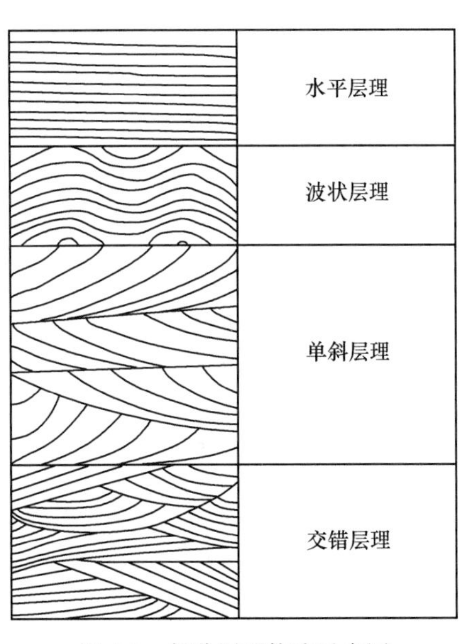

图 4-9 部分层理构造示意图

B 波状层理

波状层理细层界面呈波状起伏，但总方向平行层面（图 4-9）。波形有对称的，也有不对称的；有规则的，也有不规则的。波状层理一般是由水介质的波浪运动而形成，也可由水介质的单向运动造成，后者形成不对称波状层理。在波浪和水流可以波及水底沉积物的浅水区，如海滨、湖滨以及河漫滩等环境的细砂岩或粉砂岩中常见。

C 斜层理

斜层理内部由一系列斜交层系界面的细层组成，层系界面互相交切、重叠（图 4-9）。若相邻层系互相平行，各层系中的细层均向同一方向倾斜，称为单斜层理。单斜层理是由流动介质以一定的流速作定向流动形成的，其细层的倾斜方向指示水流的下游方向，常见于河流沉积及其他流动水的沉积物中。若相邻层系相互交错，各层系中细层的倾斜方向也多变，则称为交错层理，它是由于介质流动方向交替变化形成的。

D 粒序层理

粒序层理又称递变层理，系指层内从底到顶粒度由粗向细逐渐变化的一种层理。通常由砾、砂、泥依次沉积组成，具有清晰的底界面，层内除了粒度变化外，没有任何内部纹层。

粒序层理有两种基本类型（图 4-10），其一是粒度由粗向细逐渐变化，且下部不含细粒物质，由水流强度逐渐减弱沉积而成，属于牵引流成因；其二是粒度粗细混杂，细粒物质全层均有分布，即以细粒物质作为基质，粗粒物质向上逐渐减少和变细，它可能是由于悬浮体含有各种大小不等的颗粒，在流速减低时因重力分异而整体堆积的结果，属于浊流成因。大多数递变层理属于第二种类型。

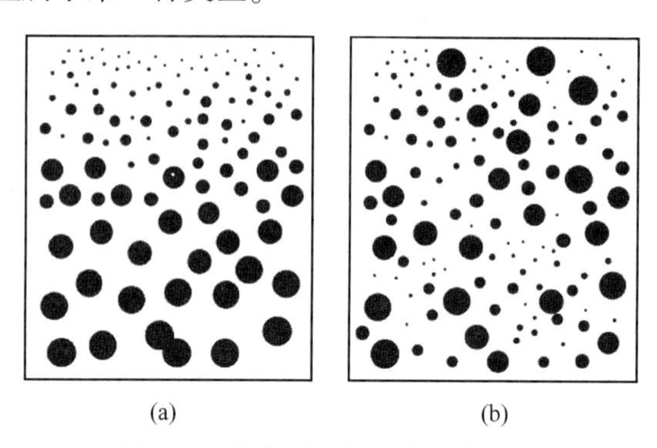


图 4-10　粒序层理的两种基本类型
（a）粒度由粗向细逐渐变化；（b）粒度粗细混杂

E　块状层理

块状层理又称均质层理，岩层不见任何内部构造；块状层理是沉积物快速堆积的产物。有时由于强烈的生物扰动作用，把沉积物原生层理等内部构造破坏，也可使岩层呈块状层理。

4.2.4.2　层面构造

层面构造是指在沉积岩层表面上保留有沉积时水流、风、雨、生物活动等作用留下的痕迹，也是机械成因的构造。沉积岩的层面构造多种多样，具有重要的成因意义。常见的层面构造有：波痕、泥裂、雨痕、雹痕、晶痕、冲刷面、流痕、槽模、沟模等。

A　波痕

波痕（ripple marks）是在沉积物未固结时，由水、风和波浪作用在沉积物表面形成的波状起伏的痕迹。它由一系列近于平行的、呈线性延长的波峰和波谷组成，波痕的延长方向一般垂直于介质运动方向。波痕按成因可分三种类型：浪成波痕、流水波痕和风成波痕（图 4-11）。

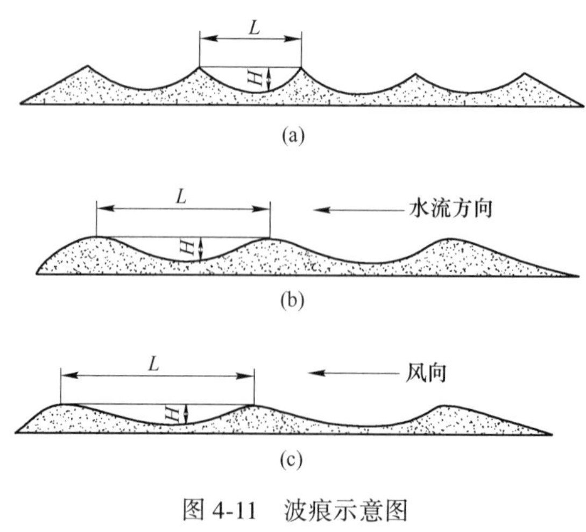


图 4-11　波痕示意图
（a）浪成波痕；（b）流水波痕；（c）风成波痕

风成波痕和流水波痕的波峰圆滑，两边不对称，也叫不对称波痕。迎风或迎着水流的一面较缓，称缓坡；另一面较陡，称陡坡。这是由于风和水流等作用力向一个方向前进而形成的，借此可大致判断风向或水流的方向。

浪成波痕的波峰较尖锐，波谷较圆滑，波峰两边对称，也叫对称波痕。这是由于水流的来回振荡而形成的。对称型的浪成波痕，可用于指示或判断岩层的顶底面，这种波痕不论是原型还是其印模，都是波峰尖端指向岩层的顶面，波谷的圆形则凹向岩层的底面。

B 泥裂

细粒沉积物（泥质、粉砂及细粒碳酸盐沉积）未固结时露出水面，由于气候干燥、日晒，沉积物表面干裂，形成张开的多边形网状裂缝，裂缝断面呈“V”字形，并为后期泥沙等物所充填，经后期成岩作用保存下来，称为泥裂（mud crack）（图 4-12）。由于泥裂在剖面上表现为上宽下窄的楔形，因而可以用它来判断岩层的顶底面或岩层是否发生倒转。

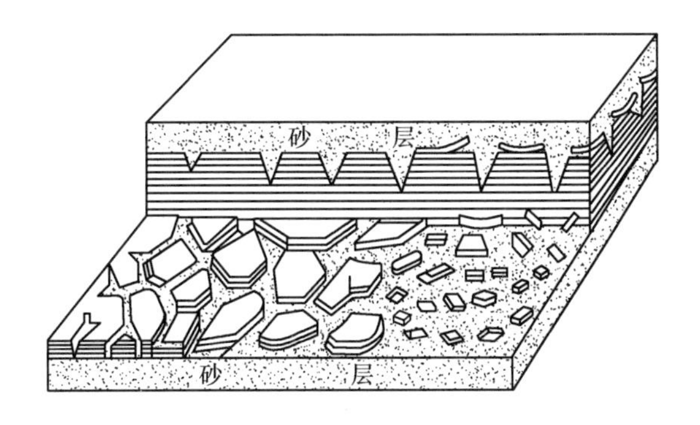


图 4-12 泥裂示意图

C 雨痕和雹痕

雨滴落于松软的泥质沉积物表面上之后，在沉积物表面上所形成的圆形或椭圆形凹穴。这种凹穴在适当的条件下，在沉积岩层面上被保存下来，称为雨痕（图 4-13（a））。

雹痕与雨痕相似，但较大而深，边缘略微高起，粗糙，形状不规则（图 4-13（b））。雨痕和雹痕主要出现在干旱或半干旱环境的陆相细粒沉积物中。

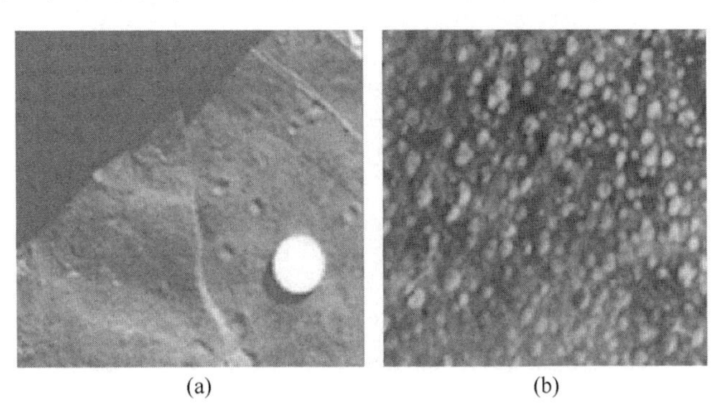

(a) (b)

图 4-13 雨痕（a）和雹痕（b）

D　晶痕

晶痕指在泥质、细粒碳酸盐沉积岩中包含的盐类矿物的晶体痕迹或晶体假象（图 4-14）。晶痕是干旱、炎热的高盐度环境的指示标志，如盐湖、咸化潟湖等。

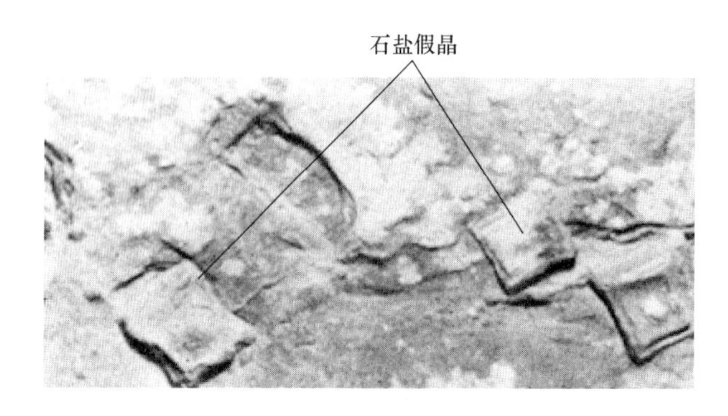


图 4-14　晶痕

E　冲刷面

由于海平面的升降变化，水流对已沉积的沉积物发生再冲刷，在沉积层顶部造成凹凸不平的侵蚀面称为冲刷面。

F　流痕

流痕系指沉积层表面存在的一种树枝状水流痕迹。流痕常出现在潮间泥坪、湖滨及河漫滩的泥质沉积层顶面。在其上覆岩层的底面上，常保留有流痕印模。

4.2.4.3　其他构造类型

A　缝合线

缝合线（stylolite）是在垂直碳酸盐岩等岩石层理的切面中出现的、呈头盖骨接合缝式的锯齿状缝隙（图 4-15）。缝合线形态多样，可呈微波状、锯齿状、陡峰状等。其成因复杂，多认为是在上覆岩石静压力下，由于石灰岩的成分不纯和不均一，使岩石部分溶解，而其中不溶残余物呈锯齿状分布。

图 4-15　缝合线构造（摄于北京昌平）

B 结核

结核（nodule）是一种成分、结构、颜色等与围岩有显著差异的矿物集合体，它是成岩阶段物质重新分配的产物。结核形态很多，有球状、椭球状、不规则团块状等（图4-16）。结核按成分可分为：碳酸盐结核、硅质结核、磷酸盐结核、锰质结核、黄铁矿结核、白铁矿结核和石膏结核等。

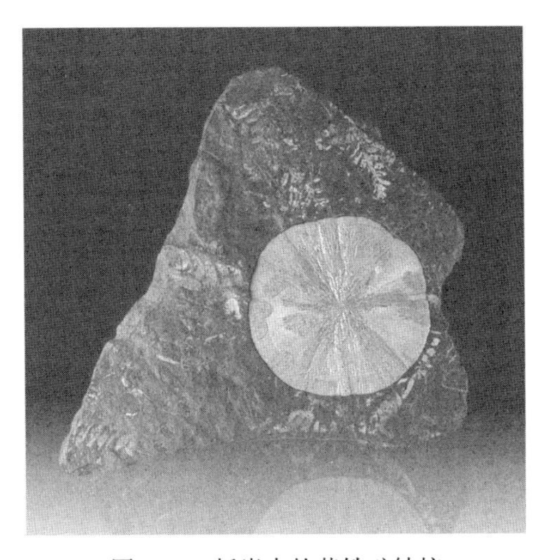

图 4-16 板岩中的黄铁矿结核

（网上图片，引自 https：//www. sohu. com/a/247212400_682356）

C 叠层构造

叠层构造（stromatolitic structure）是由蓝藻类生物分泌的黏液捕获砂、粉砂、泥级颗粒或晶体而组成的一种纹层构造（图4-17）。

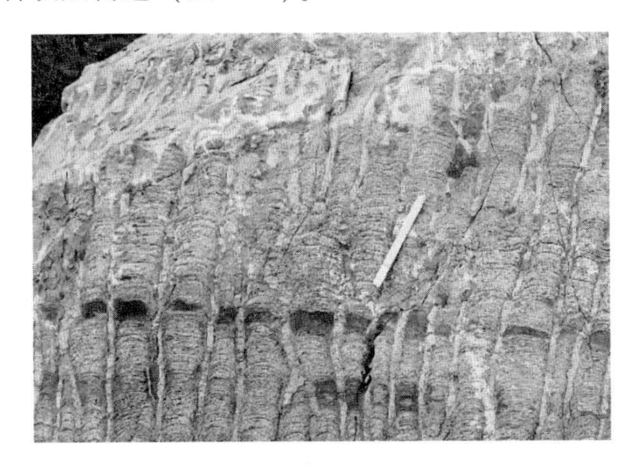

图 4-17 叠层构造（摄于天津蓟州区）

D 虫迹和虫孔

虫迹是生物在未固结的沉积层表面留下的活动痕迹（图4-18），是一种层面构造。虫迹在下层面上所形成的印模呈圆筒状或压扁的埂状小凸起，成曲状、树枝状或交叉状分布。

虫孔是生物在未固结的沉积层内部觅食或穴居的孔道，属于岩石内部构造。

图4-18 虫迹和虫孔（引自网络）

# 4.3 沉积岩的分类及主要类型

## 4.3.1 沉积岩的分类

根据沉积作用的方式和岩石成分的不同，可将沉积岩分成三类：碎屑岩类、黏土岩类、化学岩和生物化学岩类（表4-4）。

表4-4 沉积岩分类简表

| 类别 | | 名称 | 物质来源 | 沉积作用 | 结构特征 | 构造特征 |
| --- | --- | --- | --- | --- | --- | --- |
| 碎屑岩 | 陆源碎屑岩 | 砾岩（角砾岩）<br>砂岩<br>粉砂岩 | 物理风化作用形成的碎屑 | 机械沉积作用为主 | 碎屑结构 | 层理构造 |
| | 火山碎屑岩 | 火山集块岩<br>火山角砾岩<br>凝灰岩 | 火山喷发的碎屑 | | | |
| 黏土岩 | | 泥岩<br>页岩<br>黏土岩 | 化学风化作用形成的黏土矿物 | 机械沉积和胶体沉积作用 | 泥质结构 | 层理构造 |
| 化学岩和生物化学岩 | | 铝质岩<br>铁质岩<br>锰质岩<br>磷质岩<br>硅质岩<br>碳酸盐岩<br>蒸发岩<br>可燃性有机岩 | 母岩经化学分解生成的溶液和胶体溶液；生物化学作用形成的矿物和生物遗体 | 化学沉积、胶体沉积和生物沉积作用 | 晶粒结构、粒屑结构、生物结构 | 层理构造<br>致密构造 |

### 4.3.2 沉积岩的特征

#### 4.3.2.1 陆源碎屑岩类

陆源碎屑岩类亦称外源沉积岩类或正常碎屑岩类，其组成物质主要来源于沉积盆地之外。陆源碎屑岩是沉积岩中最常见的岩石类型之一，特别是在陆相沉积物中，分布极为广泛。一般所指的碎屑岩是指碎屑物（包括矿物碎屑及岩石碎屑）含量大于50%的沉积岩。它们的形成主要与外动力地质作用有关，大都为机械破碎的产物经搬运沉积而成。碎屑岩中，也可混入纯化学沉淀物质与黏土物质，它们多以胶结物的形式存在。当这些混入物的含量增多，超过50%时，则分别过渡为化学岩或黏土岩。碎屑岩按碎屑颗粒大小，又可分为砾岩、砂岩和粉砂岩三种。

A 砾岩

直径大于2mm的陆源碎屑含量在50%以上的沉积岩称为砾岩（conglomerate）。一般是破碎的岩块经过较长距离的搬运或受到海浪的反复冲击，使棱角消失，形成圆形或椭圆形的砾石，再经胶结作用所形成。砾石的粒度从2mm到数米的都有，其组成以各种成分的岩屑为主，也可有长石、石英等矿物碎屑。砾岩具有砾状结构，砾石之间为砂粒、基质或胶结物充填。砾岩的层理一般不发育，有时有大型斜层理和粒序层理。

若这类岩石中砾石未被磨圆而具明显棱角者，则称为角砾岩。

B 砂岩

粒度为2~0.0625mm的陆源碎屑含量在50%以上的沉积岩称为砂岩（sandstone）。

砂岩的碎屑成分主要是石英、长石和岩屑三种，砂岩中的胶结物常见的有钙质、硅质、铁质等，有时还被海绿石、石膏等和泥质基质所胶结。砂岩中常见各种类型的斜层理、交错层理以及平行层理、粒序层理，波痕、冲刷痕迹、槽模、沟模和生物扰动构造等沉积构造。

按组成砂岩的碎屑颗粒（砂粒）粒径的大小，可以将砂岩划分为：巨粒砂岩（2~1mm）、粗粒砂岩（1~0.5mm）、中粒砂岩（0.5~0.25mm）、细粒砂岩（0.25~0.125mm）、微粒砂岩（0.125~0.0625mm）。

砂岩的成岩物质一般经过了长距离的搬运和改造作用，其成分成熟度（沉积组分在风化、搬运、沉积作用后接近最稳定产物的程度）比较高。因此，砂岩除了按粒度的分类外，还常按其成分进行分类。砂岩成分分类的方案很多，其中比较常用的为四端元分类法。该方法先以基质含量作为一个端元组分，将砂岩分为两类：基质含量小于15%的为净砂岩，大于15%的为杂砂岩；然后再以砂岩中的主要碎屑成分石英、长石、岩屑作为三端元组分，按这些组分含量的不同，将砂岩分为石英砂岩、长石砂岩、岩屑砂岩或石英杂砂岩、长石杂砂岩、岩屑杂砂岩（图4-19）。

在图4-19的分类中，石英、长石、岩屑三个端点位置分别代表该种组分含量为100%。按石英、长石、岩屑三种组分的相对含量把砂岩划分为五个类型：石英砂岩、长石砂岩、岩屑砂岩、次长石砂岩、次岩屑砂岩。其中，石英砂岩、长石砂岩和岩屑砂岩是砂岩中最主要的三个类型，而长石石英砂岩和岩屑石英砂岩则是石英砂岩与长石砂岩、岩屑砂岩之间的两个过渡类型。

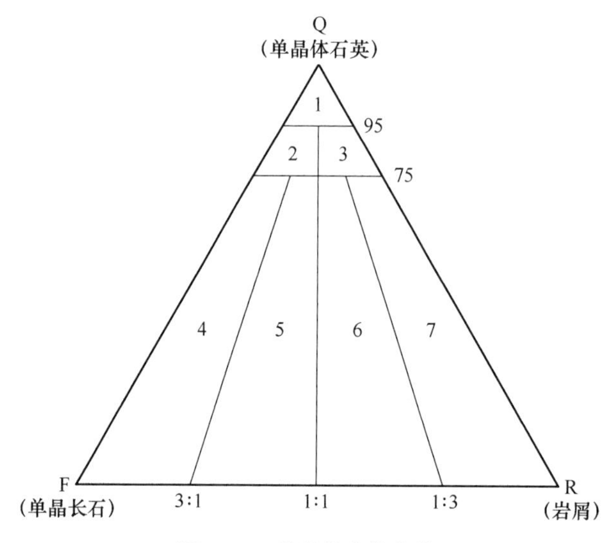


图4-19 砂岩的成分分类

1—石英砂岩；2—长石石英砂岩；3—岩屑石英砂岩；4—长石砂岩；5—岩屑长石砂岩；6—长石岩屑砂岩；7—岩屑砂岩；Q端元—石英；F端元—长石；R端元—岩屑

C 粉砂岩

粉砂岩（siltstone）是粒度为0.0625~0.004mm的陆源碎屑占50%以上的沉积岩。

粉砂岩的碎屑成分以石英为主，常含数量不等的白云母，长石和岩屑都较少见。填隙物以泥质基质为主，其次为钙质和铁质胶结物，硅质胶结物极少见。粉砂岩外貌颇似泥质岩，但较坚硬，并有粗糙感。

粉砂岩多呈薄层状，常具微细的水平层理、微波状层理，包卷层理等变形构造也较常见。

第四纪沉积物中的黄土亦属于粉砂岩类，是一种未充分胶结或半固结的黏土粉砂岩。黄土中粉砂粒级占50%以上，其次是黏土。黄土成分复杂（有石英、长石、碳酸盐及黏土矿物），颜色浅黄或暗黄，质轻而多孔（孔隙占总体积的40%~55%），易研成粉末，常含有大量钙质结核。黄土无明显层理，垂直节理发育，常被侵蚀呈陡峭的山崖。黄土在我国西北一带广泛分布，最厚可达400余米，形成著名的黄土高原。

4.3.2.2 火山碎屑岩类

火山碎屑岩类主要是由火山喷发碎屑从空中坠落，就地沉积或经一定距离的流水冲刷搬运沉积而成。从物质来源看，它与火山活动有关，但从成岩过程来看，又从属于沉积岩。有些火山碎屑岩的组成以各种火山碎屑为主；有些火山碎屑岩中夹有很多熔岩，火山碎屑被熔岩胶结；另有部分是由火山碎屑和正常碎屑（砾、砂、粉砂、泥等）混合堆积而成。由此可见，火山碎屑岩是沉积岩与喷出岩之间的过渡产物。喷出岩受冲刷作用形成的碎屑物质，经正常沉积作用而产生的沉积岩不是火山碎屑岩，而是正常沉积碎屑岩；喷出的熔岩流直接冷凝而成的熔岩属于喷出岩，也不是火山碎屑岩。根据火山碎屑粒度大小的不同，可以把火山碎屑岩分为火山集块岩、火山角砾岩和凝灰岩三种类型。

（1）火山集块岩（volcanic agglomerate）。由50%以上的粗火山碎屑（粒径大于

64mm，如熔岩碎块等）固结而成的岩石。熔岩碎块带棱角或经搬运磨圆，填充物和基质为熔岩、火山灰、泥沙、钙质、硅质等。碎屑分选性一般不好，层理不清，常形成厚层和块状层。根据岩石中熔岩碎块的成分，可以命名为安山集块岩、流纹集块岩等。此种岩石质地较坚硬，堆积厚度可达数百米，甚至达数千米。我国东部在中生代中晚期形成了大量的火山碎屑岩。

（2）火山角砾岩（volcanic breccia）。主要由粒径为2~64mm的熔岩碎块或角砾（含量50%以上）固结而成的岩石，也常含其他岩石的角砾。碎屑多数棱角显著，分选差，大小不等。填充物和基质为熔岩、火山灰或泥沙等，也可以是钙质、硅质等。根据角砾成分可命名为流纹质火山角砾岩、安山质火山角砾岩、玄武质火山角砾岩等。

（3）凝灰岩（volcanic tuff）。主要由粒径小于2mm的火山灰（岩屑、晶屑、玻屑，含量70%以上）等固结而成的岩石。分选差，碎屑多具棱角。岩石外貌有粗糙感，可具清楚的层理。根据碎屑成分可分为玻屑凝灰岩、晶屑凝灰岩、岩屑凝灰岩、混合型凝灰岩等。玻屑凝灰岩常保存于时代较新的火山碎屑岩中，经过脱玻作用和蚀变作用可以形成膨润土或漂白土等。凝灰岩可有黄、灰、白、棕、紫等不同颜色。有时凝灰岩中含有正常碎屑，而形成砂质凝灰岩、凝灰质砂岩等。

上述各类火山碎屑岩，多形成于火山口附近或其周围的有水盆地中。在地层剖面中火山碎屑岩可以反映地史发展过程中的火山活动情况和古地理环境。

#### 4.3.2.3　黏土岩类

黏土岩（pelite）亦称泥质岩，它是粒度小于0.004mm的陆源碎屑和黏土矿物（含量大于50%）组成的岩石。泥质岩的矿物成分复杂。

黏土岩按其固结的程度、页理的发育情况，可以分为黏土、泥岩和页岩三种类型。

##### A　黏土

黏土（clay）是一种未固结或弱固结的泥质岩，基本上仍为土状，在水中易泡软，具不同程度的可塑性和黏结性，多为现代风化壳的产物。古代质地较纯的泥质岩出露地表，经风化和被水浸泡后，有时也易成土状及具明显的可塑性。常见的质地较纯的黏土有高岭石黏土、蒙脱石黏土和水云母黏土。

高岭石黏土是在潮湿温暖的气候条件下形成的，主要由高岭石组成。多为灰白色、浅灰色或浅黄色。具土状断口和可塑性。其黏结性和耐火性较高，是重要的陶瓷原料和耐火材料。

蒙脱石黏土又名膨润土、漂白土等，主要由中酸性凝灰岩在海水或地下水作用下分解而成。主要由蒙脱石组成，一般为灰白色、淡粉红色、淡黄色或浅灰绿色。吸水性极强，浸入水中后其体积急剧膨胀，这是蒙脱石黏土的重要特征和鉴定标志。

水云母黏土的成分一般比较复杂，除水云母外，常有其他黏土矿物，以及石英、长石、云母等碎屑矿物，还有各种自生矿物和有机质。颜色也是多为灰白色、灰黄色、浅绿色和淡红色等。高岭石、蒙脱石在成岩过程中均可转变为水云母，故水云母黏土是泥质岩中最常见的类型。

##### B　页岩

页岩（shale）是弱固结的黏土经过中等程度的后生作用（如挤压作用、脱水作用、重结晶作用及胶结作用等）所形成的强固结的黏土岩，因其具有特殊的页片状或薄片状层理，用硬物击打易裂成碎片而得名（图4-20）。泥岩和页岩的成分一般都比较复杂，主要由水云母或高岭石组成，并含碎屑物质和各种自生矿物，含粉砂数量较高时可称为粉砂质页岩。根据自生矿物及有机质等混入物的成分及颜色不同，可将页岩分为红色页岩、黑色页岩、炭质页岩、钙质页岩和硅质页岩等。

图4-20　页岩（摄于北京昌平）

红色页岩含较多的氧化铁和粉砂，有时含钙质结核，多为陆相沉积，形成于较干旱气候带的氧化环境中，常和蒸发岩共生。

黑色页岩富含有机质，常含较多细分散的或结核状的黄铁矿。黑色页岩出露地表后，常因其中的黄铁矿风化成氧化铁而使岩石的表面及节理裂隙染成淡红色。黑色页岩形成于温湿气候条件下的湖泊、沼泽、海洋或潟湖等较滞流的水体中，属较强的还原性环境。

炭质页岩含大量炭化了的有机质。岩石常呈黑色，页理发育，性脆，常含较多的植物化石。炭质页岩与黑色页岩的区别是炭质页岩能染手。炭质页岩多形成于湖泊、沼泽环境中，产于煤系地层之内。

硅质页岩含较多的隐晶质玉髓、石英等化学沉积的硅质矿物，多为灰黑色、深灰色、棕褐色等。岩石致密坚硬，具贝壳状断口，节理裂隙较发育。这类岩石与燧石岩很相似，不同的是，硅质页岩硬度比燧石岩小，用小刀可以刻划，而燧石岩小刀不能刻划。硅质页岩常与燧石岩等硅质岩共生，其成因多与生物作用及火山作用有关。

钙质页岩主要由黏土矿物组成，但含较多量的方解石混入物，常为浅黄、浅绿、浅红、浅灰绿、黄褐等色。岩石致密性脆，具贝壳状断口，风化后易成小碎块或小片，遇盐酸起泡，常与碳酸盐岩共生。

C　泥岩

泥岩（mudstone）也是弱固结的黏土经过中等程度的后生作用（如挤压作用、脱水作用、重结晶作用及胶结作用等）所形成的强固结的黏土岩，其成分与页岩相似，区别在于泥岩的层（页）理不发育，属块状构造。

#### 4.3.2.4　化学岩和生物化学岩类

这类岩石也叫内源沉积岩，是母岩风化、剥蚀产物中的溶解物质和胶体物质被搬运到水盆地中之后，通过蒸发作用、化学反应和生物的直接或间接作用沉积或聚集而成的岩石。与碎屑岩和黏土岩相比，化学岩和生物化学岩的数量更少、分布范围更小，但它们却占有非常重要的地位。许多化学岩和生物化学岩本身就是具有重要意义的沉积矿产，如石灰岩、白云岩、铁质岩、锰质岩、铝质岩、磷块岩等。这类岩石中在地壳内分布最广的是碳酸盐岩，其次是硅质岩。

化学岩和生物化学岩的成分一般比较单一，具有结晶粒状结构、隐晶质结构或生物结构、生物碎屑结构等。

化学岩和生物化学岩按成分可分为八大类：铝质岩类、铁质岩类、锰质岩类、磷质岩类、硅质岩类、碳酸盐岩类、蒸发岩类和可燃性有机岩类。

A 碳酸盐岩

碳酸盐岩（carbonate rocks）是钙、镁碳酸盐矿物含量大于50%的沉积岩。本类岩石分布很广，仅次于黏土岩和碎屑岩，约占沉积岩总量的20%，在我国约占沉积岩总面积的55%。

早期研究认为此类岩石主要形成于海、湖盆地中的较深水环境，成因和形成环境比较简单。近来的研究结果表明其形成环境可以是浅水、较深水，也可以是潮上带，有许多是在有丰富生物和极浅水条件下形成的；其成因可以是化学沉积、生物化学沉积、生物沉积，也可以是机械作用的碎屑沉积。机械沉积形成的碳酸盐岩虽然也具有碎屑岩类的特点，但其碎屑并非来源于陆地，而是由海盆内形成的碎屑组成，即内碎屑。例如，较早形成的、弱固结的碳酸盐沉积物在受到扰动后发生破碎，即可形成内碎屑。

碳酸盐岩的主要组成矿物为方解石、白云石，偶尔有文石、铁白云石和菱铁矿等其他碳酸盐矿物。此外，常有氧化铁矿物、海绿石、黄铁矿、白铁矿、玉髓，石膏、萤石、石盐等非碳酸盐的自生矿物，以及石英、长石、云母、黏土矿物等陆源矿物混入。

岩石常具结晶粒状结构、鲕状结构、豆状结构、生物结构或碎屑结构等。岩石构造类型多样，在由机械搬运和沉积作用形成的碳酸盐岩中，常见与流水作用有关的各种沉积构造，如斜层理、交错层理、波痕、冲刷痕迹等，在原地沉积的碳酸盐岩中常见生物构造，如叠层石等。此外，结核、缝合线和鸟眼等构造也很常见。

碳酸盐岩按成分首先分为石灰岩和白云岩两个基本类型，然后再据其中方解石和白云石的相对含量细分为不同的类型（表4-5）。

**表4-5 碳酸盐岩的成分分类**

| 岩石类型 | | 方解石/% | 白云石/% | 简称 |
|---|---|---|---|---|
| 石灰岩 | 石灰岩 | 100~90 | 0~10 | 灰岩 |
| | 含白云质石灰岩 | 90~75 | 10~25 | 含云灰岩 |
| | 白云质灰岩 | 75~50 | 25~50 | 云灰岩 |
| 白云岩 | 灰质白云岩 | 50~25 | 50~75 | 灰云岩 |
| | 含灰质白云岩 | 25~10 | 75~90 | 含灰云岩 |
| | 白云岩 | 10~0 | 90~100 | 白云岩 |

（1）石灰岩（limestone）。由结晶细小的方解石（含量大于50%）组成，常含少量白云石、黏土、菱镁矿及石膏等混入物。纯石灰岩常为浅灰色、灰色，当含杂质时为浅黄

色、浅红色、灰黑色及黑色等。石灰岩的显著特征之一是遇冷稀盐酸强烈起泡。根据石灰岩的成因、物质成分和结构构造又可分为普通灰岩、生物灰岩、碎屑灰岩和燧石灰岩等。

（2）白云岩（dolomite）。主要由细小的白云石（含量大于50%）组成，含少量方解石、石膏、菱镁矿及黏土等。白云岩的外表特征与石灰岩极为相似，但遇冷稀盐酸不起泡或微弱起泡。白云岩常有粗糙的断面，风化后表面多出现格状溶沟，可作为与其他石灰岩相区别的鉴定特征。

（3）泥灰岩（marl）。是碳酸盐岩与黏土岩之间的过渡类型。其中黏土含量在25%~50%之间，若黏土含量为5%~25%，则称为泥质灰岩。泥灰岩通常为隐晶质或微粒结构，加冷稀盐酸起泡，且有黄色泥质沉淀物残留。泥灰岩颜色多样，可呈浅灰、浅黄、浅绿、天蓝、红棕及褐色等。

B　硅质岩类（siliceous rock）

硅质岩是由化学作用、生物化学作用形成的富含 $SiO_2$ 的沉积岩，其 $SiO_2$ 的含量一般为70%~90%，有的可高达99%。

硅质岩主要由氧化硅矿物组成，包括石英、玉髓和蛋白石。蛋白石为非晶质的矿物，仅见于中、新生代的硅质岩中，在古老的地层中，蛋白石多已转化为玉髓或石英。

硅质岩多为隐晶质结构，部分具骨屑结构。常呈层状、条带状或结核状产出。颜色多为灰黑色或灰白色，部分为红色或绿色。

硅质岩按成因大致可分为两类：一类是生物成因的硅质岩，如硅藻土、海绵岩、放射虫岩等；另一类是化学成因的硅质岩，如碧玉岩、燧石岩、硅华等。

C　铝质岩

铝质岩是富 $Al_2O_3$ 的岩石，并且 $Al_2O_3>SiO_2$。若 $Al_2O_3>40\%$，$Al_2O_3:SiO_2>2:1$ 即为铝土矿。铝质岩由铝硅酸盐矿物（如长石等）化学风化分解后形成的氧化铝经搬运，在海、湖盆中沉积而成，也有一部分是残积而成。铝质岩的矿物成分主要是铝的氢氧化物，包括三水铝石、一水软铝石、一水硬铝石等，并含有黏土矿物、陆源碎屑矿物，以及其他自生矿物，如菱铁矿、方解石、铁的氧化物和氢氧化物等。

铝质岩一般为灰色至深灰色或灰黄色和赭红色，外貌与泥质岩类似，但更坚硬，密度也大。常见的结构有内碎屑结构、微晶结构等。铝质岩或铝土矿按成因可分为两种类型：残余型铝质岩或铝土矿及沉积型铝质岩或铝土矿。

D　铁质岩

铁质岩是富含铁矿物的化学岩或生物化学岩。当铁矿物的含量很高，达到工业品位标准时可作为铁矿石。铁质岩中的含铁矿物有氧化铁或氢氧化铁矿物（如针铁矿和赤铁矿）、碳酸铁矿物（如菱铁矿）、硅酸铁矿物（如鲕绿泥石）和硫化铁矿物（如黄铁矿、白铁矿）。

铁质岩的常见结构类型有：内碎屑结构、胶状结构和微晶（隐晶）结构。很多铁质岩中常见由叠层石形成的所谓"肾状构造"。

铁质岩常在大陆架浅海形成。我国太古宇、元古宇地层中常含有沉积型的铁质岩（铁矿）。

E　锰质岩

锰质岩是富含锰矿物的沉积岩，具工业价值的锰质岩即为锰矿石。岩石多呈黑、黑褐、黑紫等色。有的性软，染手，呈土状；有的很硬，呈鲕状、肾状等。锰质岩多在海、湖盆边缘形成，也可在风化壳中形成。

锰质岩中常见的含锰矿物有软锰矿、硬锰矿、水锰矿、菱锰矿，也常有陆源碎屑、黏土矿物、方解石、蛋白石等混入物。锰质岩或锰矿石最常见的结构为隐晶质结构，常见的构造为鲕粒构造、豆粒构造。

F 磷质岩

几乎所有的沉积岩都含少量的磷。一般把 $P_2O_5$ 含量大于 7.8%（约相当于含 20%的磷灰石）的岩石称为磷质岩；$P_2O_5$ 含量大于 19.5%者（相当于含 50%磷灰石）称为磷块岩；$P_2O_5$ 含量小于 7.8%，但高于一般岩石者称为含磷岩。磷质岩大多数为海洋生物化学作用沉积而成。

磷质岩和磷块岩主要的磷酸盐矿物是磷灰石和胶磷矿。磷质岩一般颜色较深，多为深灰色至黑灰色。常见的结构有内碎屑结构、生物粒屑结构、非晶质结构、微晶结构及交代结构等。

G 蒸发岩

蒸发岩（evaporite）是由钾、钠、钙、镁等的卤化物及硫酸盐矿物为主要组分的纯化学沉积岩。这种岩石广泛形成于闭塞海湾、潟湖、内陆盐湖等沉积环境中。这类岩石在沉积岩中所占比例很小，但常构成重要的矿产。如青海柴达木盆地中有许多盐湖，估计盐类储量达 500 多亿吨，其中钾盐 1 亿多吨。新疆吐鲁番盆地艾丁湖是我国海拔最低的地方（-154m），为一个以芒硝为主的盐湖。

蒸发岩主要的组成矿物包括石膏、硬石膏、芒硝、苏打、天然碱、硼砂、钠硝石、钾硝石、石盐、钾石盐等。

蒸发岩多为显晶质粒状结构和纤维状结构。

H 可燃性有机岩

可燃性有机岩指由各种生物（动物、植物）遗体堆积，经过复杂变化所形成的含有碳、氢、氧、氮可燃性有机化合物的一类沉积岩，它们是非常重要的能源矿产。可燃性有机岩按照成分可分为两类：一类是碳质可燃有机岩，包括煤、褐炭、泥炭等；另一类是沥青质可燃有机岩，化学成分以碳氢化合物为主，包括石油、天然气、地蜡、地沥青等。

## 4.4 沉积岩的肉眼鉴定及命名

由于沉积岩是经沉积作用形成的，所以沉积岩大多具有层状构造，这是沉积岩的共性，也是它们最主要的特征，在鉴定时应充分注意。

在鉴定碎屑岩时，除观察颜色、碎屑成分及含量外，须特别注意碎屑的形状和大小，以及胶结物的成分。

在鉴定泥质岩时，需仔细观察它们的构造特征，如有无页理构造。

在鉴定化学岩时，除观察其物质成分外，还需判别其结构、构造，并辅以简单的化学试验，如用冷稀盐酸滴试，检验其是否起泡。加稀盐酸剧烈起泡并嘶嘶作响者，主要成分为方解石，应为石灰岩；加稀盐酸微弱起泡或不起泡者，主要为白云石组成，应为白云岩；加稀盐酸剧烈起泡后，留下泥质物质者，说明其主要成分除方解石外，还含有大量泥质（黏土矿物）成分，应为泥灰岩。

根据对上述特征的观察分析后，即可对不同沉积岩进行命名。沉积岩的一般命名方法，仍以主要矿物为准，定出基本名称，然后再结合岩石的颜色、层理规模、结构及次要矿物的含量等，定出附加名称，如灰白色中粒钙质长石石英砂岩、深灰色中厚层鲕状灰岩等。

# 5 变质作用和变质岩

通过前面的介绍，我们知道构成地壳的岩石有由岩浆作用所形成的岩浆岩，以及由外力地质作用所形成的沉积岩。除了这两大类岩石之外，地壳中还存在着第三类岩石，即变质岩（metamorphic rock），它与岩浆岩、沉积岩一样，是地壳岩石的重要组成部分。

地球上先期形成的岩石（岩浆岩、沉积岩、变质岩），随着地壳的不断演化，其所处的环境也在不断地发生着改变，为了适应新的地质环境和物理化学条件，原岩在保持固体状态的条件下，会发生矿物组成、化学成分、结构、构造等一系列的改变。这种由地球内动力作用促使岩石发生矿物成分和结构构造变化的作用称为变质作用（metamorphism）。由变质作用所形成的岩石叫变质岩。通常，把由岩浆岩变质而成的变质岩称为正变质岩，由沉积岩变质而成的称为副变质岩，把由变质岩经过再次变质而成的岩石称为复变质岩。

变质岩占地壳总体积的 27.4%。变质岩在地表的分布范围较小，主要产于地壳的较深层位，只有当地壳局部抬升并遭受剥蚀时才出露于地表。

## 5.1 变质作用的因素及类型

### 5.1.1 变质作用的因素

决定变质岩矿物组成、化学成分、结构、构造的直接控制因素是变质作用发生时的物理、化学条件，其中最为主要的因素是：温度、压力、化学活动性流体和时间。

#### 5.1.1.1 温度

温度的改变是引起岩石发生变质的最为主要的因素，温度升高有利于吸热反应、脱水反应的发生以及新矿物的生成，并且可以加快变质反应速率，高温时可导致岩石发生部分熔融和混合岩化作用。岩石发生变质作用的热源主要来自：(1) 深部地热，当构造运动将浅部岩石带到地下深部时，地热增温使原岩温度升高；(2) 放射性元素衰变，其特点是释放热量的总量大、不均匀；(3) 岩浆活动，岩浆侵入围岩时，会给围岩提供岩浆热能；(4) 岩石构造变形，在断裂作用过程中，岩石会受到机械摩擦热的影响。

岩石发生变质的温度范围一般为 150~200℃ 到 800~900℃，其下限以钠云母、叶蜡石等变质矿物的首次出现为标志；而其上限，则以岩浆作用的下限温度为界，如果温度再高则进入岩浆作用的范畴。

温度影响变质作用的方式主要包括以下三种：

(1) 岩石的重结晶作用。例如，石灰岩中隐晶质的方解石重结晶后可长成较粗大的晶体，使灰岩转变为大理岩。

(2) 促进矿物之间发生化学反应，形成新矿物。例如，叶蜡石等富铝的含羟基硅酸盐矿物在温度升高时可形成红柱石和石英，并释放出水：

$$Al_2[Si_4O_{10}][OH]_2 \longrightarrow Al_2SiO_5 + 3SiO_2 + H_2O$$

叶蜡石　　　　　　红柱石　　石英

又如，硅质石灰岩在高温（550℃）下，其中的 $SiO_2$ 和 $CaCO_3$ 可反应成硅灰石：

$$CaCO_3 + SiO_2 \longrightarrow CaSiO_3 + CO_2$$

方解石　　石英　　　硅灰石

（3）温度进一步升高，可使原岩在变质结晶的基础上发生部分熔融，其中长英质的低熔点组分发生熔融，形成熔体，引起混合岩化现象。

5.1.1.2　压力

岩石的变质作用通常是在一定的压力下进行的，这种压力根据其物理性质可分为三类：静压力、粒间流体压力和应力。

A　静压力

静压力是指各个方向相等的围压，是在地壳一定深度的岩石所承受的上覆岩层的重力，其大小随深度的增加而增大。静压力对变质反应的主要作用是使吸热变质反应发生的温度升高，并利于生成密度较高的矿物。如上述 $CaSiO_3$ 的形成反应，当压力由 $1\times10^5$Pa 升高到 $1000\times10^5$Pa 时，反应温度相应地由 470℃上升为 670℃。在下列变质反应中，由于石榴石的相对密度比橄榄石、钙长石大，因此高压条件有利于该反应的发生。

$$CaAl_2Si_2O_8 + (Fe, Mg)_2SiO_4 \longrightarrow Ca(Mg, Fe)_2Al_2[SiO_4]_3$$

| | 钙长石 | 橄榄石 | 石榴石 |
|---|---|---|---|
| 相对密度 | 2.7 | 3.2 | 3.4~4.3 |

B　粒间流体压力

变质作用过程中，岩石中的含羟基矿物发生分解，会释放出流体。这些流体充填于毛细孔和微裂隙中，成为一个独立的相，它们在较高的温度和压力条件下，具有较大的活性和一定的流体压力，可促进矿物颗粒的重结晶。

C　应力

应力是一种定向压力或剪切力，常和地壳活动带的构造运动有关。应力在一个地区的出现常具有阶段性，其强度在空间上的变化也很大，一般应力在地壳浅部较强，深部较弱。

地壳浅部岩石的变形，如板状流劈理和碎裂构造的形成，都和应力直接相关。定向压力或剪切力的作用结果往往使岩石中的矿物发生定向排列（图 5-1 和图 5-2）。

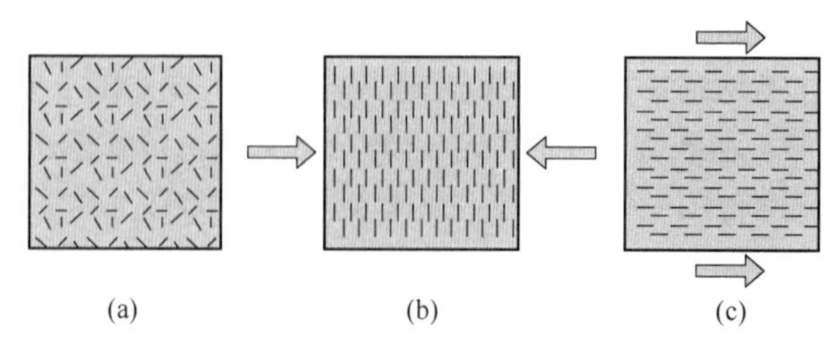


图 5-1　定向压力对岩石的改造作用

（a）无应力时，岩石中矿物呈任意分布；（b）（c）在挤压力和剪切力作用下，矿物呈定向分布

5.1.1.3　具有化学活动性的流体

化学活动性流体主要以水和二氧化碳为主，同时可富含多种金属、非金属元素，以及

(a)

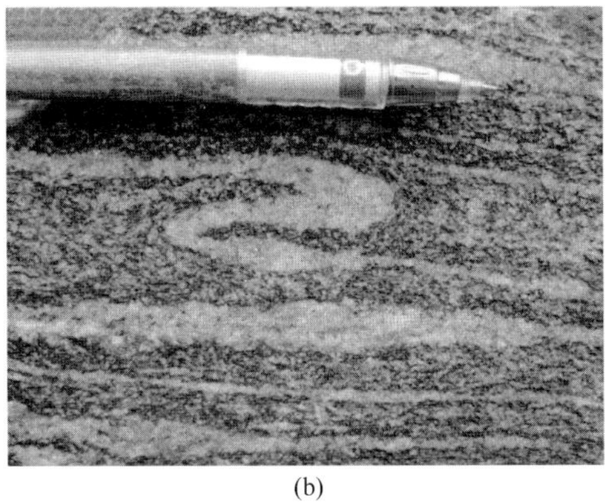
(b)

图 5-2　应力对岩石的改造作用
(a) 无应力时，岩石中矿物呈任意分布（摄于辽宁长山岛）；
(b) 在挤压力和剪切力作用下，矿物呈定向分布（摄于河南洛宁）

氟、氯、硼、磷等挥发性组分。它们在较高的温度和压力条件下，呈超临界状态，具有较大的活动性。它们既可存在于矿物颗粒之间，成为间隙溶液，也可填充在裂隙中，成为能自由流动的裂隙溶液。它们所起的作用主要有以下几个方面：

(1) 起溶剂作用，促进组分的分解和扩散，促进重结晶和变质反应的进行。

(2) 引起水化和脱水等变质反应的发生。通常高温下发生脱水，低温发生水化。如白云岩或菱镁矿等在热水作用下形成滑石：

$$\underset{\text{菱镁矿}}{3MgCO_3} + \underset{\text{石英}}{4SiO_2} + \underset{\text{热水}}{H_2O} \rightarrow \underset{\text{滑石}}{Mg_3[Si_4O_{10}][OH_2]} + 3CO_2$$

(3) 降低岩石的重熔温度。处于水饱和状态时，花岗质岩石中的低温组分在 (640±20)℃即开始重熔；而在完全不含水状态下，则需到 950℃。

5.1.1.4　时间

由于变质反应的进行往往极其缓慢，所以外界环境需要在适宜反应的条件下保持足够长的时间（一般需要几百万年），反应才得以发生。换言之，外界条件改变的速率要小于变质反应的速率，变质反应才能达到平衡。

### 5.1.2　变质作用的类型

岩石所处的地质环境不同，物理化学条件也不同，变质作用的程度及结果也会不同。根据变质作用发生的地质环境，可以将其分为五种类型：区域变质作用、接触变质作用、动力变质作用、气液变质作用和混合岩化作用。

5.1.2.1　区域变质作用

区域性的构造运动和岩浆活动引起大范围内地温梯度的提升，岩石会大面积、区域性地发生程度不等的变质作用，这种变质作用称作区域变质作用（regional metamorphism）。区域变质作用形成的岩石由于受温度的影响，重结晶作用显著，矿物成分也会发生明显变化；同时受到强烈定向压力的作用，形成的岩石常具有明显的片理构造。

区域变质作用的范围往往达数百至数万平方千米，变质岩往往呈面状分布。区域变质岩形成深度可达20km以上，代表性岩石有板岩、千枚岩、片岩和片麻岩等。

5.1.2.2　接触变质作用

岩浆在侵入围岩的过程中，会释放大量的热，同时析出部分气态或液态的流体。在这种热量和流体的作用下，围岩会发生变质结晶和重结晶作用，形成新的岩石，即接触变质岩。这种变质作用称作接触变质作用（contact metamorphism），一般形成于地壳浅部的低压、高温条件下。

在侵入体周围数米至数公里的范围内常形成接触变质晕（或接触变质带），其具体形状和规模取决于侵入体的成分、规模、产状、形态及围岩的性质。变质带不同位置变质程度不同，在平面上表现为以侵入体为中心呈环带状分布。侵入体的规模越大，变质带也越大、越宽；偏酸性、富含挥发性成分的大型侵入体与碳酸盐岩接触，形成的变质带往往比较宽，而偏基性的小型侵入体侵入于砂、页岩中，形成的变质带往往比较窄；距侵入体越近，变质程度越高，越远则变质程度越低，并逐渐过渡到未变质的岩石。

根据影响因素和方式的不同，接触变质作用可进一步细分为两种类型。

（1）热接触变质作用：指围岩在岩浆高温的影响下只发生矿物的重结晶，其化学成分未发生显著改变的变质作用。其主要控制因素是温度，压力次之。

（2）接触交代变质作用：影响因素除温度、压力之外，还有大量来自岩浆的挥发性组分参与，从而使接触带附近的侵入岩和围岩发生明显的交代作用，化学成分发生明显的改变。

5.1.2.3　动力变质作用

在构造运动所产生的应力作用下，岩石及其组成矿物发生变形、破碎，并常伴随一定程度的重结晶以及新矿物的形成，这种变质作用称为动力变质作用（dynamic metamorphism）。

根据变质环境和方式不同，动力变质作用又可分为脆性变形和韧性变质-变形两种类型。

（1）脆性变形：在地壳的浅部，岩石呈脆性，当应力超过岩石强度极限时，岩石便会发生机械破碎，产生碎裂变形，但一般不发生矿物成分的重组，不形成新矿物。代表性的岩石有构造角砾岩（tectonic breccia）和碎裂岩等。

（2）韧性变质-变形：在地壳中、深部，温度和压力较高，岩石具塑性，在断裂带中的岩石一般不会发生明显的破裂，而是以强烈韧性剪切变形或塑性流动为主，代表性的岩石是糜棱岩（mylonite）。其特征是矿物发生细粒化，并具有明显的定向构造。

发生动力变质作用的因素以机械能及其转变的热能为主，岩石主要沿断裂带呈条带状分布，构造角砾岩、碎裂岩、糜棱岩等常被用作判断断裂带存在的重要标志。

5.1.2.4　气液变质作用

由于热的气体及溶液（统称气水溶液）作用于已形成的岩石，使已有的岩石产生矿物组分、化学成分及结构构造的变化，称为气液变质作用。它可以作用于两种岩石之间或一种岩石内部，通常沿构造破碎带及矿脉边缘发育，可作为一种找矿的标志。气液变质作用又称围岩蚀变，形成的岩石称为蚀变岩。

气水溶液的来源广泛，主要包括：（1）岩浆结晶分异后析出的气水溶液；（2）变质作用过程中原岩脱水所形成的气水溶液；(3) 混合岩化过程中分泌出来的气水溶液；(4) 与地下水有关的气水溶液。

气液变质作用的种类繁多，常见的有蛇纹石化、青磐岩化、云英岩化、次生石英岩化等。

5.1.2.5 混合岩化作用

当区域变质作用进一步发展，特别是温度进一步升高时，岩石因受热而发生部分熔融，并形成小规模的长英质熔体。这些熔体沿着已经形成的区域变质岩的裂隙或片理渗透、扩散、贯入，甚至和变质岩发生化学反应，从而形成新的岩石——混合岩。这种变质作用与岩浆作用的过渡类型称为混合岩化作用 (migmatization)。混合岩化作用的发生通常有以下两种方式：

一是重熔作用，即在区域变质作用的基础上，因地壳内部热流的作用使岩石温度持续升高，当温度升高到700℃左右，在不需要外来物质的参与下，就可使一部分固态岩石发生选择性的重熔。岩石中具有低共熔点的长石和石英首先发生熔化，转变成液相，这种作用称为重熔作用。由这种作用产生的岩浆，称为重熔岩浆。重熔岩浆与已变质的岩石发生混合岩化作用，形成不同类型的混合岩。

二是再生作用，即在混合岩化过程中，有外来物质的参与，一般认为由地下深部上升的热液中富含钾、钠、硅和水等化学活动性物质，通过渗透交代作用，与已变质的岩石发生反应，使其中某些组分发生熔化。由此作用形成的岩浆，称为再生岩浆。再生岩浆与已变质的岩石发生混合岩化作用，形成各种混合岩。

实际上，上述两种方式均可存在。在区域变质作用过程中，在地下深部常伴随着重熔作用和再生作用。

## 5.2 变质岩的基本特征

变质岩是原岩在基本保持固体状态下经过改造形成的岩石。因而，变质岩不仅有自身独有的特征，还部分继承和保留了原有岩石的某些特征。

### 5.2.1 变质岩的化学成分

变质岩是原岩发生变质的产物，因此变质岩的化学成分，一方面取决于原岩性质，另一方面又与变质过程有关。一般来说，在变质岩的形成过程中，如果不伴随交代作用，变质岩的化学成分基本与原岩相同；而在伴随交代作用的情况下，变质岩的化学成分则既取决于原岩的化学成分，还取决于交代作用的类型和强度。

变质岩的化学成分主要包括下列造岩氧化物：$SiO_2$、$Al_2O_3$、$Fe_2O_3$，FeO、MnO、CaO、MgO、$K_2O$、$Na_2O$、$H_2O$、$CO_2$ 以及 $TiO_2$、$P_2O_5$等，但由于原岩类型和变质作用方式不同，部分元素可具有较大的变化范围，如 $SiO_2$、$Al_2O_3$、CaO、MgO、$K_2O$、$Na_2O$、$CO_2$ 等（表 5-1）。例如，由岩浆岩变质而成的正变质岩中，$Fe_2O_3$ 和 FeO 的含量一般低于 15%，而在由沉积岩变质而成的副变质岩中，二者可高达 30%以上（如变质铁质化学沉积岩）；正变质岩中 CaO 一般不超过 23%，而副变质岩可高达 50%以上（如变质碳酸盐岩）。因此，变质岩的化学成分是恢复其原岩性质的重要依据之一。

表 5-1　主要造岩氧化物在变质岩中的含量

| 组　　分 | 正变质岩 | 副变质岩 |
| --- | --- | --- |
| $SiO_2$ | 34%~80% | 0~95% |
| $Al_2O_3$ | <40% | 从25%到90%以上 |
| $Fe_2O_3$ 和 FeO | 一般<15% | 可高达30%以上 |
| MnO | 很低，<2% | 可高达20%以上 |
| CaO | 一般不超过23% | 可高达50%以上 |
| $K_2O/Na_2O$ | 通常<1% | 几乎总是>1%，达2%~3% |
| $P_2O_5$ | 通常<3% | 可达16%，甚至超过40% |

原岩的化学组成在变质作用过程中是否发生改变，主要取决于变质作用的方式和化学反应。交代作用、脱水及吸水作用、碳酸盐化及去碳酸盐化作用，均可使原岩组分发生变化。此外，变质岩的化学组成也与原岩组分本身的性质有关，在不同的温度、压力及流体的影响下，原岩组分会表现出不同程度的活动性，由强到弱的相对顺序为：

$$H_2O—CO_2—K_2O—Na_2O—CaO—MgO—FeO—Fe_2O_3—SiO_2—Al_2O_3$$

事实上，自然界所发生的变质作用不是严格地在封闭体系中进行的，原岩组分总是要和外界进行一定程度的交换。通常来讲，在一般的变质作用过程中，$H_2O$ 和 $CO_2$ 是活动组分，其他组分则基本保持不变或稍有变化。

## 5.2.2　变质岩的矿物组成

### 5.2.2.1　一般特征

变质岩的矿物成分，既取决于原岩类型，也与变质作用的性质和强度密切相关。因此，变质岩既具有自己独特的矿物组成，又与火成岩、沉积岩有一定成因联系，但矿物成分比后两者更为复杂多样。

变质岩的组成矿物，大致可以分为两类。一类是与岩浆岩和沉积岩共有的矿物，包括石英、长石（正长石、微斜长石和斜长石）、云母、角闪石、辉石、方解石和白云石等；另一类是变质岩所特有的矿物，主要有石榴石、红柱石、蓝晶石、阳起石、硅灰石、透闪石、矽线石、十字石、蛇纹石和滑石等，这些特有变质矿物常是鉴别变质岩的重要标志。

主要造岩矿物在三大类岩石中分布情况如表5-2所示，这些特征性矿物及其组合是岩石分类命名的重要依据。与岩浆岩、沉积岩相比，变质岩的矿物组成有如下特点：

（1）变质岩中广泛出现富铝的硅酸盐矿物，如红柱石、蓝晶石和矽线石等。

（2）变质岩中可出现富铁镁的铝硅酸盐矿物，如十字石、堇青石，而岩浆岩中则普遍可见富钾钠钙的铝硅酸盐矿物，如长石类。

（3）变质岩中可出现不含铁的镁硅酸盐，如镁橄榄石，而岩浆岩中的橄榄石成分常含铁，以贵橄榄石为常见。

（4）纯钙硅酸盐如硅灰石等为变质岩所特有。

（5）变质矿物大多生长于具有定向压力的环境中，因此岩石中的片状、柱状、针状矿物（如绿泥石、云母、角闪石、滑石、石墨等）多发生定向排列，构成变质岩的片理构造。一些针状、柱状矿物可形成特殊形态的集合体，如束状、纤维状、放射状和菊花状等。

（6）某些沉积矿物如黏土矿物、蛋白石、玉髓、石膏等，在变质岩中难以稳定存在。

**表 5-2 常见造岩矿物在各类岩石中的分布**

| 主要在岩浆岩中出现的矿物 | 主要在沉积岩中出现的矿物 | 主要在变质岩中出现的矿物 | 在三大岩类中均可出现的矿物 |
|---|---|---|---|
| 鳞石英、白榴石、歪长石、霞石、黄长石、方钠石、蓝方石、黝方石、玄武角闪石等 | 蛋白石、玉髓、黏土矿物、水铝石、海绿石、盐类矿物、卤化物矿物等 | 刚玉、石墨、红柱石、蓝晶石、矽线石、叶蜡石、十字石、堇青石、硬绿泥石、硬玉、浊沸石、方柱石、钠云母、绢云母、帘石类、葡萄石、硬柱石、绿纤石、钙铝榴石、符山石、绿泥石、阳起石、蓝闪石、滑石、蛇纹石、直闪石、硅镁石、透闪石、镁橄榄石、钙铁辉石、蔷薇辉石、硅灰石等 | 石英、碱性长石、斜长石类、白云母、黑云母、角闪石类、辉石类、橄榄石类、磁铁矿、赤铁矿、磷灰石、榍石、锆石、金红石等 |

5.2.2.2 *矿物的类型*

根据变质矿物的稳定范围，可以将其划分为：

（1）特征变质矿物。是仅稳定存在于较狭窄的温度、压力范围内的矿物，它对外界条件的变化反应很灵敏，所以常常成为变质岩形成条件的指示矿物，如红柱石、蓝晶石、矽线石等。特征变质矿物是变质岩区别于岩浆岩与沉积岩的主要标志，也是鉴定变质岩的重要依据。

（2）贯通矿物。是能在一个很大的温度、压力范围内稳定存在的矿物，如方解石、石英等。这些矿物是和岩浆岩、沉积岩共有的矿物，它们或在变质作用中形成，或者由原岩中继承而来。

按变质程度（主要是温度高低），可以将变质矿物划分为：

（1）低级变质矿物。绢云母、绿泥石、蛇纹石、滑石、钠长石等。

（2）中级变质矿物。白云母、硬绿泥石、十字石、蓝晶石、透闪石、阳起石、绿帘石等。

（3）高级变质矿物。矽线石、紫苏辉石、正长石等。

### 5.2.3 变质岩的结构和构造

变质岩的结构是指组成岩石的矿物颗粒的大小、形状以及它们之间的相互关系。构造是指岩石中各组分在空间上的排列、分布方式。

对变质岩的结构、构造进行研究有着重要的意义。变质岩的结构、构造可以反映变质岩的形成过程，变质作用的类型、因素、方式以及变质的程度，如动力变质作用形成的岩石常具有碎裂结构。结构构造的研究还可以为原岩恢复提供重要的依据，如变质火山岩常具变余杏仁构造。另外，变质岩的结构构造可作为变质岩命名的依据，如具片麻构造的岩石的命名为片麻岩。

变质岩的结构构造特征也与岩浆岩及沉积岩一样，对岩石的水文和工程性能有着极大的影响。大部分变质岩都是在一定应力的条件下形成的，因此形成了变质岩所特有的板状、千枚状、片状、片麻状构造以及碎裂结构等。这些构造及相应的结构特征可以使岩石的强度减弱，并且使岩石的力学性质具有明显的各向异性及不均匀性，造成不良的工程地质条件，甚至诱发地质灾害。例如，在断裂带或片理发育的千枚岩、片岩地区，很容易发生严重的塌方、滑落现象。

5.2.3.1　变质岩的结构

变质岩的结构按成因分为四类，即变晶结构、变余结构、交代结构和变形结构，其中最常见的是变晶结构。

A　变晶结构

变晶结构（crystalloblastic texture）是原岩在变质过程中基本保持固态下结晶形成的。该变质作用形成的晶粒称为变晶，变晶多呈定向排列。

与岩浆岩的结晶结构不同的是：变晶结构中的晶体的生长几乎是同时进行，所以变晶多为它形或半自形晶。变晶结构的岩石中矿物的自形程度并不取决于结晶顺序，而受控于矿物自身的结晶能力。结晶力强的矿物，自形程度较好，如石榴石、红柱石等；结晶力弱的矿物，自形程度较差，如石英、长石、方解石等。根据这些方面的特征，还可对变晶结构进行进一步的划分。

（1）根据变晶的颗粒大小可分为：粗粒变晶结构（主要矿物粒径大于3mm）、中粒变晶结构（主要矿物粒径1~3mm）、细粒变晶结构（主要矿物粒径0.1~1mm）和显微变晶结构（主要矿物粒径小于0.1mm）。

同一岩石中如果矿物粒径大小大致相等，矿物间镶嵌紧密，不具方向性排列，称为等粒变晶结构（图5-3），如石英岩、大理岩具有此种结构；如粒径大小不等但呈连续变化，称为不等粒变晶结构；如粒径大小相差悬殊，明显分为两类，可称为斑状变晶结构，其中粗大者称为变斑晶。变斑晶矿物多数是结晶能力强的矿物，如石榴石、电气石、蓝晶石等。片岩常具有变斑晶结构。

（2）根据变质岩中矿物晶形的完整程度和形状，可以分为鳞片变晶结构（如云母片岩、绿泥石片岩等）、纤状变晶结构（如阳起石、透闪石、硅灰石等）和粒状变晶结构（如石英、长石等）等（图5-3）。

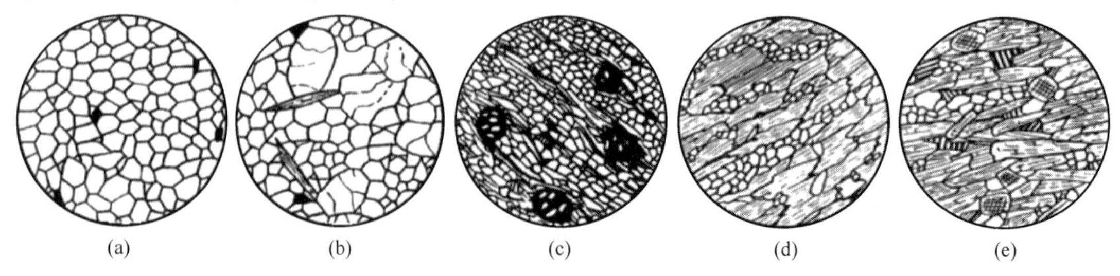


图5-3　变晶结构
（a）等粒变晶结构；（b）不等粒变晶结构；（c）斑状变晶结构；
（d）鳞片变晶结构；（e）纤状变晶结构

B 变余结构

岩石在变质过程中，由于变质作用进行不彻底，部分保留了原岩中的矿物成分和结构特征，这种结构称为变余结构（palimpsest texture）。

变余结构通常存在于变质程度较低的岩石中，但在变质程度较高的岩石中，由于温度、压力分布不均等方面的原因，也会出现变余结构。变余结构的命名通常是在原岩结构名称之前加前缀“变余”二字，如正变质岩可具有变余辉绿结构、变余花岗结构、变余凝灰结构、变余斑状结构等；副变质岩可具有变余砾状结构、变余砂状结构等。变余结构对于判断原岩类型具有重要的指示意义。

C 交代结构

在变质作用过程中，由于化学活动性流体的参与，导致出现物质成分的带入和带出，使原有矿物被取代、消失，同时形成新矿物，该过程形成的结构称作交代结构（replacement texture）。根据矿物形态的不同，可将其分为交代假象结构、交代蚕食结构、交代岛屿结构、交代蠕虫结构、交代穿孔结构和交代净边结构等（图 5-4）。

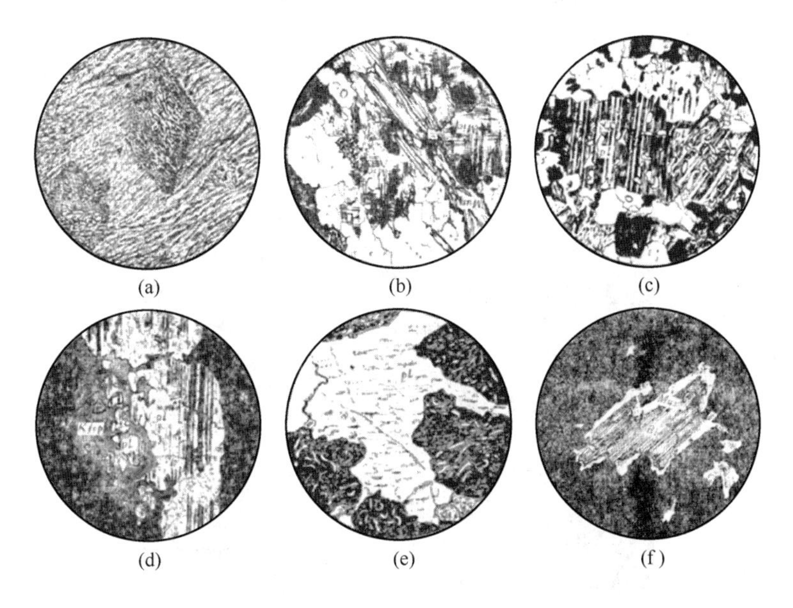


图 5-4 交代结构
（a）交代假象结构；（b）交代蚕食结构；（c）交代穿孔结构；
（d）交代岛屿结构；（e）交代蠕虫结构；（f）交代净边结构

D 变形结构

由于动力变质作用的定向压力使岩石发生破裂、弯曲或磨成碎屑、岩粉所形成的结构，称为变形结构（defermational texture）。根据碎裂程度可分为：

（1）压碎角砾结构。当原岩矿物颗粒细小，且受到极轻微破碎时，可形成角砾状的岩石碎块。

（2）碎裂结构。岩石多数矿物具有裂纹或其边缘被碾细，但仍保留矿物原有形状的结构。

(3) 碎斑结构。岩石破碎强烈时，在粉碎的极细颗粒中还残留较大的矿物碎粒，很像“斑晶”，称为碎斑结构。

(4) 糜棱结构。当应力十分强烈时，矿物颗粒几乎全部破碎成微粒状，且微粒具明显定向性，表现似流动构造，微粒间残留少量稍大的刚性矿物碎块，但常被改造成眼球状。

#### 5.2.3.2　变质岩的构造

变质岩中常见的构造有片理构造、块状构造和变余构造三大类，其中片理构造是变质岩最特征的构造。

##### A　片理构造

岩石中的片状、板状或柱状矿物，如云母、角闪石等，在定向压力的作用下形成或重结晶，并沿着垂直压力方向呈平行排列所形成的构造，称为片理构造。顺着平行排列的面，可把岩石劈成片状，称为片理。根据片理形态可分为以下几种：

(1) 板状构造 (slaty structure)。是变质最浅的一种片理，岩石外观呈平坦的板状，沿板理方向极易劈裂，故又称板状劈理。

原岩多为泥质岩石、黏土质粉砂岩和中酸性凝灰岩。岩石板面上光泽微弱，常具有变余泥质结构。矿物颗粒细小，难以辨认，重结晶作用不明显。具有这种构造的岩石称为板岩 (图5-5)。

图5-5　板状构造

(2) 千枚状构造 (phyllitic structure)。原岩性质与板岩类似，但岩石中各组分已基本上全部重结晶，而且矿物已有初步的定向排列。但粒度细小而使得肉眼不能分辨矿物颗粒，仅在岩石的自然破裂面上见有强烈的丝绢光泽，这是由于鳞片状绢云母平行排列形成的。具有这种构造的岩石称为千枚岩 (图5-6)。

(3) 片状构造 (schistose structure)。变质岩最为常见、最典型的一种构造。其特点是岩石中所含的大量片状 (如云母、绿泥石、滑石、石墨等) 和粒状矿物均定向排列 (图5-7)。它是岩石组分在定向压力下产生变形、转动或受应力影响发生溶解、再结晶而成，岩石中各组分已全部重结晶，而且肉眼可以分辨出矿物颗粒。具有这种构造的岩石称为片岩。

图 5-6 千枚状构造（北京科技大学地质陈列室藏）

图 5-7 片状构造（北京科技大学地质陈列室藏）

（4）片麻状构造（gneissic structure）。矿物的重结晶程度非常高，颗粒粗大，以粒状矿物为主，少量定向排列的片状、柱状矿物在岩石中呈断续分布。在岩石外观上，构成一种黑白相间的断续条带状构造（图 5-8）。片麻状构造可以看成一种特殊的片理构造，具有这种构造的岩石称为片麻岩。

图 5-8 片麻状构造（摄于内蒙古赤峰）

（5）眼球状构造（augen structure）。在具片麻状构造的岩石中，很多长石、石英等浅色矿物呈眼球状、透镜状或扁豆状单晶或集合体分布于片理中，称为眼球状构造

(图5-9)，为眼球状混合岩所具的构造。

图5-9 眼球状构造

(6) 条带状构造 (banded structure)。岩石中长石、石英等浅色粒状矿物与暗色矿物分别集中，呈宽窄不同的条带不均匀地相间排列，即为条带状构造 (图5-10)。

此种构造极似片麻状构造。但条带状构造条带界线清楚，并有连续性。混合岩常具有这种构造。

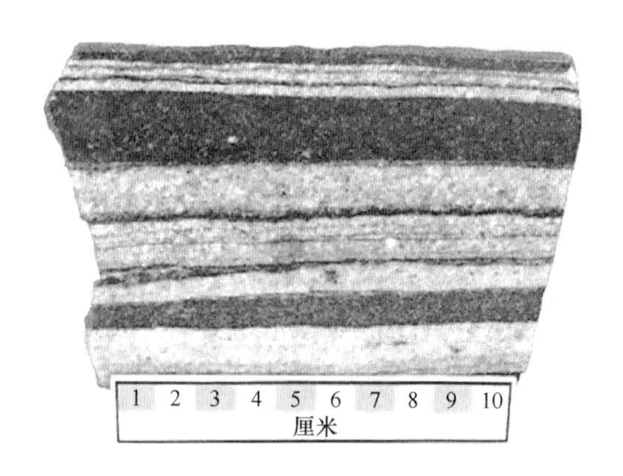


图5-10 条带状构造 (中国地质大学岩矿教研室藏)

B 块状构造

块状构造 (massive structure) 岩石主要由粒状矿物组成，矿物颗粒均匀分布，无定向排列 (图5-11)。它是由于岩石受到温度和静压力的联合作用，在定向压力不显著的情况下形成的。石英岩、大理岩等常具有这种构造。

C 变余构造

变质岩中保留下来的原岩构造，称为变余构造。如变余气孔构造、变余层理构造、变余泥裂构造等，其中以变余层理构造最为普遍。在浅变质岩中可以见到各种变余构造，其是恢复原岩类型和产状的重要标志。

图 5-11 块状构造（摄于山西左权）

# 5.3 变质岩的分类及特征

## 5.3.1 变质岩的分类

原岩类型和变质作用性质是变质岩分类的两个主要基础，但原岩类型的复杂性和多样性，给变质岩的分类带来了许多困难。因此，目前一般是按变质作用类型或成因，把变质岩分为五个大类，包括区域变质岩、接触变质岩、动力变质岩、混合岩和气-液变质岩（表 5-3）。

**表 5-3 变质岩分类简表**

| 岩　类 | 典型岩石 | 构造特征 | 变质作用 |
|---|---|---|---|
| 区域变质岩 | 板岩 | 板状 | 区域变质作用 |
| | 千枚岩 | 千枚状 | |
| | 片岩 | 片状 | |
| | 片麻岩 | 片麻状 | |
| | 大理岩、石英岩 | 块状 | |
| 接触变质岩 | 大理岩、石英岩、角岩、斑点板岩、矽卡岩 | 块状 | 接触变质作用 |
| 动力变质岩 | 角砾岩、碎裂岩、糜棱岩 | 角砾状 | 动力变质作用 |
| 混合岩 | 混合岩 | 条带状、眼球状 | 混合岩化作用 |
| 气-液变质岩 | 蛇纹岩、青磐岩、云英岩、次生石英岩 | 块状、斑点状 | 气-液变质作用 |

## 5.3.2 各类变质岩的特征

### 5.3.2.1 区域变质岩类

区域变质岩是区域变质作用的产物。常见的区域变质岩有板岩、千枚岩、片岩、片麻岩、角闪岩、变粒岩、麻粒岩、榴辉岩、石英岩和大理岩等，这些岩石的主要特征如下。

A　板岩

板岩（slat）是泥质、粉砂质、部分中酸性凝灰质岩石的低级变质岩，原岩矿物成分基本没有重结晶，以具有板状构造为特征。

岩石颜色多为灰至黑色，多具有变余结构，有时具变晶结构，板状构造。岩石均匀致密，矿物颗粒用肉眼难以识别，板理面上可有少量绢云母、绿泥石等新生矿物，具微弱丝绢光泽，敲击时可发出清脆声。板岩可劈开成板，作为屋瓦、铺路等建筑材料。

板岩类可根据它的颜色或所含杂质的不同进一步详细划分及命名，如炭质板岩、钙质板岩、凝灰质板岩等。

B　千枚岩

千枚岩（phyllite）是黏土质、粉砂质和一部分中基性火山岩与火山碎屑岩经低级区域变质作用形成的岩石，以具有千枚状构造为特征，其变质程度比板岩略高。

岩石颜色可为黄、绿、浅红、蓝灰等色。一般为细粒鳞片变晶结构、千枚状构造，具有强烈的丝绢光泽和微细的小皱纹，容易裂成薄片。主要由很细小的绢云母、绿泥石、石英等矿物组成。

C　片岩

片岩（schist）是超基性岩、基性岩、各种火山凝灰岩、含杂质的砂岩、泥灰岩、黏土岩经中级变质作用形成的岩石，以具有片状构造为特征，其变质程度比千枚岩高。

颜色有黑、灰黑、绿、浅褐等色。具鳞片变晶结构、片状构造，主要由片、柱状矿物（大于30%），如云母、绿泥石、滑石、石墨等组成，矿物定向排列，含有少量石英、长石、石榴石等粒状矿物。根据矿物组成可细分为：云母片岩、绿泥片岩、滑石片岩、蛇纹石片岩、角闪片岩、石英片岩、绿片岩、蓝片岩等。

D　片麻岩

片麻岩（gneiss）是泥质岩、粉砂岩、砂岩和酸性、中酸性岩浆岩或火山碎屑岩经较深程度的变质作用形成的岩石，以具有片麻状构造为特征。

颜色多为灰和浅灰色。具中至粗粒变晶结构，片麻状、条带状构造。主要组成矿物包括长石、石英等粒状矿物，以及黑云母、角闪石、辉石等片柱状矿物。特点是长英质矿物含量大于50%，且长石多于石英。

片麻岩广泛分布于古老大陆地壳的前寒武纪结晶基底，或各时代造山带内的变质带中。

E　变粒岩

变粒岩是含杂质的泥质灰岩、钙质粉砂岩等经区域变质作用形成的岩石。

岩石中长英质的粒状矿物含量大于70%，且长石大于25%，片柱状矿物含量介于10%~30%之间。与片麻岩的区别是片柱状矿物含量较少，片麻理不是很清楚，且具特征的细粒等粒它形粒状变晶结构。

F　大理岩

大理岩（marble）是较纯的石灰岩和白云岩在区域变质作用下，由于重结晶而形成的岩石，也有部分大理岩是在热接触变质作用下形成的。

岩石一般为白色，因含杂质不同，可有灰、绿、黄色等。一般为等粒变晶结构、块状构造。主要由方解石和白云石组成，碳酸盐矿物含量占50%以上，此外常含各种钙镁硅酸盐及铝硅酸盐矿物，如硅灰石、滑石、透闪石、透辉石、斜长石、石英、方镁石等。大理岩以我国云南大理地区盛产该类岩石而得名，质地致密的白色细粒大理岩又称为“汉白玉”。

G 石英岩

石英岩（quartzite）是石英砂岩或其他硅质岩石在区域变质作用或接触变质作用条件下经重结晶作用形成的岩石。

一般呈白色或灰白色，具等粒状变晶结构，多呈块状构造，有时可具条带状构造。矿物成分主要为石英，其含量大于85%，其次为长石、绢云母、绿泥石、白云母、角闪石等。

根据所含杂质和原岩类型的不同，可分为纯石英岩（石英含量大于90%）、长石石英岩、磁铁石英岩等。

石英岩分布广泛，可作建筑材料和玻璃原料。含铁品位高并具有一定规模的磁铁石英岩可作铁矿床开采利用。

5.3.2.2 接触变质岩

接触变质岩是原岩经热接触变质作用或接触交代变质作用形成的岩石，代表性岩石有大理岩、石英岩、角岩、斑点板岩及各类矽卡岩。前已述及，大理岩、石英岩亦可由区域变质作用形成，并且由区域变质作用形成的这两类岩石与接触变质成因者在岩石特征上没有明显的区别。因此，本部分重点对角岩、斑点板岩及矽卡岩进行介绍。

A 角岩

角岩（hornfels）是页岩等富含泥质的岩石在温度较高而压力不高的条件下形成的变质较强的热接触变质岩。

该类岩石硬度大，为致密微晶质。颜色常为暗色，具有灰黑色、黑褐色、肉红色等色调。岩石具块状构造，有的呈斑状变晶结构。矿物成分有长石、石英、云母、堇青石、红柱石、石榴石等变质矿物，这些矿物除形成较大的变斑晶外，通常在手标本上无法辨认，必须借助于显微镜观察。变斑晶一般在肉眼下能够辨认，常为堇青石和红柱石。角岩如能识别出其中变斑晶矿物，即可以变斑晶矿物来命名，如红柱石角岩；如变斑晶不能辨认，可称为斑点角岩；看不到斑晶的称为角岩。

B 斑点板岩

斑点板岩（spotted slate）是泥质、粉砂质沉积岩及部分中酸性凝灰岩等受热接触变质而成的岩石。

原岩矿物重组合不明显，也没有明显的重结晶现象，新生矿物少，仍以隐晶质为主，仅见少量的石英、绢云母、绿泥石等呈斑点状散布，构成斑点（瘤状）板岩，结构一般为变余泥状结构，构造为由矿物微粒聚集成斑点构造及板状构造。

C 矽卡岩

矽卡岩（skarn）主要是由中酸性侵入岩与钙镁质碳酸盐类岩石（石灰岩或白云质石灰岩）接触时，经接触交代变质作用形成的一类岩石，有时当侵入岩与火山岩（凝灰岩等）接触时，也能形成矽卡岩类岩石。矽卡岩可分为钙质矽卡岩及镁质矽卡岩。

（1）钙质矽卡岩：即通称的矽卡岩，主要由石榴石（钙铝石榴石—钙铁石榴石系列）、辉石（透辉石—钙铁辉石系列）等组成。常为暗绿色或暗棕色等，少数矽卡岩由于含硅灰石等浅色矿物较多，外观为浅灰色。结构常呈典型的不均匀粒状变晶结构，或纤状变晶、斑状变晶及包含变晶结构。构造一般为块状或斑杂状，少数情况下，由于顺层交代可呈条带状或角砾状。

（2）镁质矽卡岩：当花岗岩体或伟晶岩与白云岩接触时，经接触交代变质作用可形成镁质矽卡岩。主要由镁橄榄石、尖晶石和金云母组成。

矽卡岩常和许多金属矿、非金属矿密切相关，如我国湖北的大冶铁矿、安徽的铜官山铜矿等。这类岩石的出现常被认为是一种重要的找矿标志。

5.3.2.3 混合岩

混合岩（migmatite）是在地壳的较深部位，由混合岩化作用形成的、由浅色花岗质矿物和暗色铁镁质变质岩共同组成的一类宏观上不均匀的复合岩石（图 5-12）。

图 5-12 混合岩

混合岩中花岗质或长英质的浅色部分称作脉体，代表在混合岩化作用过程中由于注入、交代或重熔作用而形成的新生物质。铁镁质的暗色部分称作基体，代表原来变质岩的成分。

岩石的矿物组成和结构、构造常不均匀，随混合岩化作用的程度不同而有所不同。混合岩化作用较弱的混合岩，明显分出脉体和基体两部分，条带状构造明显。随着混合岩化作用增强，脉体与基体的界线逐渐消失，形成类似花岗质岩石的混合岩。

按结构构造特点的不同，混合岩分为角砾状混合岩、条带状混合岩、眼球状混合岩、肠状混合岩等（图 5-13）。

5.3.2.4 动力变质岩

动力变质岩是在强烈地壳错动带内的各种岩石，在不同性质应力影响下，发生破碎、变形和重结晶等作用而形成的岩石。包括构造角砾岩、碎裂岩、糜棱岩等。

A 构造角砾岩

构造角砾岩（tectonic breccia）又称压碎角砾岩或断层角砾岩，是原岩在应力作用下

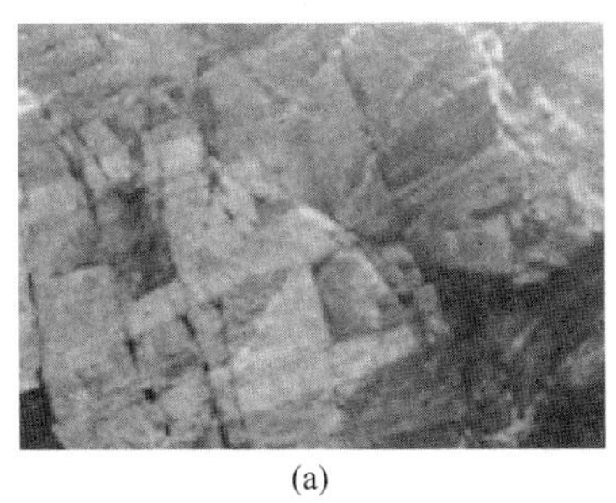
(a)

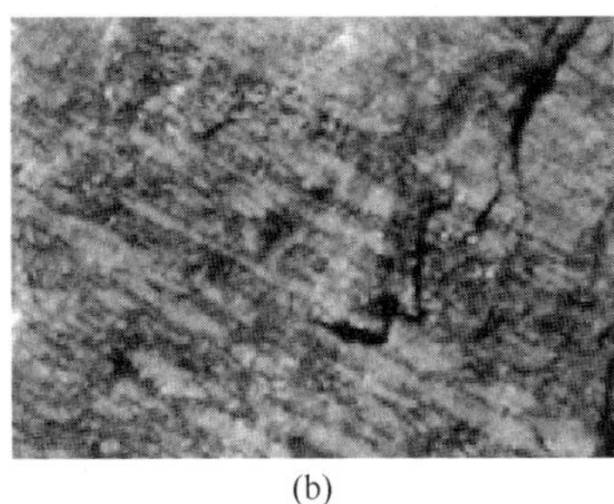
(b)

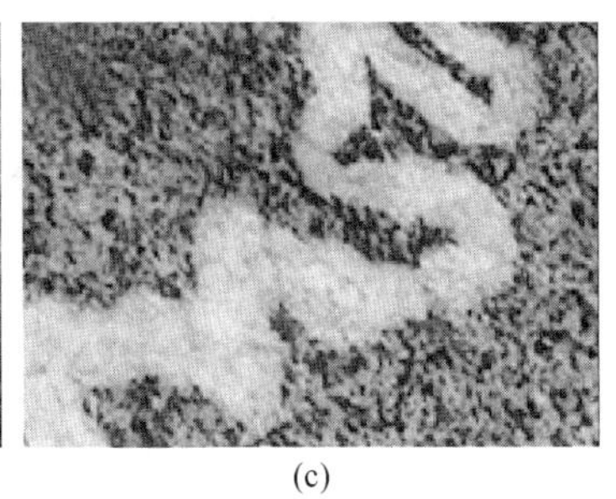
(c)

图 5-13 不同构造特征的混合岩
（a）条带状混合岩；（b）眼球状混合岩；（c）肠状混合岩

破碎成角砾状，又被破碎细碎屑充填胶结，或由部分外来物质胶结形成的岩石。角砾（碎块）内部结构未受影响，而角砾之间由粉碎的岩石细屑、次生的铁质、硅质等基质组成，基质含量为 0~10%，起胶结作用。

如果角砾在变形过程中受到磨圆则称为构造砾岩。构造砾岩的基质往往是显著片理化的。如果角砾在变形过程中被压扁、拉长，大小比较相近，胶结物主要是原岩的碾碎物质，称为压扁角砾岩。

构造角砾岩是动力变质岩中碎裂程度中等的岩石，在断层破碎带广泛分布。

B 碎裂岩

碎裂岩（cataclastic rock）以压碎、变形作用为主，它与构造角砾岩的区别在于其碎裂化程度较高。

在应力作用下，岩石沿扭裂面破碎，方向不一的碎裂纹切割岩石而使岩石具碎裂结构，碎块间裂隙中常为磨碎的碎基，含量占 50%~90%。具碎斑结构，粗粒的碎斑为 0.5~2mm，有时为次生的铁质、硅质、碳酸盐充填，岩石中对应力敏感的矿物显示各种形变和压碎现象，如石英的波状消光、长石双晶弯曲、碎块边缘碎粒化。

C 糜棱岩

糜棱岩（mylonite）是粒度比较小的强烈压碎岩，是动力变质岩中最主要类型之一。岩性坚硬，具明显的带状、眼球纹理构造。在带状构造的不同条带中，矿物粒度、成分及颜色都有所差异，它是在压碎过程中，由于矿物发生高度变形移动或定向排列而成。在受压碎较弱的部分，残留有较大的眼球状矿物，这些残留矿物多已发生碎裂、形变，晶粒边缘已经磨碎或圆化。岩石往往伴随有重结晶或少量新生矿物形成，如绢云母、绿泥石及绿帘石等。

#### 5.3.2.5 气液变质岩

气液变质岩是气液变质作用（围岩蚀变）形成的蚀变岩。常见的蚀变岩有蛇纹石化作用形成的蛇纹岩、青磐岩化作用形成的青磐岩、云英岩化作用形成的云英岩、次生石英岩化作用形成的次生石英岩等。

A 蛇纹岩

蛇纹岩（serpentinite）是超基性（富镁质）岩石经气液交代作用而形成的蚀变岩，主要是橄榄石和部分辉石转变成各种蛇纹石。

蛇纹岩常呈暗灰绿色、墨绿色或黄绿色，色调常不均匀，以蛇皮花纹而得名。蛇纹岩的矿物成分简单，主要由各种蛇纹石组成，包括叶蛇纹石、纤蛇纹石、胶蛇纹石、绢石及石棉等。蛇纹岩常为纤维或鳞片状变晶结构、网环结构及变余全自形粒状结构等，构造则多为块状、带状、片状、透镜状及角砾状构造等。按蛇纹石种类的不同，可分为三种类型：纤维蛇纹岩、叶蛇纹岩、复杂成分的蛇纹岩。

有些金属，如 Cr、Ni、Co、Pt 等，主要赋存于超基性岩中，常与蛇纹岩关系密切。蛇纹岩化过程中可形成石棉、滑石、菱镁矿等非金属矿床，蛇纹岩本身也可作为化肥原料。

B 青磐岩

青磐岩（propylite）是中基性火山岩及火山碎屑岩经气液变质作用形成的、外貌为绿色的块状岩石。岩石多呈灰绿、黑绿色，中细粒变晶结构，有时为纤状变晶结构。常具有变余斑状、变余火山碎屑结构等。其构造为块状、斑杂状及角砾状等。随青磐岩化作用的不同，青磐岩中常出现特殊且固定的矿物组合，如阳起石—绿帘石—钠长石组合、绿帘石—绿泥石—钠长石组合、绿泥石—碳酸盐组合等。

青磐岩常与低温的金属矿脉相伴生，在金、银矿脉旁最为常见。在斑岩型铜、钼、金矿床中也常发育青磐岩化蚀变。青磐岩常被用作这些矿产的找矿标志。

C 云英岩

云英岩（greisen）是酸性侵入岩或长英质岩石在高温气液作用下发生蚀变的产物。

岩石多为浅灰色、浅灰绿或浅粉红，中粗粒粒状变晶结构、鳞片花岗变晶结构，块状构造。矿物成分以石英、白云母、萤石、黄玉及电气石为主，可见晚期叠加蚀变矿物如绿泥石、绢云母、水云母及高岭石等。岩石中主要矿物含量变化很大，石英常大于50%，甚至达到90%以上；白云母含量一般40%～50%；电气石、黄玉及萤石总量一般不超过20%～30%。当一种矿物占优势时，可形成单矿物岩。

云英岩化常与钨、锡、钼、铋、铌、钽、铍、锂等矿化有关。

D 次生石英岩

次生石英岩是酸性、中性火山岩或火山碎屑岩在近地表的浅处，受火山喷出的热气或热液的影响交代蚀变而形成的岩石。一般呈浅灰、暗灰或灰绿色，结构为细粒到隐晶质，具显微鳞片变晶结构、细粒粒状变晶结构以及变余斑状结构，构造为致密块状，常具变余流纹构造。矿物成分除石英和绢云母外，通常含有红柱石、刚玉、明矾石、叶蜡石、高岭石、水铝石及黄玉等，次要的矿物包括蓝线石、黄玉、电气石和黄铁矿、赤铁矿、自然硫、金红石等。

## 5.4 变质岩的肉眼鉴定和命名

基于对变质岩结构、构造和矿物成分的观察，可以对其进行简单的肉眼鉴定。在矿物成分中，应特别注意变斑晶矿物，以及那些为变质岩所特有的矿物，如石榴石、十字石、红柱石、硅灰石等。

根据构造特征的不同，可将变质岩划分为两个大类：一类是具有片理构造的岩石，其中包括片麻岩、片岩、千枚岩和板岩；另一类是不具片理构造的块状岩石，主要包括角岩、石英岩、大理岩和矽卡岩。

鉴定具片理构造的岩石时，首先根据片理构造的类型，将岩石分为板岩、千枚岩、片岩、片麻岩等大类，然后根据变质矿物进一步定名：如片岩中有石榴石呈变斑晶出现，可定名为石榴石片岩；若滑石、绿泥石含量较多，则称为绿泥石或滑石片岩。

对块状岩石，则结合其结构和成分特征来鉴别：如含较多石榴石的矽卡岩，可称为石榴石矽卡岩；如含较多硅灰石的大理岩则可称为硅灰石大理岩。

## 5.5　岩石的演变

地球上存在的岩浆岩、沉积岩、变质岩都是在特定的地质条件下形成的，各自有其特殊的形成机制和岩石特征。在地球的形成、演化过程中，三大岩石类型在成因上存在着非常紧密的联系。

在地球形成的早期，岩浆活动十分强烈，地壳中首先出现的岩石是由岩浆凝固而成的岩浆岩。自大气圈和水圈出现以来，各种外力因素开始对地表岩石进行破坏，并出现沉积作用，形成沉积岩。沉积岩和岩浆岩可以通过变质作用过程形成变质岩。变质岩和沉积岩由于地壳运动进入地下深处后，在高温、高压条件下又会发生熔融形成岩浆，后经结晶作用而形成岩浆岩。因此，在地球的岩石圈内，三大岩类始终处于生成、消亡的动态演化过程之中。

图 5-14 表示了各种地质作用与三大类岩石演变的相互关系。其中构造运动是地球内力作用重要的表现形式。它可使地下深处的侵入岩和变质岩上升到地表而遭受破坏，也可使地表岩石进入地壳深部而产生变质。同时，构造运动对岩浆的形成和上升也有重要影响。

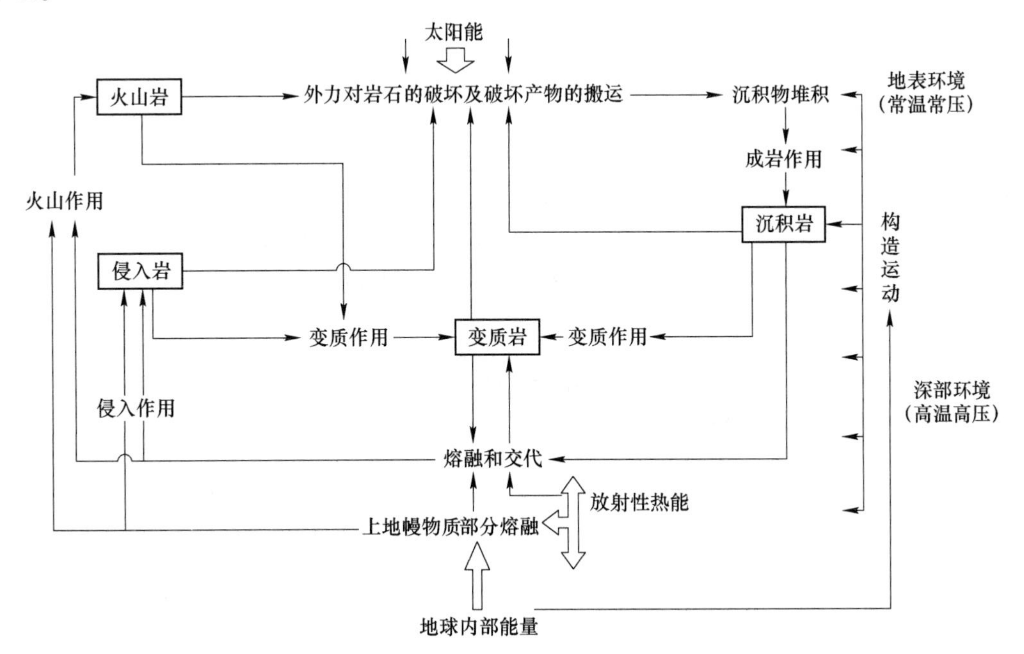


图 5-14　各种地质作用的关系及三大类岩石演化

## 本篇习题

1. 地球内部分为几个圈层，其界面分别是什么？
2. 请说明板块构造的概念。
3. 板块边界的类型分为哪几种？
4. 晶体和非晶体的区别是什么？
5. 晶体主要具有哪些性质？
6. 列举晶体的 7 个晶系，并指出其所属的晶族。
7. 为什么要采用矿物的条痕色作为矿物鉴定的依据？
8. 列举莫氏硬度的标准矿物。
9. 说出类质同象的概念，并举一个实例。
10. 说出同质多象的概念，并举一个实例。
11. 岩石可以划分为哪三个大类？
12. 岩浆岩根据 $SiO_2$ 含量的高低，可以分为哪几类？
13. 岩浆岩根据产状，可以分为哪几类？
14. 岩浆岩典型的结构、构造有哪些？
15. 沉积岩可以划分为哪几类？请分别举一个实例。
16. 沉积岩典型的结构、构造有哪些？
17. 影响变质作用的因素有哪些？
18. 变质岩可以分为哪几大类？
19. 变质岩典型的结构、构造有哪些？
20. 岩石在变质过程中会发生哪些变化？

## 思考题

1. 为什么自然界只存在 1 次、2 次、3 次、4 次、6 次对称的晶体，是否有可能存在 5 次对称的晶体？（提示：要回答这一问题，可以参考并自学“准晶体”的概念）
2. 根据你所学习的矿物学知识，如何区分石英、方解石、斜长石这三种颜色相近的常见矿物？可以使用小刀、稀盐酸、放大镜。（提示：根据上述矿物的硬度、解理、断口、光泽、化学成分等进行区分）
3. 是否有可能存在沉积岩和变质岩之间的过渡岩石类型，是否有可能存在变质岩和岩浆岩之间的过渡岩石类型？（提示：可自学更多关于“成岩作用”和“混合岩化”的相关知识）
4. 为什么有些喷出岩具有气孔构造，而有些则没有？（提示：你认为岩浆岩形成气孔构造的必要条件有哪些？）
5. 金刚石和石墨是同质多象变体矿物，金刚石在高压下稳定，而石墨在低压条件下稳定。那么，为什么我们购买的钻石可以稳定存在，而不会在我们手上转变成石墨？（提示：关于金刚石矿床形成，可自学并参考“金伯利岩”相关知识）

# 第2篇

# 矿石及成矿作用

## 6 与矿石有关的基本概念

矿石学研究的对象是矿石，矿石的矿物组成、粒度大小、矿物间的相互关系等均与其形成过程有关，因此为了更好地理解矿石的工艺特征、矿体的形态、围岩与矿体的空间关系、矿体和围岩的力学性质等，我们需对矿石的形成过程和相关的概念进行学习。

### 6.1 矿　　石

#### 6.1.1 矿石的概念

矿石（ore）是一种特殊的岩石，是指在现有经济、技术条件下能够被开采、加工利用，并产生经济效益的矿物集合体。矿石由矿石矿物和脉石矿物两部分组成。

（1）矿石矿物（ore mineral）：矿石中能被利用并产生经济价值的金属或非金属矿物。

（2）脉石矿物（gangue mineral）：矿石中暂不能被利用和产生经济价值的金属或非金属矿物。

图6-1（a）为西藏罗布莎铬铁矿床的矿石，其中黑色部分为铬铁矿，浅色部分主要由橄榄石组成，铬铁矿为矿石矿物，而橄榄石为脉石矿物。图6-1（b）为矽卡岩型铜矿石的反光镜下照片，其中黄色部分为黄铜矿，是该矿石的主要矿石矿物，而深灰色部分为石榴石，为脉石矿物。矿石矿物和脉石矿物是相对的概念，其与多种因素有关，矿石矿物和脉石矿物可以在一定的经济和技术条件下相互转换。例如，对大多数金属硫化物矿床来说，黄铁矿都是脉石矿物，但对用来制作硫酸的硫矿石来说，黄铁矿是矿石矿物。另外，假如某金矿石中金含量约2g/t，若其中有一半的金是以自然金形式存在于石英中，另一半是在黄铁矿中以不可见金的形式存在（现在技术条件下由于成本过高而不能被利用），那么对该矿石来说，黄铁矿仍为脉石矿物；但若选冶技术取得进展，其中的金可以经济地回收利用时，这时黄铁矿即从脉石矿物变为矿石矿物。

#### 6.1.2 矿石的分类

矿石的分类方案很多，通常可根据矿石中所含的有用元素或直接被利用的矿石矿物名

(a)

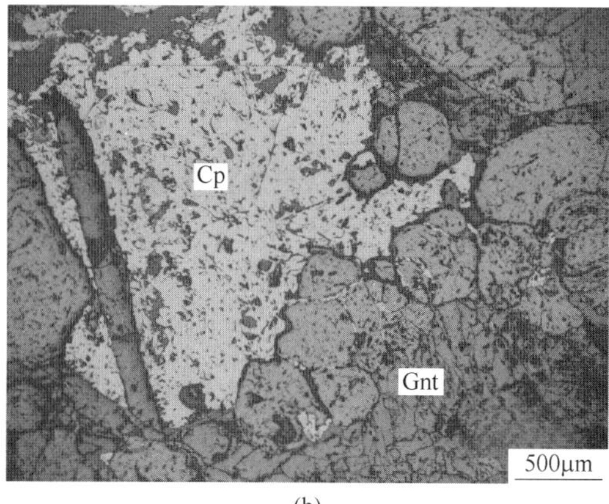


(b)

图6-1　矿石的手标本和显微镜下照片

(a) 铬铁矿石的手标本照片（西藏罗布莎铬铁矿床）；(b) 铜矿石的反光镜下照片（内蒙古红岭铅锌矿床）

Chm—铬铁矿；Ol—橄榄石；Cp—黄铜矿；Gnt—石榴石

称来命名矿石的类型。我们常说的铜矿石、铁矿石、锰矿石、铅矿石、锌矿石、云母矿石、石棉矿石、黏土矿石等，就是依据其中可利用的有用组分来命名的。一般把只提供一种元素或可利用矿物的矿石称为简单矿石，而能提供一种以上有用元素或可利用矿物的矿石叫作综合矿石，如铜钼矿石、铅锌矿石、石英云母矿石等。随着矿石综合利用技术的提高，今后会有越来越多的简单矿石转变为综合矿石。

在上述各类矿石之中，能提供金属元素的叫作金属矿石，能提供非金属元素或有用矿物的叫作非金属矿石。此外，还可按其是否受到风化作用以及风化作用的程度，将矿石分成原生矿石、半氧化矿石、氧化矿石以及次生富集矿石等。

### 6.1.3　矿石的品位

矿石的品位（ore grade）是指矿石中有用组分的单位含量，是衡量矿石质量好坏的重要依据。矿石的品位包括边界品位和工业品位两类。

（1）工业品位（economic grade/average grade）是指工业上可利用的矿段或矿体的最低平均品位。

（2）边界品位（cutoff grade）是指圈定工业矿体与围岩界线的最低品位。

对矿石的边界品位和工业品位要求与矿种或矿石类型有关，其品位的要求相差悬殊，且同一矿种在不同的国家和地区要求也差别较大。如对原生铁矿床来说，我国勘查规范规定的边界品位是20%～25%（矿石中含铁20%～25%，中华人民共和国地质矿产行业标准——铁、锰、铬地质勘查规范，2020），而对岩金矿床而言，其边界品位只要1g/t就可以。同样是铁矿，澳大利亚的边界品位要求则在50%～60%，与我国的铁矿床边界品位要求相差甚远。工业品位和边界品位的确定还与矿石类型、矿山的开采形式等有关。对相同矿种，由于采矿方法、矿石类型等不同，对矿石的工业品位和边界品位要求略有不同，应针对具体情况而定。表6-1为我国现行地质矿产行业标准对铜矿床的一般工业指标要求，对原生矿石，当采用露天开采时，其边界品位要求为0.2%，而坑采时要求是0.2%～

0.3%，对氧化矿石则需达到0.5%。

**表 6-1 我国铜矿床的工业指标一般要求**

| 项目 | 硫化矿石 | | 氧化矿石 |
|---|---|---|---|
| | 坑采 | 露采 | |
| 边界品位/% | 0.2~0.3 | 0.2 | 0.5 |
| 最低工业品位/% | 0.4~0.5 | 0.4 | 0.7 |
| 最小可采厚度/m | 1~2 | 2~4 | 1 |
| 夹石剔除厚度/m | 2~4 | 4~8 | 2 |

引自：中华人民共和国地质矿产行业标准 DZ/T 0214—2020。

矿石品位的表示方法因矿种和矿石类型不同而异，一般有以下几种表示方法：

（1）元素百分含量。大多数贱金属矿石均用矿石中金属元素的质量分数表示，如铁矿石、铜矿石、铅锌矿石等。对铜矿石来说，品位2%是指矿石中含铜金属2%。

（2）克/吨（g/t）。大多数原生贵金属矿石常用g/t表示品位，如岩金矿床的边界品位为1g/t（表6-2），指每吨矿石含1克的金。

（3）氧化物百分含量。有些矿石的品位用金属氧化物的质量分数表示，如稀土矿石（REO%）、钨矿石（$WO_3$%）等。

（4）矿物的质量分数。大多非金属矿石常用有用矿物的百分含量表示，如石棉矿石、硅灰石矿石等。

（5）单位体积中金属元素的质量分数。对砂金矿床来说一般用$g/m^3$表示，即每立方米矿石中含金多少克，而对砂铁矿来说一般用$kg/m^3$表示，是指每立方米的砂矿中含铁多少千克。

（6）单位体积中有用矿物的质量分数。对钛铁矿砂矿来说一般用$kg/m^3$表示，即每立方米矿石中含钛铁矿多少千克。

（7）单位质量矿石中宝玉石的克拉含量。对于原生宝石矿床，常用每吨矿石中含宝玉石的克拉数表示，如10ct/t。

（8）单位体积矿石中宝玉石的克拉含量。对宝玉石砂矿来说，一般用单位体积矿石中含宝玉石的克拉数表示，如$10ct/m^3$表示，即每立方米砂矿中含某宝玉石10克拉。

（9）有些矿石的质量不用品位表示。某些矿石没有品位要求，如石材的质量好坏不是由品位决定，而是看石材的材质、颜色、花纹、裂隙发育程度、成材率等。

矿床的边界品位和最低工业品位要求随矿石类型、开采方法、矿床规模不同有一定的变化。表6-2为我国岩金矿床的一般工业指标参考表，由于采矿和矿石加工方法不同，对其品位要求也不尽相同。表6-3为我国铅锌矿床的一般工业指标要求，其中对硫化矿石、混合矿石和氧化矿石分别给出不同的边界品位和最低工业品位值，对氧化矿石其要求的边界品位比硫化矿石高。

**表 6-2 岩金矿床的一般工业指标**

| 项目 | 指标 | | |
|---|---|---|---|
| | 原生矿 | | 氧化矿 |
| | 坑采 | 露采 | |
| 边界品位/$g \cdot t^{-1}$ | 0.8~1.0 | | 0.5 |

续表 6-2

| 项　目 | 指　标 | | |
|---|---|---|---|
| | 原生矿 | | 氧化矿 |
| | 坑采 | 露采 | |
| 最低工业品位/g·t$^{-1}$ | 2.2~3.5 | 1.6~2.8 | 1.0 |
| 最小可采厚度/m | 0.8~1.5，陡倾斜者为下限，缓倾斜至水平者为上限 | | |
| 最小夹石剔除厚度/m | 2.0~4.0，坑采者为下限，露采者为上限 | | |
| 最小无矿段剔除长度/m | 相邻坑道对应时为10~15，相邻坑道不对应时为20~30 | | |

引自：中华人民共和国地质矿产行业标准 DZ/T 0205—2020。

注：1. 对于边界品位和最低工业品位，当矿石赋存条件较好、矿物成分简单、外部建设条件较好时，取指标的下限值，反之取上限值。

2. 当矿体厚度小于最小可采厚度时，采用厚度与品位的乘积，即 m·(g/t)。

**表 6-3　铅锌矿产一般工业指标参考**

| 项　目 | 硫化矿石 | | 混合矿 | | 氧化矿石 | |
|---|---|---|---|---|---|---|
| | Pb | Zn | Pb | Zn | Pb | Zn |
| 边界品位/% | 0.3~0.5 | 0.5~1.0 | 0.5~0.7 | 0.8~1.5 | 0.5~1.0 | 1.5~2.0 |
| 最低工业品位/% | 0.7~1.0 | 1.0~2.0 | 1.0~1.5 | 2.0~3.0 | 1.5~2.0 | 3.0~6.0 |
| 矿床平均品位/% | 5.0~8.0 | | 6.0~9.0 | | 10.0~12.0 | |
| 最小可采厚度/m | 1~2 | | 1~2 | | 1~2 | |
| 最小夹石剔除厚度/m | 2~4 | | 2~4 | | 2~4 | |

引自：中华人民共和国地质矿产行业标准 DZ/T 0214—2020。

### 6.1.4　矿石的结构和构造

矿石的结构、构造和矿物组成是描述矿石的重要内容，也是矿床成因、成矿过程研究的重要依据，同时矿石的结构、构造也直接影响到矿石的加工性能。那么何谓矿石的结构、构造呢？这是两个非常容易混淆的专业术语，在应用时需加以注意。

矿石的结构（ore texture）是指矿石中组成矿物的结晶颗粒大小、形状、空间分布及相互结合关系等。如某矿石中矿物结晶完好，要表达矿石这一特点，我们可以用“自形晶结构”一词，“自形”是指矿石中矿物的结晶完好程度。又比如，某矿石中矿石矿物均呈片状，可用片状结构表达，若这些片状矿物结晶完好，各晶面发育较为完整，则可称之为自形晶片状结构。

矿石的构造（ore structure）是指矿石中矿物集合体的形状、大小及空间分布特征。如某矿石中矿石矿物与脉石矿物相对集中呈条带状，相间分布，则可以用“条带状构造”表达，这些条带并非单一的矿物颗粒，而是矿物集合体，因此其属于矿石构造的范畴。

矿石的结构和构造在含义上和岩石的结构、构造大致相同，且两者有许多使用的名称也是相同的，如块状构造、条带状构造、鲕状构造等，其即是岩石的构造名称，也是矿石的构造名称。

矿石的构造一般可以在手标本上观察，而矿石的结构大多需借助于显微镜来观察。若矿石中矿物结晶较为粗大，这时矿石结构也可以用肉眼观察到。区分矿石的结构和构造，主要是看描述的特征是针对矿石中的矿物颗粒还是矿物集合体。

矿石的结构、构造与矿石的成因或形成过程有关，因此在矿床成因研究中具有非常重要的意义。如沉积型铁矿石中常见鲕状构造，是外生成因的典型代表，代表了浅海环境水体动荡的条件下经化学沉积形成。风化成因的矿石中常见蜂窝状构造、土状构造，是风化成因矿石常见的构造类型。有些矿石的构造名称没有成因指示意义，如块状构造、浸染状构造等在多种成因类型的矿石中均可发育，其主要考虑的是矿石中矿石矿物的含量和分布。自然产出的矿石的结构和构造类型多种多样，这里不能一一介绍，下面列举了一些常见的矿石构造和矿石结构类型及其主要特征。

#### 6.1.4.1 常见的矿石构造

（1）块状构造（massive）：矿石呈颗粒状集合体，矿石矿物在矿石中分布较为均匀，且矿石矿物的体积含量高达到80%以上。这是富矿石常具有的构造类型，其中脉石矿物很少，矿石品位高，如一般的富铁矿石、富铅矿石（图6-2（a））等。

（2）浸染状构造（disseminated）：矿石矿物在矿石中分布较为均匀，没有明显的规律性，且矿石矿物体积含量在80%以下。浸染状构造根据矿石矿物在矿石中的含量又可进一步分为稀疏浸染状构造、稠密浸染状构造和星散浸染状构造。

1）稠密浸染状指矿石中矿石矿物的体积含量在30%~80%。

2）稀疏浸染状指矿石中矿石矿物的体积含量在5%~30%（图6-2（b））。

3）星散浸染状指矿石中矿石矿物的体积含量小于5%。

图6-2 块状构造和浸染状构造矿石的手标本照片
（a）块状构造铅矿石；（b）稀疏浸染状锌矿石

（3）条带状构造（banded）：矿石矿物集合体与脉石矿物集合体呈条带状相间出现。如我国鞍山式铁矿的贫矿石即具有此种构造。该种构造类型较为常见，在沉积成因、变质成因和岩浆成因的矿石中均可发育，但其矿石结构可能不同。图6-3（a）为条带状矽卡岩型矿石，图6-3（b）为岩浆成因的铬铁矿石，图6-3（c）为低硫型浅成低温热液金矿石，其均发育条带状构造。

（4）对称条带状构造（symmetrically banded）和栉状（或梳状）构造（comb-layered ore）：热液充填成因的矿石常具有此构造类型。当矿脉两壁矿物条带在成分或结构上由外而内呈对称出现时，则形成对称条带状构造。当石英等柱状矿物由外向内生长时，在形态上如梳状（图6-3（d）），故可称为梳状（栉状）构造。

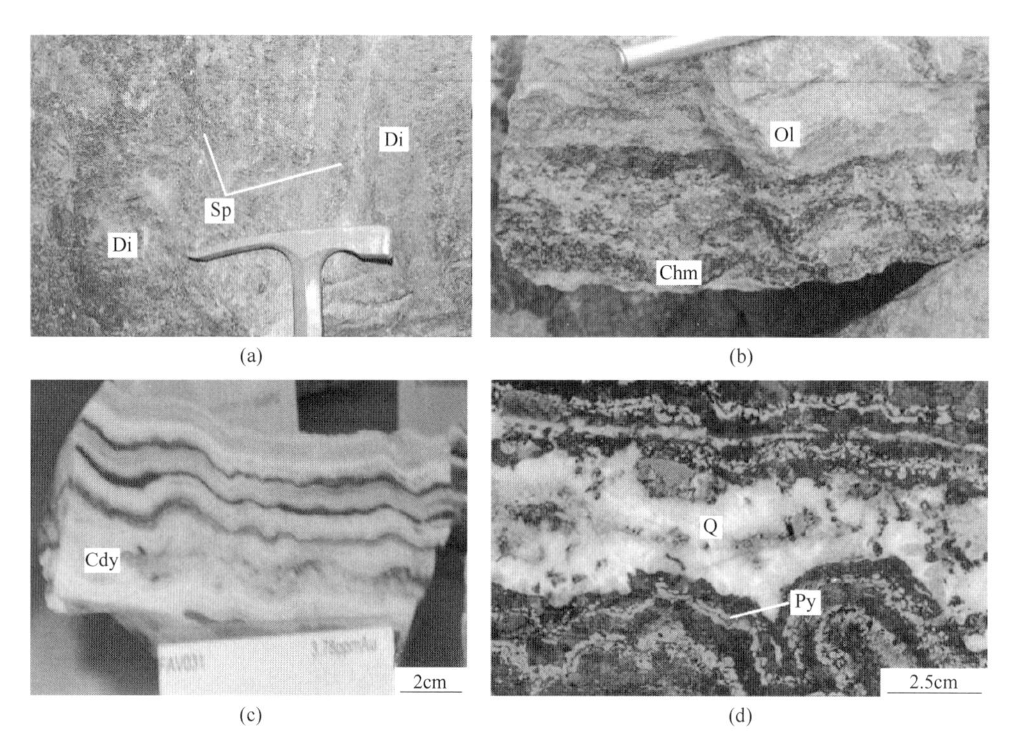


图 6-3　条带状和对称条带状构造矿石的手标本照片

(a) 条带状构造铅锌矿石（赤峰红岭矽卡岩型铅锌矿）；(b) 条带状构造铬铁矿石（西藏罗布莎）；
(c) 条带状构造金矿石（新西兰某低硫浅成低温热液型金矿床）；(d) 对称条带构造铜矿石（引自 Taylor，1992）
Di—透辉石；Sp—闪锌矿；Chm—铬铁矿；Ol—橄榄石；Py—黄铁矿；Q—石英；Cdy—玉髓

(5) 晶簇状构造（drusy）：指在矿石或岩石的张开裂隙或空洞内生长着晶形完好的矿物集合体，其中的晶体一般从裂隙或空洞的壁向内生长。这种构造常见于热液充填矿床和伟晶岩矿床中，在某些风化矿床中也可见到。图 6-4（a）为晶簇状辉锑矿矿石，图 6-4（b）为石英晶簇。

(6) 角砾状构造（brecciate）：围岩或早期生成的矿石的碎块被后期形成的矿物所胶结形成，是热液充填矿床所常具有的矿石构造类型。另外在表生矿床、岩浆矿床中也可发育。图 6-4（c）为角砾状铅锌矿石的野外露头照片，胶结物主要由石英和碳酸盐矿物组成，其中含方铅矿和闪锌矿。图 6-4（d）为角砾状构造的铅锌矿石，胶结物主要为闪锌矿和方铅矿。

(7) 鲕状构造、豆状构造和肾状构造（oolitic/nodular/kidney-shaped）：鲕状构造是胶体成因矿石所特有的构造类型，是由胶体凝聚形成，多为外生成因。如鲕状赤铁矿形成于浅海较为动荡的水体中，一般指示浅海相胶体沉积成因。鲕粒是由胶状赤铁矿围绕一些砂粒、生物碎片等逐层沉积形成，其中的砂粒或生物碎片叫作鲕核（图 6-5（a）和（b）），围绕其生长的赤铁矿叫做鲕层（图 6-5（b））。若鲕粒较大，大小如黄豆，则称为豆状构造，再大者称为肾状构造（图 6-5（c））。除外生成因外，豆状构造也常见于岩浆矿床，如铬铁矿床。若铬铁矿集合体呈 0.5~1cm 的球状或椭球状分布于橄榄岩（基质）中，这种构造也称为豆状构造（图 6-1（a））。

图 6-4　晶簇状构造和角砾状构造矿石的手标本照片

（a）辉锑矿晶簇（产于湖南锡矿山，北京科学大学矿馆藏标本）；（b）石英晶簇（北京科学大学馆藏标本）；（c）角砾状构造铅锌矿石（安徽汞洞冲铅锌矿）；（d）角砾状铅锌矿石（内蒙古三河铅锌矿）

Stb—辉锑矿；Q—石英

（8）皮壳状构造（crusty）：是指矿石矿物集合体呈弯曲的壳层，覆盖在矿石或岩石之上，壳层的界限比较清楚（图 6-5（d）），多由表生作用形成。

（9）脉状-网脉状构造（vein/veinlet-stockwork）：矿石中含矿石矿物的脉体在围岩中呈脉状（图 6-6（a））或网脉状（图 6-6（b））分布，脉体宽度一般数毫米至数厘米不等，也可见数米甚至更为宽大的脉体。

（10）斑点状和斑杂状构造（spotted and taxitic）：当矿石矿物的集合体呈近等轴状，粒径一般在 5～10mm，呈星散状分布于矿石中时，其含量大致在 50%以下者，称为斑点状构造（图 6-7）。通常金属矿物集合体的斑点要比浸染状构造中矿石矿物的集合体大得多，且形态较为规则。若矿石矿物斑点大小不一，相差悬殊，呈不规则状分布于脉石矿物的基质中，有的部位矿石矿物集中，有的分散，其分布杂乱无章，即无规律又不均匀，这种构造称为斑杂状构造，它是介于斑点状构造、浸染状构造与块状构造之间的一种类型。

（11）球（瘤）状构造（orbicular）：这是铬铁矿矿石所特有的构造类型。铬铁矿集合体组成致密的球（瘤）状（直径多为 1～3mm），分布在橄榄岩（基质）中，铬铁矿集合体有时也可呈椭圆状或水滴状。

#### 6.1.4.2　常见的矿石结构

（1）矿石的结构命名原则。

矿石结构的命名一般考虑了矿物的结晶程度、粒度大小、结晶习性、矿物之间的结合

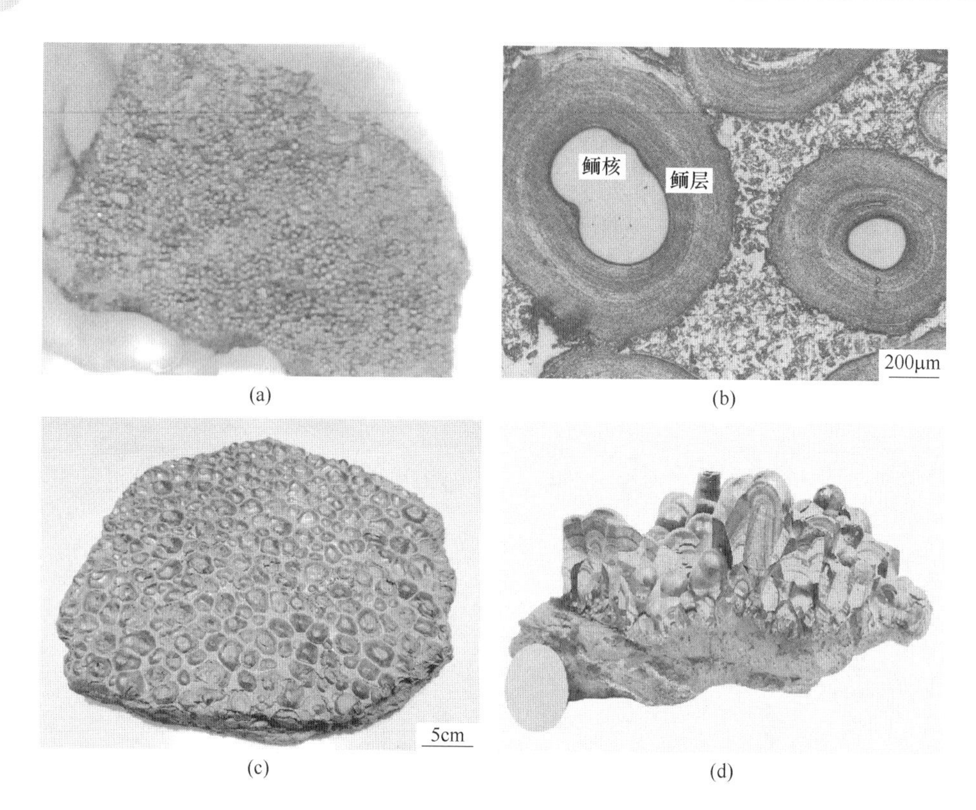


(a) (b) (c) (d)

图 6-5 鲕状、豆状构造赤铁矿石的手标本和反光显微镜下照片

(样品均为北京科技大学馆藏标本)

(a) 鲕状赤铁矿的手标本照片；(b) 鲕状赤铁矿的反光显微镜下照片；
(c) 肾状赤铁矿的手标本照片；(d) 皮壳状构造褐铁矿的手标本照片

(a) (b)

图 6-6 脉状-网脉状构造矿石的手标本照片

(a) 脉状构造金矿石；(b) 网脉状构造钼矿石（内蒙古迪彦钦阿木斑岩型钼矿）

关系、矿石结构的形成机理等。如按照矿物的结晶程度好坏可分为自形晶结构、半自形晶结构和它形晶结构；按矿物的结晶习性可分为粒状结构、板状结构、片状结构、柱状结构、针状结构；按矿物的结晶粒度大小可分为伟晶结构（大于3cm）、巨晶结构（大于1cm）、极粗粒结构、粗粒结构、中粒结构、细粒结构、微粒结构、极微粒结构；一般常将矿石中矿物的结晶程度和结晶习性组合起来命名，如自形晶粒状结构。

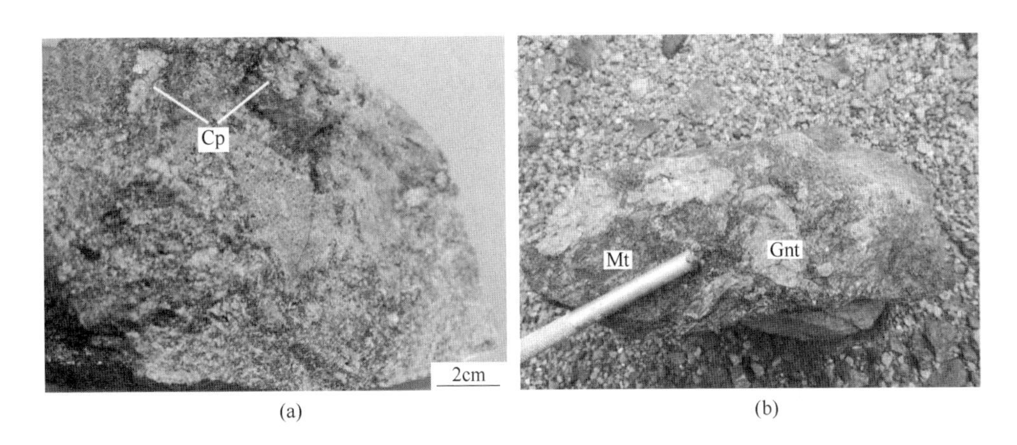

(a)　　(b)

图 6-7　斑点状和斑杂状构造矿石的手标本照片

（a）斑点状构造黄铜矿矿石（黑龙江多宝山铜矿）；（b）具斑杂状构造的矽卡岩型铁矿石（内蒙古劳根坝铅锌矿）

Cp—黄铜矿；Mt—磁铁矿；Gnt—石榴石

（2）按矿石中矿物的结晶程度和结晶习性分类。

1）自形晶粒状结构（euhedral granular）：指矿石中矿石矿物呈粒状，且自形程度高，各晶面发育较为齐全，矿石矿物较为均匀地分布于矿石中。图 6-8（a）为某铬铁矿石的反光显微镜下照片，其中铬铁矿切面形态呈正方形、棱形或边界较为平直的多边形，表明其晶面发育较为完整，因此矿物应结晶较好，故该结构为自形晶。从矿物切面形态看，其没有明显的延伸方向，因此为粒状矿物，故该结构为自形晶粒状结构。而对矿石中的脉石矿物橄榄石来说，其生长受铬铁矿所限，呈它形晶产于铬铁矿粒间，因此对橄榄石来说则为它形晶粒状结构。

2）自形晶片状（板状）结构（euhedral flaky/tabular）：指矿石中矿石矿物呈片状（板状），在矿石光面中呈边界平直的长条状切面形态，少数呈边界平直的多边形。图 6-8（b）为某铁矿石的反光显微镜下照片，其中赤铁矿切面形态呈长条状或多边形，切面边界平直，表明其晶面发育较为完整，因此矿物应结晶较好，故该结构为自形晶；而从矿物切面形态看，其有明显的延伸方向，且近等轴状切面的粒径与长条状切面的长轴方向近似，因此该矿物为片状矿物，故该结构为自形晶片状结构。

3）自形晶柱状（针状）结构（euhedral columnar/acicular）：指矿石中柱状（针状）矿物呈自形晶分布于矿石中。图 6-8（c）中黄铁矿多呈正方形断面，呈自形晶粒状结构，而毒砂可呈菱形和有一定延伸的平均四边形，切面边界平直，表明其晶面发育较为完整，因此其应结晶较好。从毒砂的切面形态看（图 6-8（c）和（d）），部分切面显示矿物具有明显的延伸方向，而部分切面显示近粒状，且粒径与长条状切面的短轴方向近似，因此该矿物的形态应为柱状矿物，故毒砂呈自形晶柱状结构。

4）半自形晶粒状结构（subhedral granular）：指矿石矿物呈半自形晶粒状分布于矿石中。图 6-9（a）和（b）为某铅锌-多金属矿石的反光显微镜下照片，其中黄铁矿切面形态呈近正方形-不规则状，切面中部分边界平直，部分边界呈不规则状，表明其部分晶面发育完整，故该矿物为半自形晶，而从矿物切面形态看，其没有明显的延伸方面，因此为粒状矿物，故矿石中黄铁矿呈半自形晶粒状结构。

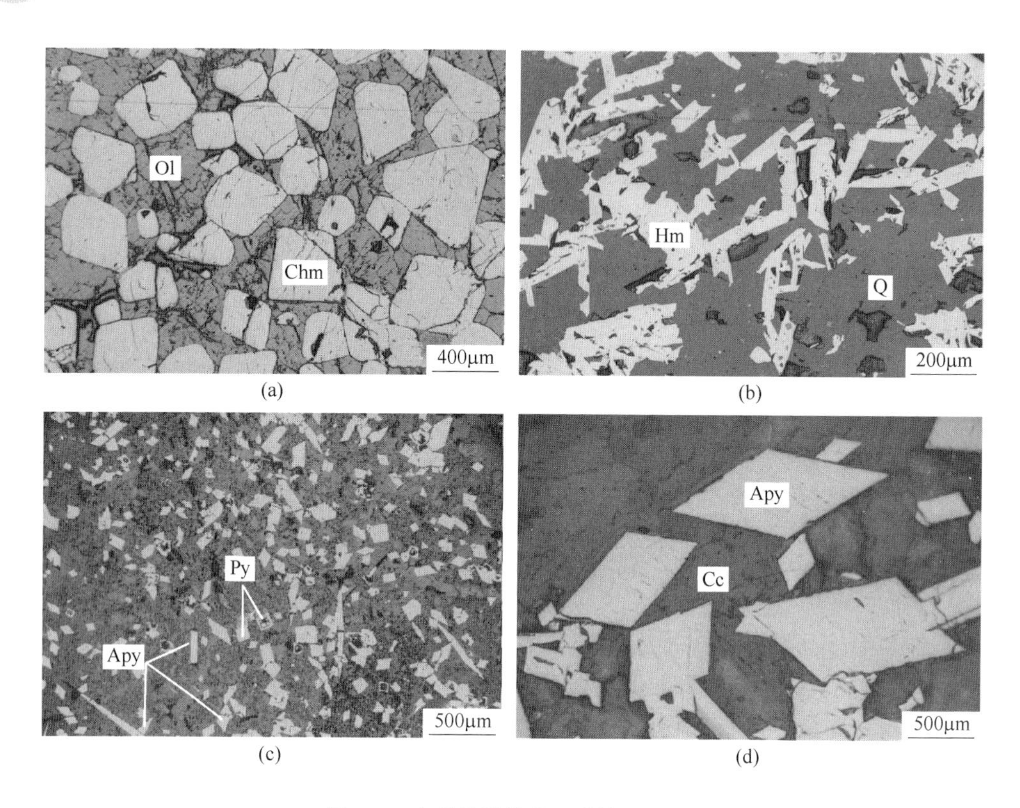


(a)　(b)　(c)　(d)

图 6-8　自形晶结构的显微镜下照片

（a）某铬铁矿矿石的反光镜下照片，其中铬铁矿呈自形晶，橄榄石呈它形晶分布于铬铁矿粒间；
（b）铁矿石的反光显微镜下照片，其中赤铁矿切面形态呈长条状或多边形；
（c）黄铁矿和毒砂的显微镜下照片，黄铁矿呈自形晶粒状，毒砂呈自形晶柱状；
（d）毒砂的显微镜下照片，毒砂呈自形晶柱状
Chm—铬铁矿；Ol—橄榄石；Py—黄铁矿；Hm—赤铁矿；Apy—毒砂；Cc—方解石；Q—石英

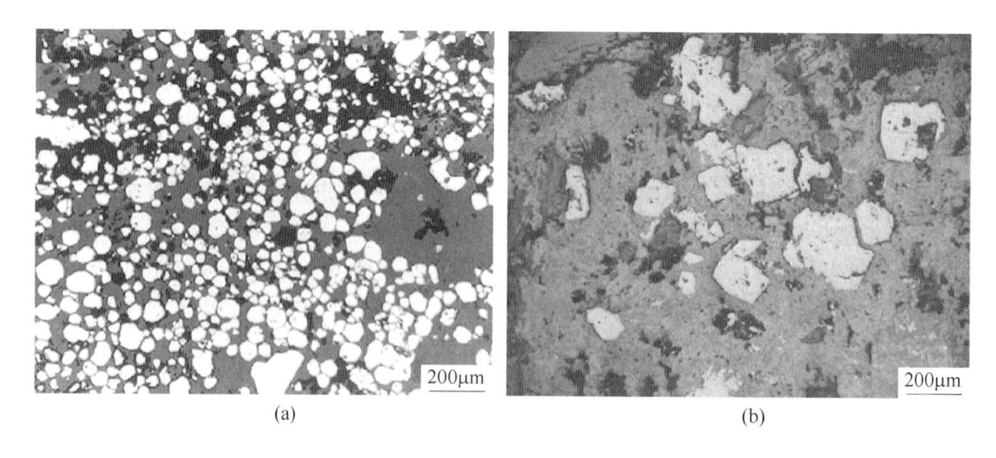


(a)　(b)

图 6-9　半自形-它形晶结构矿石的显微镜下照片

（a）黄铁矿呈半自形-它形晶粒状结构；（b）黄铁矿呈半自形-自形晶粒状构造

5）半自形晶片状（板状）结构（subhedral flaky/tabular）：与自形晶片状（板状）结

构类似，但其矿物切面中部分边界平直，部分呈不规则状或明显受其他矿物的晶形所限，因此为半自形晶片状结构。

6）半自形晶柱状（针状）结构（subhedral columnar/acicular）：与自形晶柱状（针状）结构类似，但其矿物切面中部分边界平直，部分呈不规则状或明显受其他矿物的晶形所限，因此为半自形晶柱状结构。

7）它形晶粒状结构（anhedral granular）：矿物切面形态无明显的延伸，且其切面边界不平直，均呈不规则状或受其他矿物的晶形所限，因此为它形晶粒状结构。

8）它形晶片状（板状）结构（anhedral flaky/tabular）：与自形晶片状（板状）结构类似，部分矿物切面形态有明显的延伸方向，但矿物切面边界不平直或受其他矿物的晶形所限，因此为它形晶片状结构。

9）它形晶柱状（针状）结构（anhedral columnar/acicular）：与自形晶柱状（针状）结构类似，矿物切面形态中多有明显的延伸，但其矿物切面边界不平直或受其他矿物的晶形所限，因此为它形晶柱状结构。图 6-10（a）中辉锑矿的形态明显受石英的形态限制，故为它形晶；图 6-10（b）中毒砂为自形晶，而黄铜矿的形态受毒砂和石英所限，为它形晶。

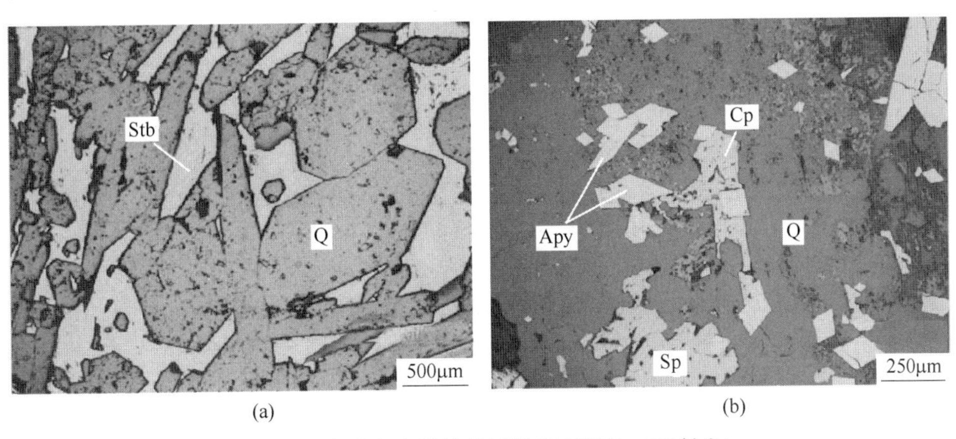


(a) (b)

图 6-10 自形与它形晶的显微镜下照片（反射光）

（a）锑矿石，其中脉石矿物石英呈自形晶，而辉锑矿产于石英粒间，呈它形晶（西藏马扎拉金锑矿床）；
（b）铅锌矿石，其中毒砂呈自形晶，石英呈自形-半自形，而黄铜矿和闪锌矿呈它形晶（西藏扎西康铅锌矿床）
Q—石英；Stb—辉锑矿；Apy—毒砂；Cp—黄铜矿；Sp—闪锌矿

（3）按矿石中矿物的相互关系分类。

1）包含结构：矿石中有些矿物呈包裹物产于其他矿物之中，是指在寄主矿物结晶过程中，一些细小的、先期结晶的矿物（也可能是未结晶的熔体或含矿流体）被包裹于寄主矿物之中（图 6-11（a））。一般被包裹的矿物呈自形或浑圆状，表示其结晶早于寄主矿物或从捕获的熔体或流体中结晶出来。

2）填隙结构（intersertal）：指矿石中某些矿物呈细小的脉状产于先期结晶矿物的裂隙中（注意是矿物的裂隙，而非岩石或矿石的裂隙），这种结构称为填隙结构（图 6-11（b）和（c））。对这种结构类型来说，填隙矿物一般晚于寄主矿物形成。

3）显微文象结构（micrographic）：指矿石中某些矿物在寄主矿物中按一定的结晶方

向规律出现，切面看似古代象形文字，故称为显微文象结构。这种结构类型可以由流体沿先期形成矿物的一定结晶方向交代形成，也可能是由固溶体沿矿物中相对薄弱的结晶方向出溶形成。图6-11（d）为某铅锌矿石中黄铁矿被方铅矿交代，其交代残余看似古代的象形文字，故称为显微文象结构。

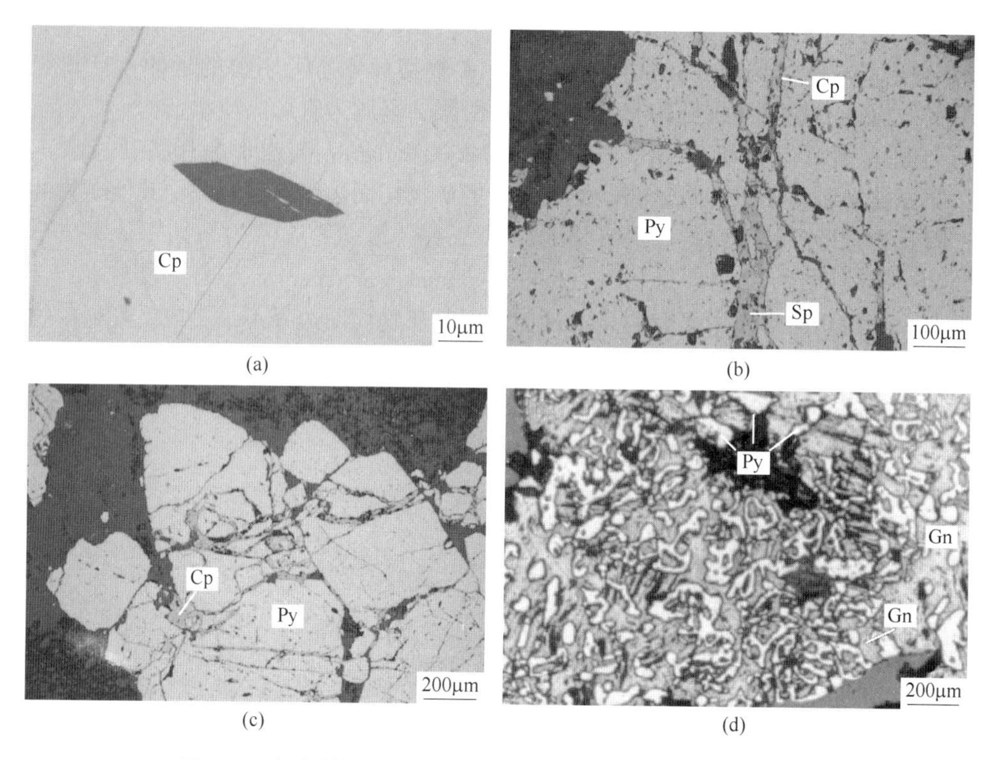


图6-11 包含结构、填隙结构和显微文象结构的显微镜下照片
（a）包含结构的透射光显微镜下照片，黄铜矿包裹透明脉石矿物；
（b）（c）填隙结构（内蒙古花脑特银-多金属矿床）；
（d）显微文象结构（教学样品，产地不明）
Cp—黄铜矿；Py—黄铁矿；Sp—闪锌矿；Gn—方铅矿

（4）按矿石结构的形成机理分类。

1）固溶体出溶结构（exsolution texture）：是指矿石中某些呈固溶体存在的矿物相由于温度、压力等变化致使其固溶体不再稳定而出溶，出溶的矿物相一般沿寄主矿物中结晶相对薄弱方向排列（如解理发育方向）。若出溶的矿物相在寄主矿物中呈浑圆的滴状呈不规则排列（图6-12（a）），则称为乳浊状结构（emulsion texture）；若出溶矿物的乳滴沿某一方向扩张形成拉长的滴状，且其排列具有明显的方向性，则称为定向乳浊状结构（oriented emulsion texture）（图6-12（b））；若乳滴继续扩大，并在某一方向上连通，形成平行的细脉，则称为叶片状结构（foliated texture）；有时固溶体出溶可以沿多个方向进行，切面上看为网格状，则称为格子状结构。热液成因的闪锌矿中常可见黄铜矿和磁黄铁矿呈固溶体出溶结构，这一特点在反光镜下区分闪锌矿和磁铁矿时非常有用。

2）胶状（colloid）和变胶状结构：是指由非晶质矿物集合体构成的呈复杂曲面分布的平行条带、同心圆状，是由胶体作用形成的结构类型。胶体凝聚过程中由于脱水和体积

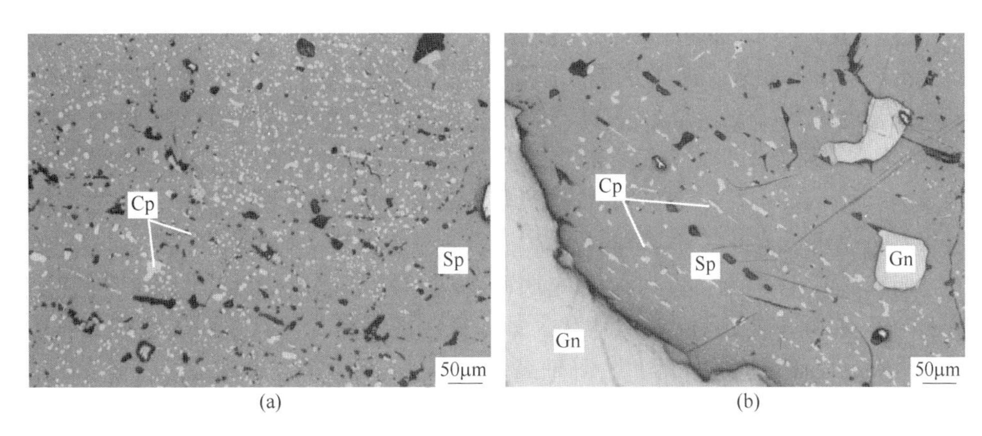


(a) (b)

图 6-12 固溶体出溶结构的显微镜下照片

(a) 乳浊状结构；(b) 定向乳浊状结构

Cp—黄铜矿；Sp—闪锌矿；Gn—方铅矿

收缩常形成指纹状（图 6-13（a））、同心环状裂隙（图 6-13（b）），或由胶体沉淀形成环状特征（图 6-13（c））。若胶状结构的矿石经过重结晶，则可以形成垂直于弯曲表面的针状、放射状晶体（图 6-13（d）），此时称为变胶状结构。另外，胶体矿物中一般含杂质较多，其抛光面一般显得较为脏乱，其并非抛光不足引起的，而是其中的杂质引起的。

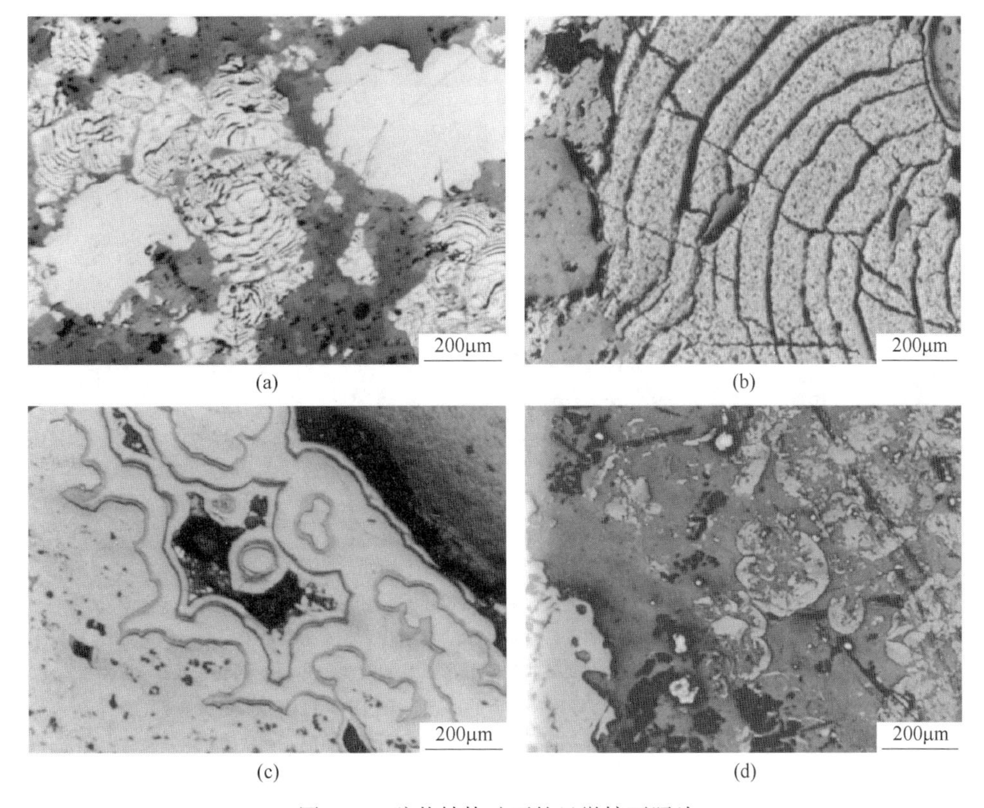


(a) (b) (c) (d)

图 6-13 胶状结构矿石的显微镜下照片

(a) 胶状结构黄铁矿（指纹状，安徽铜官山）；(b) 胶状结构黄铁矿（同心环状，安徽铜官山）；

(c) 胶状结构褐铁矿（不规则环状）；(d) 变胶状结构黄铁矿（针状、放射状）

3）交代结构（metasomatic texture）：是指矿物形成后由于受到流体作用或物理、化学条件变化，其中一部分矿物部分被另一新的矿物取代。交代与被交代矿物之间界面一般呈不规则状或港湾状，新生成的矿物与被置换的矿物之间的关系称为交代关系（图6-14）。若新生矿物仅沿先期矿物的边部交代，围绕先期矿物呈环状分布，则称为反应边结构（图6-14（a）和（b））；若新生矿物已将先期矿物交代待尽，仅有部分先期矿物残留，则称为交代残余结构（图6-14（a）（c）（d））；若新生矿物已完全（若基本完全）交代了先期矿物，但其形态仍保留了先期矿物的结晶形态，则称为假象结构（图6-14（d）），即新生矿物呈被交代矿物的假象。如赤铁矿的晶形为片状，而磁铁矿的晶形为八面体、五角十二面体或立方体等，为等轴晶系矿物；若磁铁矿呈片状晶形一般为磁铁矿交代赤铁矿形成，即磁铁矿呈赤铁矿假象（图6-14（c））。交代作用若沿矿物的某些结晶方向也可形成交代成因的显微文象结构。

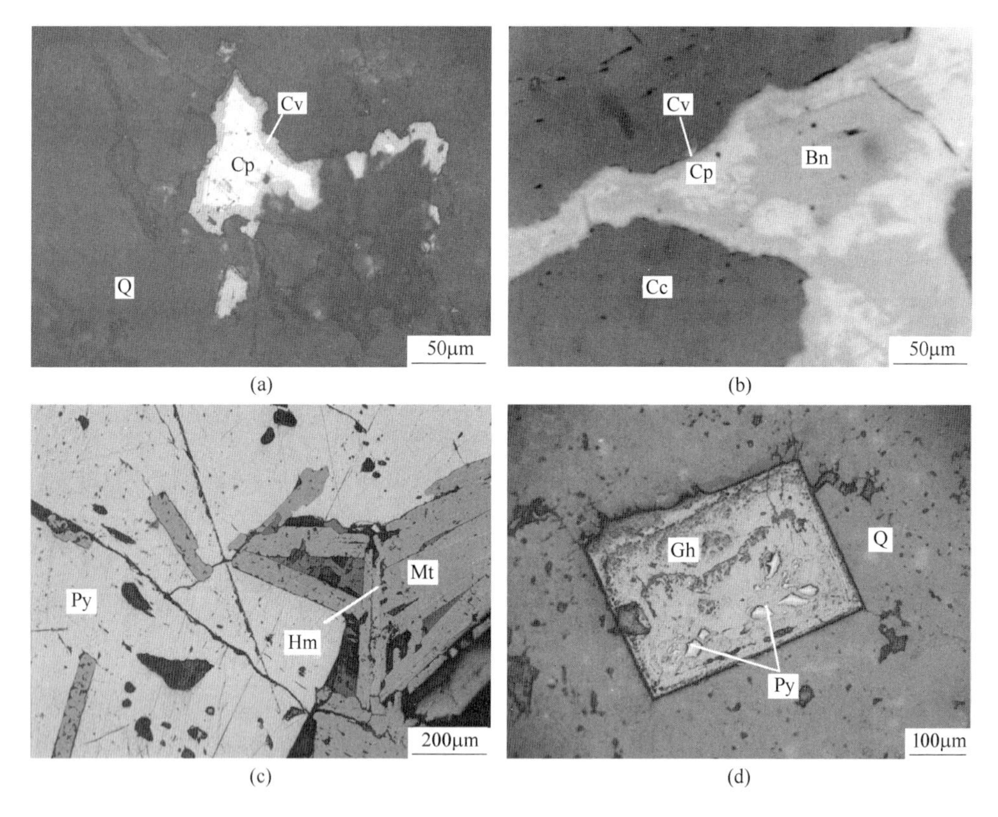


图6-14　交代、交代残余和假象结构的显微镜下照片

（a）辉铜矿沿黄铜矿边部交代，局部交代较完全，仅留有黄铜矿残余；
（b）斑铜矿交代黄铜矿，辉铜矿沿边部交代黄铜矿和斑铜矿；
（c）磁铁矿交代赤铁矿后呈赤铁矿的片状晶形，其间有少量赤铁矿的交代残余；
（d）褐铁矿几乎完全交代黄铁矿后呈现黄铁矿的形态假象，中间残留有少量黄铁矿的残余
Cv—辉铜矿；Cp—黄铜矿；Q—石英；Cc—方解石；Bn—斑铜矿；Py—黄铁矿；Hm—赤铁矿；Mt—磁铁矿；Gh—褐铁矿

4）海绵陨铁结构（sideronitic texture）：一般指在镁铁质-超镁铁质岩浆结晶过程中，橄榄石等铁镁质矿物先期结晶并由于密度较高而下沉至岩浆房底部，此时若岩浆由于结晶

分异或物理化学条件变化引起硅酸盐熔体与硫化物熔体的不混溶，硫化物熔体由于密度较高故下沉至岩浆房底部，并填充于先期结晶的橄榄石等镁铁质矿物颗粒之间；而后岩浆继续冷凝，硫化物熔体中先后结晶出不同的硫化物矿物（包括磁黄铁矿、镍黄铁矿、黄铁矿、黄铜矿等）和磁铁矿等，这时在矿石切面上呈现出硫化物矿物集合体围绕自形-半自形的橄榄石分布，形似海绵状，而硫化物矿物中以磁黄铁矿（也称陨硫铁）为主，故该结构被称为海绵陨铁结构，是岩浆熔离作用形成的铜镍硫化物矿床特有的结构类型，具有重要的成因指示意义。图 6-15 为金川镍矿铜镍矿石的反光显微镜下照片，其中图 6-15（a）中亮的部分主要为金属硫化物，并含少量磁铁矿，暗的部分为绿泥石和橄榄石。由于矿石经历了后期的热液蚀变，橄榄石常被绿泥石（灰黑色部分）交代，中间相对较亮的部分为交代残余的橄榄石。图 6-15（b）为图 6-15（a）的局部放大，从图中可以看出，黄铜矿可以沿磁黄铁矿的裂隙分布，呈填隙结构。

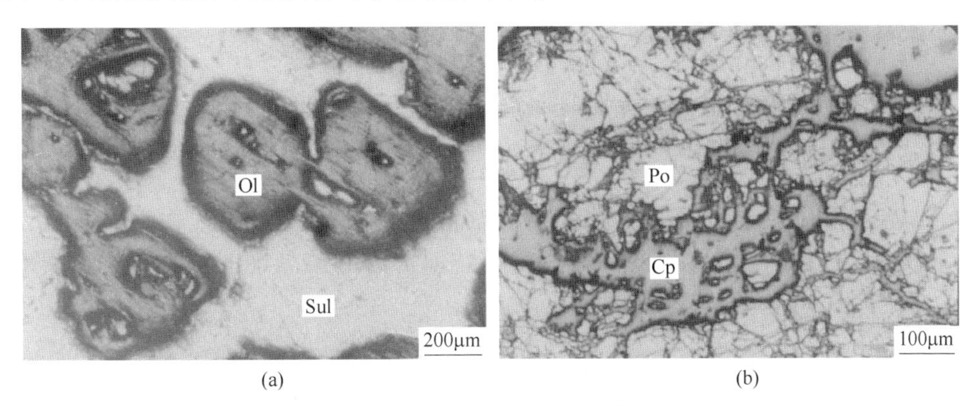


(a)　　(b)

图 6-15　海绵陨铁结构的显微镜下照片（样品采自金川镍矿）

（a）海绵陨铁结构；（b）图（a）金属矿物的局部放大

Ol—橄榄石；Sul—金属硫化物；Cp—黄铜矿；Po—磁黄铁矿

5）草莓状结构（framboidal texture）：传统的观点认为，该种结构类型与细菌作用有关，常见于沉积成因的黄铁矿，如页岩中黄铁矿常具草莓状结构，但最近也有学者提出了非生物成因的认识。图 6-16 为西藏马扎拉金矿草莓状结构黄铁矿的反光显微镜下和背散射电子图像，其中黄铁矿呈细小的颗粒聚集成浑圆的球状。

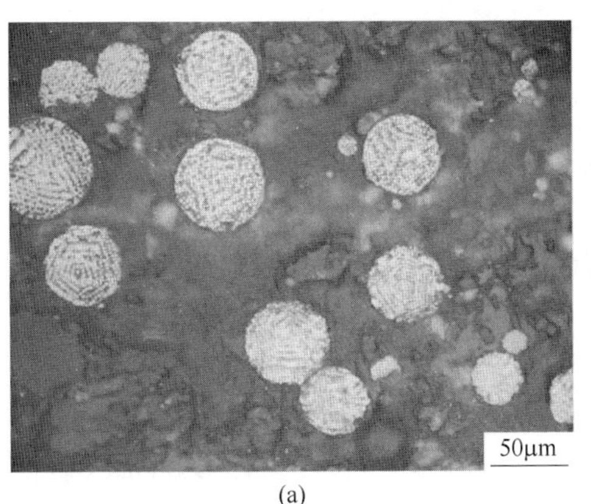


(a)

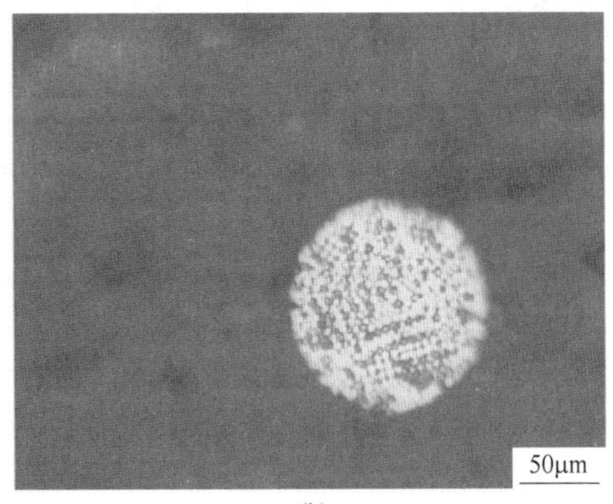


(b)

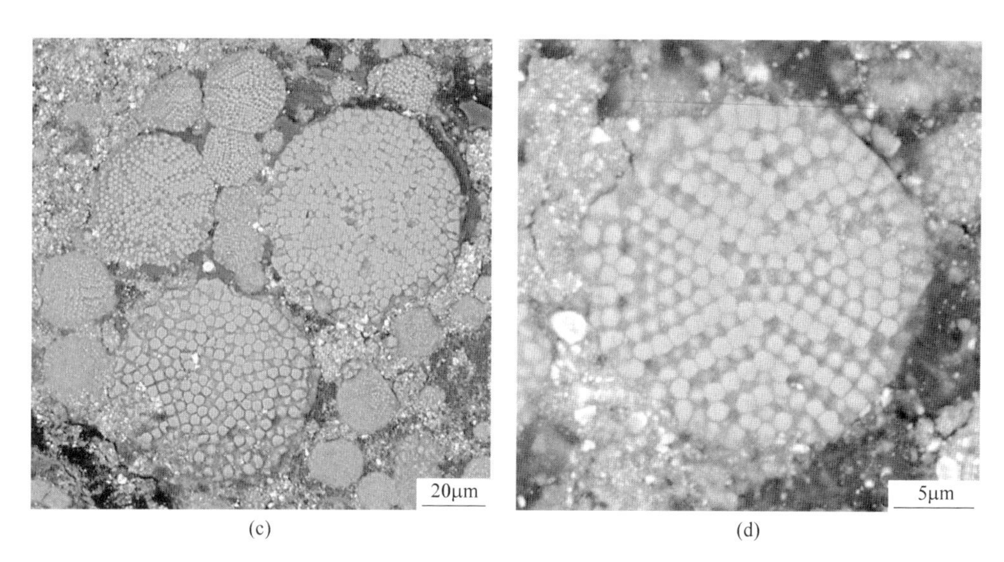


(c) (d)

图6-16 草莓状结构的显微镜下和背散射电子显微照片（样品采自西藏马扎拉金矿）
（a）（b）草莓状黄铁矿的反光镜下照片；（c）（d）草莓状黄铁矿的背散射电子显微照片

6）骸晶结构（skeleton crystal texture）：骸晶是在晶体快速生长或物质供应不足的情况下，矿物生长为骨架状。生活中常见的雪花即为冰的骸晶（图6-17（a））。图6-17（b）为赤铁矿骸晶结构的显微镜下照片。

(a) (b)

图6-17 雪花和赤铁矿的骸晶结构显微镜下照片
（a）雪花（来源于网络）；（b）赤铁矿的骸晶

7）碎裂结构（cataclactic texture）：矿石中矿物颗粒由于受到外力的作用而发生碎裂。图6-18（a）为碎裂结构黄铁矿。

8）揉皱结构（crumpled texture）：主要指矿石中一些片状、柱状或针状矿物发生变形呈弯曲状。图6-18（b）为片状镜铁矿由于变形而呈现出褶皱的形态。

9）镶嵌结构（mosaic texture）：若矿物在熔体或流体中同时结晶，其常形成矿物与矿物之间的紧密相连，晶体之间呈边界平直的边界，但其边界并非晶面，三个相邻的矿物之

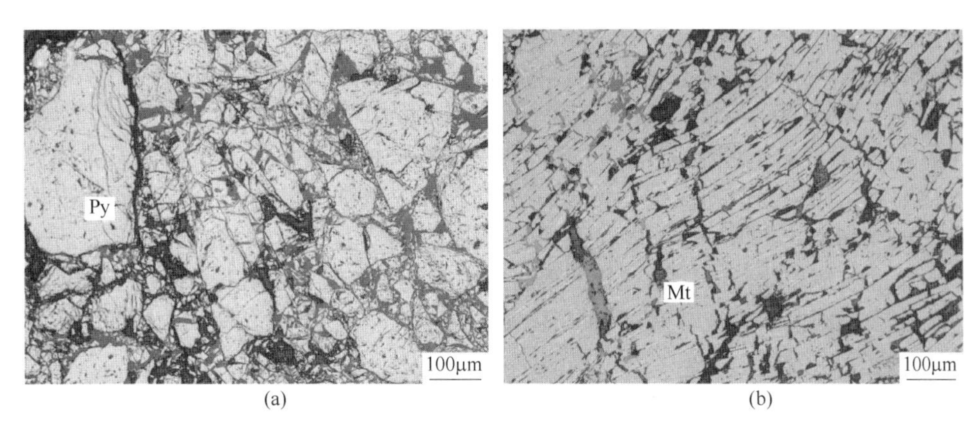

(a) (b)

图 6-18 碎裂结构和揉皱结构的显微镜下照片
（a）碎裂结构黄铁矿；（b）揉皱结构假象磁铁矿（赤铁矿假象）
Py—黄铁矿；Mt—磁铁矿

间界面呈近似120°角，这种矿物之间的关系称为镶嵌结构（图6-19（a））。无论矿物是从岩浆中结晶还是从热液中结晶，均可以形成此类结构，另外，变质作用形成的矿石也常具有此类结构。

10）共边结构（common edge texture）：两个不同的矿物同时生长，且自形能力相近，则两矿物在生长过程中可形成一平直的边界，但这一界面并非其中任何矿物的晶面，而是两矿物共同生长形成，这种结构称为共边结构。图6-19（b）为共边结构的黄铜矿和闪锌矿。

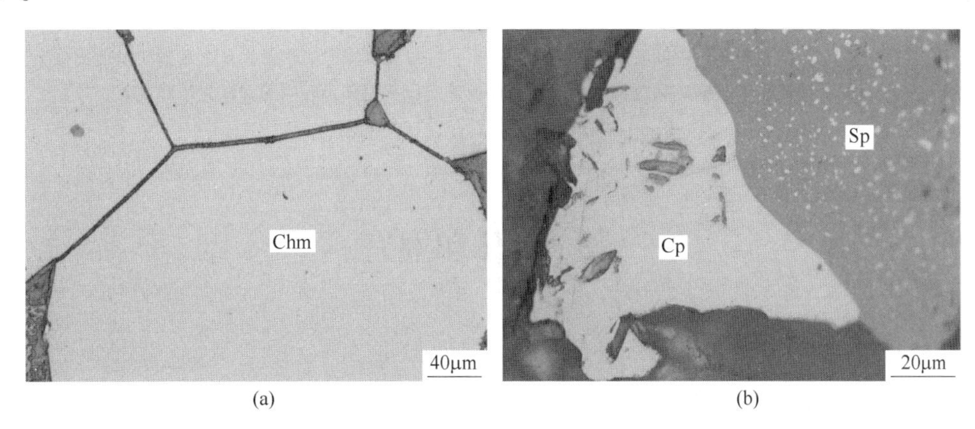

(a) (b)

图 6-19 镶嵌结构和共边结构的显微镜下照片
（a）镶嵌结构的铬铁矿；（b）方铅矿和闪锌矿的共边结构
Chm—铬铁矿；Cp—黄铜矿；Sp—闪锌矿

矿石的结构不仅可以反映矿石的成因（例如胶状结构、交代结构等），同时可以反映矿石中各种矿物的生成顺序。对于热液成因或岩浆成因的矿石来说，通常呈自形晶的矿物说明其结晶较早，而呈它形晶的矿物相对结晶较晚；对交代结构来说，被交代的矿物形成早于交代成因的矿物。另外，矿石结构对矿石的工艺性质影响很大，如结晶粒度、矿物之间的结合关系等，是工艺矿物学研究的重要内容。

图 6-20 为热液成因银-多金属矿石，图 6-20（a）中的金属矿物主要为黄铁矿和黄铜矿，黄铁矿呈自形-半自形晶，表明其形成较早，而黄铜矿可在黄铁矿中呈填隙结构，表明其形成晚于黄铁矿；图 6-20（b）中金属矿物主要为黄铁矿、黄铜矿和黝铜矿，其中黄铁矿呈自形-半自形晶，形成较早，黄铜矿被黝铜矿交代呈交代残余结构，表明黄铜矿形成早于黝铜矿，而黝铜矿和黄铜矿均可以在黄铁矿中呈填隙结构，表明其形成晚于黄铁矿，由此可以判定其矿物生成顺序为黄铁矿-黄铜矿-黝铜矿。矿物的生成顺序对研究成矿物理化学条件、成矿流体演化等具有重要的指示意义。如若矿石中先形成的为磁铁矿，后被赤铁矿交代，则表示其成矿环境经历了从还原至氧化的转化过程，反之则是从氧化到还原。

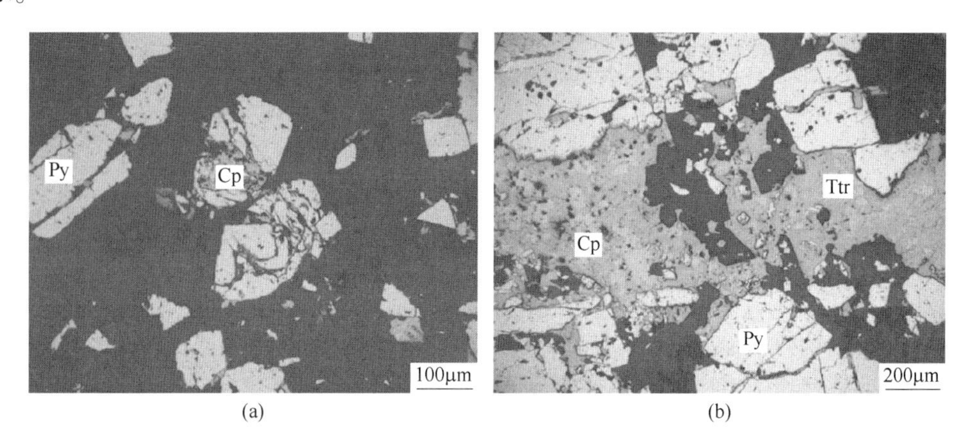


(a) (b)

图 6-20 矿物生成顺序的镜下表现

（a）黄铁矿呈自形-半自形，裂隙中充填有黄铜矿，表明黄铁矿先形成，其次是黄铜矿；
（b）黄铁矿呈自形-半自形晶，粒间及裂隙中充填黝铜矿，并可见黝铜矿交代黄铜矿，黄铜矿呈交代残余，表明黄铁矿先于黄铜矿和黝铜矿生成，而黝铜矿交代黄铜矿，表明黄铜矿先于黝铜矿
Cp—黄铜矿；Py—黄铁矿；Ttr—黝铜矿

## 6.2 矿体和围岩

### 6.2.1 矿体与围岩的概念

矿体（ore body）是由矿石组成的具有一定的形状、规模和产状的地质体。矿体是矿床的主要组成部分，是达到工业指标要求的含矿地质体。矿体是矿山开采的直接对象，它的大小、形状和产状与其形成过程和控制因素有关。

围岩（wall rock）是指矿体周围暂无经济价值的岩石。矿体和围岩两者界线可以是截然的（图 6-21），也可以是渐变过渡的。当矿体和围岩在岩性上没有明显区别时，需要通过取样、化验，按行业工业指标的相关规定来圈定矿体。没有达到所要求的边界品位的部分为围岩，而达到边界品位的部分为矿体。矿体的边界品位、可采厚度等指标会随着经济、技术条件、矿产品价格等因素而发生变化，因此围岩与矿体在概念上并不是一成不变的，当降低边界品位时，其矿体的规模扩大，原来的部分围岩则转变为矿体。

图 6-21　某矽卡岩型铁锌矿床的矿体与围岩（大理岩）的界线

### 6.2.2　矿体的形态

矿体的形态是指矿体在三维空间的展布特征，根据矿体三维空间的延伸比例，可将其分为如下三种主要类型。

（1）等轴状矿体：在三个方向上均衡发育的矿体，如斑岩型铜矿床中常发育这种类型的矿体。按其规模不同又可进一步分为矿瘤、矿巢和矿囊，其直径分别为大于 20m、20~10m、小于 10m。

（2）板状矿体：在两个方向有明显延伸，而第三个方向很不发育的矿体。常见的矿脉和矿层即具有板状矿体的形态特征。矿脉是指充填在围岩裂隙中的热液成因的板状矿体，矿层是指与层状围岩产状一致的沉积成因或沉积变质成因的板状矿体，亦常称作层状矿体。沉积型铁矿床、层控型铅锌矿床、构造控制的脉状铜矿床等类型的矿体常具有板状形态特征。

（3）柱状矿体：一个方向延伸（大多数是垂向上延伸）较大，而其余两个方向不发育的矿体，如矿柱、矿筒。产于金伯利岩筒中的金刚石矿床的矿体形态即属此类。

### 6.2.3　矿体的产状

矿体的产状是指矿体产出的空间位置、地质环境等，主要包括以下几方面的内容。

（1）矿体空间位置（产状要素）：包括走向、倾向、倾角、侧伏向、侧伏角（图 6-22）。对板状矿体的产状要素可参考岩层产状的表达方法，对柱状矿体的产状可参考构造线理的描述方法，在此不过多描述。

（2）矿体埋藏情况：指矿体是出露在地表，还是隐伏地下的盲矿体，以及矿体的埋藏深度等。盲矿体又分为隐伏矿体（未曾出露到地表）和埋藏矿体（曾出露到地表，后被掩埋）。

（3）矿体与岩浆岩的空间关系：矿体是产在岩体内部的，还是产在围岩与侵入岩的接触带中，或是产在距接触带有一定距离的围岩中。

（4）矿体与围岩的关系：如矿体的围岩是岩浆岩、变质岩还是沉积岩，矿体是平行于围岩的层理或片理产出的，或是截穿它们的。

（5）矿体与地质构造的关系：即一系列有成因联系的矿体在褶皱、断裂构造内的排列方向和赋存规律。

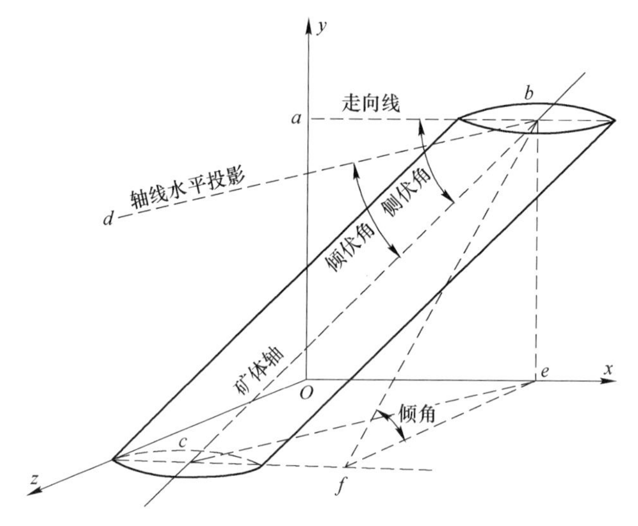


图 6-22　柱状矿体的产状要素示意图（引自徐九华等，2014）

矿体的形态和产状主要与矿床的成因有关，如沉积成因矿床的矿体形态多为层状，而热液矿床的矿体则多呈脉状。矿体形状和产状的研究，对于找矿勘查以及矿山开采都具有极其重要的意义。

## 6.3　矿　　床

### 6.3.1　矿床的概念

矿床（ore deposit）是指地壳中由地质作用形成的，由有用矿产资源和相关的地质要素构成的地质体，其中有用的矿产资源必须在一定的经济、技术条件下，在质和量两方面具有开采和利用的价值。为描述方便，我们一般把一些目前尚不明确经济意义或未进行完整评价的也称为矿床，在英文中一般称为 mineral deposit。

矿床由矿体、围岩、与成矿有关的岩浆岩、提供成矿物质的母岩以及矿体和围岩中的各种地质构造等内容构成。如果简单地说，矿床则可分为矿体和围岩两部分。

### 6.3.2　矿产资源储量

矿产资源储量，是指经过矿产资源勘查和可行性评价工作所获得的矿产资源蕴藏量的总称。矿产资源储量，因其控制程度不同而划分为不同的储量级别，国际上矿产资源储量级别的划分标准不同，最常用的有澳大利亚的 JORC Code 和加拿大的“加拿大地质规范 NI 43-101”，除此之外，还有“SAMREC Code”（the South African Code for the Reporting of Exploration Results）、“SEC Industry Guide 7”（the mining industry guide entitled “Description of Property by Issuers Engaged or to be Engaged in Significant Mining Operations”）等。

我国近二十年来执行的固体矿产资源/储量分类标准是1999年国土资源部（现自然资源部）颁布的《固体矿产资源/储量分类》标准（GB/T 17766—1999），该标准是根据我国矿产资源特点，并借鉴联合国国际储量/资源分类框架（UNFC1997）和美国地调局的分类标准，将固体矿产资源/储量依据经济意义、可行性研究程度和地质控制程度三个标准编制而成，其将矿产资源划分为储量、基础储量和资源量，又进一步细分为16个类别以反映各种不同情况（表6-4）。自2020年5月1日开始，新的《固体矿产资源/储量分类》标准（GB/T 17766—2020）开始实施，这一新的标准在固体矿产资源勘查阶段划分、资源量与储量类型划分和资源量储量分类体系等方面都进行了重要的更新（中华人民共和国国家标准 GB/T 17766—2020）。《固体矿产资源/储量分类》标准（GB/T 17766—2020）将资源量分为探明的、控制的和推断的资源量三类，而储量分为证实储量和可信储量两类，其对应关系如图6-23所示。

**表6-4　GB/T 17766—1999 固体矿产资源/储量分类表**

<table>
<tr><th rowspan="3">经济意义</th><th colspan="4">地 质 可 靠 程 度</th></tr>
<tr><th colspan="3">查明矿产资源</th><th>潜在矿产资源</th></tr>
<tr><th>探明的</th><th>控制的</th><th>推断的</th><th>预测的</th></tr>
<tr><td rowspan="4">经济的</td><td>可采储量（111）</td><td colspan="2" rowspan="2"></td><td></td></tr>
<tr><td>基础储量（111b）</td><td></td></tr>
<tr><td>预可采储量（121）</td><td>预可采储量（122）</td><td rowspan="2"></td><td></td></tr>
<tr><td>基础储量（121b）</td><td>基础储量（122b）</td><td></td></tr>
<tr><td rowspan="2">边际经济的</td><td>基础储量（2M11）</td><td colspan="2"></td><td></td></tr>
<tr><td>基础储量（2M21）</td><td>基础储量（2M22）</td><td></td><td></td></tr>
<tr><td rowspan="2">次边际经济的</td><td>资源量（2S11）</td><td colspan="2"></td><td rowspan="2"></td></tr>
<tr><td>资源量（2S21）</td><td>资源量（2S22）</td><td></td></tr>
<tr><td>内蕴经济的</td><td>资源量（331）</td><td>资源量（332）</td><td>资源量（333）</td><td>资源量（334）?</td></tr>
</table>

引自：《固体矿产资源/储量分类》标准（GB/T 17766—1999）。

注：表中所用编码（111~334），第1位数表示经济意义，即1=经济的，2M=边际经济的，2S=次边际经济的，3=内蕴经济的，?=经济意义未定的；第2位数表示可行性评价阶段，即1=可行性研究，2=预可行性研究，3=概略研究；第3位数表示地质可靠程度，即1=探明的，2=控制的，3=推断的，4=预测的。b=未扣除设计、采矿损失的可采储量。

资源量和储量之间是可以相互转换的，如探明资源量、控制资源量可转换为储量（图6-23），但需经过预可行性研究或与之相当的技术经济评价。当转换因素（包括采矿、加工选冶、基础设施、经济、市场、法律、环境、社区和政策等）发生改变，已无法满足技术可行性和经济合理性的要求时，储量也应适时转换为资源量（中华人民共和国地质矿产行业标准 DZ/T 0214—2020）。

JORC 规范（Joint Ore Reserves Committee）由澳大利亚矿产理事会（MCA）、澳大利亚矿业冶金协会（AusIMM）、澳大利亚地质学家协会（AIG）三家机构发起，是关于澳大利亚发布勘查结果、矿产资源和矿石储量的最低准则、建议和指南的一份规范，得到澳大利亚矿业委员会和澳大利亚财务委员会支持，同时被澳大利亚证券交易所（ASX）和新西

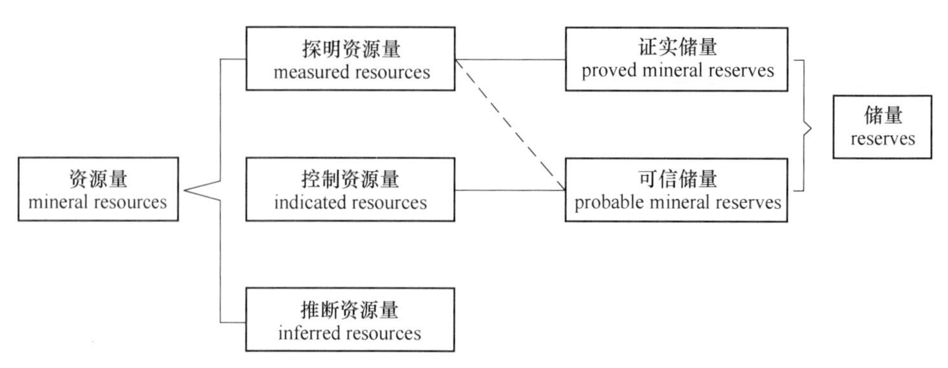


图 6-23　资源量和储量类型及其转换关系示意图

（引自中华人民共和国国家标准 GB/T 17766—2020）

兰证券交易所（NZX）应用，至今已被世界上绝大多数矿业公司使用为标准规范（图 6-24）。JORC 规范于 1989 年出台了第一个版本后，并分别于 1999 年、2004 年和 2012 年进行了修订和更新。

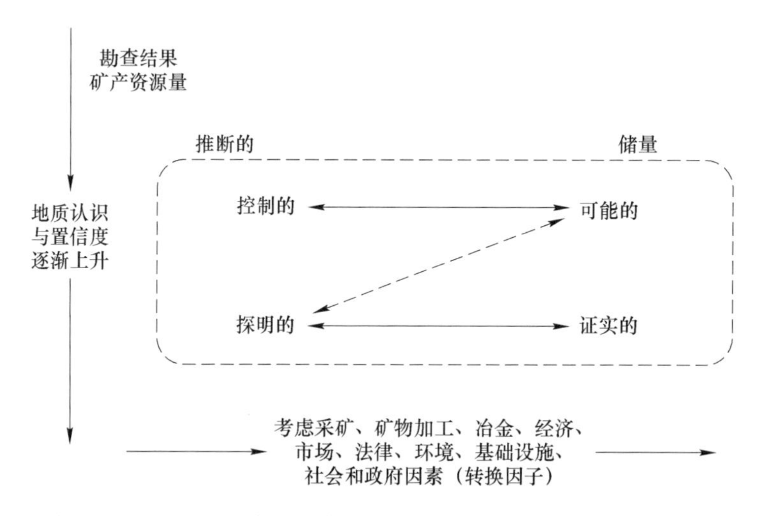


图 6-24　JORC code 采用的储量分类（引自 The JORC code，2012）

NI 43-101 标准，即加拿大矿产项目披露标准（National Instrument 43-101 Standards of Disclosure for Mineral Projects）是由加拿大采矿、冶金和石油协会（CIM）于 1996 年开始采用与 JORC 分类标准相同的定义和分类，并由加拿大证券委员会（CSA）于 1998 年以国家法律文件（National Instrument 43-101）形式予以公布，并于 2001 年 2 月正式生效的国家行政法规。其文件分“NI 43-101 矿业信息披露标准”和“NI 43-101F1 技术报告必须遵循的格式和内容”两部分，涵盖口头声明、书面文件及网站信息。NI43-101 标准要求所有技术披露信息均应基于“合资格人士”的建议。发行人需使用加拿大矿业、冶金及石油研究院批准的定义对资源量及储量进行披露。

中国 1999 年版分类标准以 UNFC 分类为基础，UNFC 与加拿大采矿和冶金协会理事会委员会（CMMI）定义是兼容一致的，而以 CMMI 定义为基础的 NI 43-101 标准与 JORC 标准基本互认。中国 2020 年版分类标准直接接轨矿产储量国际报告标准委员会

(CRIRSCO)在2019年11月颁布的对于矿产资源量和储量的公开报告模板。目前，中、加、澳三国的分类标准对矿产资源量、矿石储量等基本概念的定义基本类似，在矿产资源量/矿石储量分类方面具有可比性。表6-5对中国储量分类标准（2020）、JORC规范与NI 43-101标准进行了系统的比较。

**表6-5 中国固体矿产资源/储量分类标准、JORC规范与NI 43-101标准的比较**

| 固体矿产资源储量相关文件 | 中国 | | 加拿大 | 澳大利亚 |
|---|---|---|---|---|
| | 固体矿产资源/储量分类（GB/T 17766—1999） | 固体矿产资源/储量分类（GB/T 17766—2020） | NI 43-101标准 | JORC规范 |
| 管理机构 | 国土资源部矿产资源储量司管理储量评审 | 国土资源部矿产资源储量司管理储量评审 | 政府部门（联邦政府和省政府）和非政府部门（行业协会如加拿大职业工程师协会CCPE、加拿大采矿冶金和石油协会CIM等）共同管理 | 澳大利亚矿产理事会(MCA)、澳大利亚矿业冶金协会（AusIMM)、澳大利亚地质学家协会(AIG）三家机构发起，受到澳大利亚矿业委员会和澳大利亚财务委员会支持 |
| 合资格人士制度 | 无独立合资格人士 | 无独立合资格人士 | 独立合资格人士扮演重要角色。成为独立资格人士条件很严格，需要至少5年有关报告中矿化类型和矿床类型的工作经验；是资源勘查、矿山开发/运营、资源项目评价相关领域的工程师或地质学家；同时在专业组织中，声誉良好 | |
| 分类模式 | 包括储量、基础储量和资源量共16个类别 | 资源量与储量3+2类别 | 矿产资源量与矿石储量3+2类别 | |
| 资源量估算方法 | 剖面法、块段法等 | 三维模型构建、地质统计学方法估值 | 三维模型构建、地质统计学方法估值 | |
| 预可行性研究 | 是对矿床开发经济意义的初步评价。为判断矿床是否进行勘探或可行性研究提供决策依据。通常有基于详查或勘探后求得的矿产资源/储量，实验室初步选冶试验数据，以及通过市场调查或类似矿山对比得到的估算成本。与可行性研究报告相比，结构相同但详细程度次之 | 通过分析项目的地质、采矿、加工选冶、基础设施、经济、市场、法律、环境、社区和政策等因素，对项目的技术可行性和经济合理性的初步研究 | 对矿产项目的技术经济的初步综合研究。针对高级阶段的矿产项目，已确定首选的采矿方法（对地下矿而言）或矿坑模型（对露天采矿而言）和选矿方法。同时包含基于转换因素适当假设为基础的财务分析和评估，合资格人士基于这些因素确定资源量与储量的转换情况 | |

续表6-5

| 固体矿产资源储量相关文件 | 中国 | | 加拿大 | 澳大利亚 |
|---|---|---|---|---|
| | 固体矿产资源/储量分类（GB/T 17766—1999） | 固体矿产资源/储量分类（GB/T 17766—2020） | NI 43-101 标准 | JORC 规范 |
| 可行性研究 | 是对矿床开发经济意义的详细评价，为详细评价拟建项目的技术经济可靠性以及后续投资提供决策依据。所采用的资源量、储量估值模型与方法合理、成本数据精确度高，选冶试验数据充足可靠，市场调查流程完善，并充分考虑了地质、工程、环境、法律和政府的经济政策等各种因素的影响 | 通过分析项目的地质、采矿、加工选冶、基础设施、经济、市场、法律、环境、社区和政策等因素，对项目的技术可行性和经济合理性的详细研究 | 是对矿产项目技术经济的综合研究，包括对所使用各种转换因素的详细评估。针对高级阶段的矿业项目，已确定最优的采矿方法（对地下矿而言）或矿坑模型（对露天采矿而言）和选矿方法。同时包含基于转换因素适当假设为基础的财务分析和评估，合资格人士基于这些因素确定资源量与储量的转换情况。可信度比预可行性研究高，可用于相关金融机构做进一步的投资决策 | |

| 中国固体矿产资源/储量分类标准（GB/T 17766—1999） | | 中国固体矿产资源/储量分类标准（GB/T 17766—2020） | | JORC 与 NI 43-101 标准下固体矿产资源/储量分类标准 | |
|---|---|---|---|---|---|
| 类型 | 分类 | 类型 | 分类 | 类型 | 分类 |
| 可采储量 | 111 | 储量 | 证实储量 | 矿石储量 | 证实的储量（proved reserve） |
| 预可采储量 | 121 | | 可信储量 | | 可信的储量（probable reserve） |
| 预可采储量 | 122 | | | | |
| 探明的（可研）经济基础储量 | 111b | 资源量 | 探明资源量 | 矿产资源量 | 确定的资源量（measured resource） |
| 探明的（预可研）经济基础储量 | 121b | | | | |
| 探明的（可研）边际经济基础储量 | 2M11 | | | | |
| 探明的（预可研）边际经济基础储量 | 2M21 | | | | |
| 探明的（可研）次边际经济资源量 | 2S11 | | | | |
| 探明的（预可研）次边际经济资源量 | 2S21 | | | | |
| 探明的内蕴经济资源量 | 331 | | | | |
| 控制的经济基础储量 | 122b | | 控制资源量 | | 标示的资源量（indicated resource） |
| 控制的边际经济基础储量 | 2M22 | | | | |
| 控制的次边际经济资源量 | 2S22 | | | | |
| 控制的内蕴经济资源量 | 332 | | | | 推测的资源量（inferred resource） |
| 推断的内蕴经济资源量 | 333 | | 推断资源量 | | |
| 预测资源量 | 334 | 潜在矿产资源 | 潜在矿产资源 | 潜力区矿量 | 资源潜力区（resource potential） |

注：由于中国标准和JORC、NI 43-101标准对各个级别的资源量与储量的级别定义方法和所依据的原始数据有所差异，本表内为大致对应关系，不能直接运用与转换计算。

2020年3月31日和2020年4月28日由国家市场监督管理总局和国家标准化管理委员会发布了《固体矿产资源储量分类》和《固体矿产勘查规范总则》。2020年版中国固体矿产资源储量分类在矿产资源量和储量定义以及其之间的关系与转换方面较1999年版本有了重大改变，从形式与内容上看已经基本接轨矿产储量国际报告标准委员会（CRIRSCO）在2019年11月颁布的矿产资源量和储量的公开报告模板。此次资源量与储量分类采用“3+2”模式，即划分3种资源量类别和2种储量类别。该分类标准已于2020年5月1日开始实施。

《固体矿产勘查规范总则》储量分类标准按照地质可靠程度、开采技术条件和矿石加工选冶技术性能将矿产资源量分为推断资源量（inferred resources）、控制资源量（indicated resources）和探明资源量（measured resources）三类，进一步简化了分类体系。按照技术可行性和经济合理性的可靠程度由低到高，储量分为可信储量（probable mineral reserves）和证实储量（proved mineral reserves）两个储量级别。对于资源量的估算过程和方法也提出了新的要求，其中工业指标包括一般工业指标和论证工业指标。在资源量估算方面原则上采用地质统计学方法或者距离幂次反比法，运用矿业三维建模估值软件完成资源量估算，对特高品位处理也提出了规范化要求。《固体矿产资源储量分类》中明确提出了三种技术研究，按照研究的深度依次为概略研究、预可行性研究和可行性研究，对于资源量转储量提出了明确的转换因素和资源量与储量互转需考虑的因素。我国新的储量分类标准和勘查规范与JORC标准在报告术语、资源和储量定义以及资源转储量等方面大体上具有一致性，但在对资源量与储量估算的方法的规定、合资格人士制度的采用以及三种技术研究的具体内涵和外延方面仍然存在一定的差异。

### 6.3.3　矿床的规模

我国地质勘查规范对矿床的规模划分有明确的规定，表6-6和表6-7为我国现行铁、锰、铬及岩金矿床的规模划分。对铁矿贫矿来说，矿石量大于1亿吨为大型，0.1亿~1亿吨为中型，小于0.1亿吨为小型。而对岩金矿床来说，金的金属量在5t以下的称为小型，5~20t为中型，大于20t为大型。目前，国内外还常用超大型（super large，giant）来形容那些规模特别巨大的矿床。一般来说，资源量达到大型矿床最低储量要求的5倍以上时可称为超大型（涂光炽，1994）。如对金矿来说，单个矿床金的金属量达到20t以上为大型，那么在100t以上时则可称为超大型。

**表6-6　铁、锰、铬矿床规模划分**

| 矿种 | | 矿石资源量单位 | 矿床规模 | | |
|---|---|---|---|---|---|
| | | | 大型 | 中型 | 小型 |
| 铁矿 | 贫矿 | $10^8$t | ≥1 | 0.10~<1 | <0.1 |
| | 富矿 | $10^8$t | ≥0.5 | 0.05~<0.5 | <0.05 |
| 锰矿 | | $10^4$t | ≥2000 | 200~<2000 | <200 |
| 铬矿 | | $10^4$t | ≥500 | 100~<500 | <100 |

引自：中华人民共和国地质矿产行业标准DZ/T 0200—2020。

**表 6-7 岩金矿床规模划分** (t)

| 矿 床 规 模 | 资源量（金属量） |
|---|---|
| 大型 | >20 |
| 中型 | 5~20 |
| 小型 | <5 |

引自：中华人民共和国地质矿产行业标准 DZ/T 0205—2020。

矿产资源是不可再生资源，在地球，特别是地壳中已被发现和利用的资源有限，节约利用、高效利用、合理开发地球资源是我们矿业工作者的责任。在开发、利用矿产资源的同时，保护绿水青山是每一个矿业工作者努力的方向。

# 7 成矿作用和矿床的成因分类

## 7.1 成矿作用的概念和分类

由大陆地壳的物质组成（表 7-1）可知，成矿金属元素在地壳中的丰度值很低，如铁为 4.3%、铜为 $2.5×10^{-3}\%$、锌为 $6.5×10^{-3}\%$（Wedepohl，1995）。这些元素若要形成达到矿石所要求的边界品位或工业品位必须经过有效的富集作用。不同的元素要求的富集倍数不同，铁需富集 4~5 倍、铜需富集约 100 倍、钼需富集约 200 倍（按我国现行的边界品位要求）。这种使有用元素富集的过程就是成矿过程（ore forming process），在中文教材中我们一般用成矿作用一词来表达。

对于采矿、选矿和冶金专业的学生来说，矿石是其最主要的研究对象，如何将矿石经济、高效、安全地开采出来，并将其中的有用组分高效地分离出来是其主要任务。矿石的矿物组成、化学组成、结构构造、矿石中元素的赋存形式等与矿石的形成过程和形成的物理化学条件有关，而矿石的物理、化学性质是采矿方法、选矿工艺、冶金工艺设计的重要依据。

溶浸采矿是根据物理化学原理，利用化学溶剂及微生物，有选择地溶解、浸出和回收矿石或废石中的有用组分的一种采矿方法，它将采矿、选矿、冶金合而为一（吴爱祥等，2006）。溶浸采矿过程建立在矿石与浸液的化学和物理化学作用基础上，因此，地球化学已成为溶浸采矿学的基础理论之一（王世强等，2007），特别是元素的地球化学性质、迁移机理等。成矿元素的活化、迁移、富集与沉淀机理是成矿理论研究的主要内容，同时也是矿物加工工程和溶浸采矿学的理论基础之一。

国内外对成矿作用的分类不尽相同，我国目前采用的成矿作用分类大多与地质作用相对应，如内生成矿作用、外生成矿作用、变质成矿作用，其分别对应于内力地质作用、外力地质作用和变质作用，而国际上对成矿作用分类主要依据成矿的地质背景和成矿的物理化学条件。在 Robb（2005）的 *Introduction to ore forming processes* 一书中，成矿过程被概括为：火成成矿过程（igneous process）、热液成矿过程（hydrothermal process）及沉积和表生成矿过程（sedimentry/surficial process）三大类，其中火成成矿过程又可进一步划分为岩浆成矿作用和岩浆热液成矿作用两类。本教材所用的成矿作用分类主要参考了 Robb（2005）的分类方案。

目前对许多内生金属矿床的成矿热液来源、成矿的物理化学条件等仍存在争议，因此很难完全区分岩浆热液成矿过程和其他热液成矿过程。随着矿床学研究的不断发展和矿床成因认识的深入，对一些矿床的成矿过程认识也可能会有所变化，读者应以独立和科学的态度来认识不同矿床的成因和成矿过程，并及时掌握矿床学研究的新进展。

**表 7-1 地壳元素丰度表**

| 元素/含量单位 | T&M① | W② | 元素/含量单位 | T&M① | W② | 元素/含量单位 | T&M① | W② |
|---|---|---|---|---|---|---|---|---|
| $Li/10^{-6}$ | 20 | 22 | $Ga/10^{-6}$ | 17 | 14 | $Nd/10^{-6}$ | 26 | 25.9 |
| $Be/10^{-6}$ | 3 | 3.1 | $Ge/10^{-6}$ | 1.6 | 1.4 | $Sm/10^{-6}$ | 4.5 | 4.7 |
| $B/10^{-6}$ | 15 | 17 | $As/10^{-6}$ | 1.5 | 2 | $Eu/10^{-6}$ | 0.88 | 0.95 |
| $C/10^{-6}$ |  | 3240 | $Se/10^{-6}$ | 0.05 | 0.083 | $Gd/10^{-6}$ | 3.8 | 2.8 |
| $N/10^{-6}$ |  | 83 | $Br/10^{-6}$ |  | 1.6 | $Tb/10^{-6}$ | 0.64 | 0.5 |
| $F/10^{-6}$ |  | 611 | $Rb/10^{-6}$ | 112 | 110 | $Dy/10^{-6}$ | 3.5 | 2.9 |
| Na/% | 2.89 | 2.57 | $Sr/10^{-6}$ | 350 | 316 | $Ho/10^{-6}$ | 0.8 | 0.62 |
| Mg/% | 1.33 | 1.35 | $Y/10^{-6}$ | 22 | 20.7 | $Er/10^{-6}$ | 2.3 |  |
| Al/% | 8.04 | 7.74 | $Zr/10^{-6}$ | 190 | 237 | $Tm/10^{-6}$ | 0.33 |  |
| Si/% | 30.8 | 30.35 | $Nb/10^{-6}$ | 25 | 26 | $Yb/10^{-6}$ | 2.2 | 1.5 |
| $P/10^{-6}$ | 700 | 665 | $Mo/10^{-6}$ | 1.5 | 1.4 | $Lu/10^{-6}$ | 0.32 | 0.27 |
| $S/10^{-6}$ |  | 953 | $Pd/10^{-9}$ | 0.5 |  | $Hf/10^{-6}$ | 5.8 | 5.8 |
| $Cl/10^{-6}$ |  | 640 | $Ag/10^{-9}$ | 50 | 55 | $Ta/10^{-6}$ | 2.2 | 1.5 |
| K/% | 2.8 | 2.87 | $Cd/10^{-9}$ | 98 | 102 | $W/10^{-6}$ | 2 | 1.4 |
| Ca/% | 3 | 2.94 | $In/10^{-9}$ | 50 | 61 | $Re/10^{-9}$ | 0.4 |  |
| $Sc/10^{-6}$ | 11 | 7 | $Sn/10^{-6}$ | 5.5 | 2.5 | $Os/10^{-9}$ | 0.05 |  |
| $Ti/10^{-6}$ | 3000 | 3117 | $Sb/10^{-6}$ | 0.2 | 0.31 | $Ir/10^{-9}$ | 0.02 |  |
| $V/10^{-6}$ | 60 | 53 | $Te/10^{-9}$ |  |  | $Au/10^{-9}$ | 1.8 |  |
| $Cr/10^{-6}$ | 35 | 35 | $I/10^{-6}$ |  | 1.4 | $Hg/10^{-9}$ |  | 56 |
| $Mn/10^{-6}$ | 600 | 527 | $Cs/10^{-6}$ | 3.7 | 5.8 | $Tl/10^{-9}$ | 750 | 750 |
| Fe/% | 3.5 | 3.09 | $Ba/10^{-6}$ | 550 | 668 | $Pb/10^{-6}$ | 20 | 17 |
| $Co/10^{-6}$ | 10 | 11.6 | $La/10^{-6}$ | 30 | 32.3 | $Bi/10^{-6}$ | 127 | 123 |
| $Ni/10^{-6}$ | 20 | 18.6 | $Ce/10^{-6}$ | 64 | 65.7 | $Th/10^{-6}$ | 10.7 | 10.3 |
| $Cu/10^{-6}$ | 25 | 14.3 | $Pr/10^{-6}$ | 7.1 | 6.3 | $U/10^{-6}$ | 2.8 | 2.5 |
| $Zn/10^{-6}$ | 71 | 52 |  |  |  |  |  |  |

①Taylor and Mclennan（1985，1995）。

②Wedepohl（1995）。

# 7.2　矿床的成因分类

矿床中矿体的形态、产状、规模，矿石的矿物组成、结构、构造均与其形成过程有关，不同成因、不同成矿物理化学条件下形成的矿床其在矿体的形态、产状、矿物组合、矿石结构等方面往往也不尽相同，因此在采矿方法、选冶流程的设计方面应考虑到不同成因矿床的特点。

矿床的分类经历了漫长的历史，是矿床学研究的重要内容之一。最早的矿床分类主要依据矿种、矿体的形态、产状或控制因素、产出位置等，而矿床的成因分类是随着我们对矿床的形成过程有了较为深入的认识基础上提出的。由于对许多矿床的形成过程和成因至今仍不明确或存在争议，因此对一些已知矿床的成因分类也存在不同认识，致使目前仍缺少国际统一的矿床成因分类方案。

最早考虑到从矿床成因的角度对矿床进行分类的应该是国际著名的矿床学家Lindgren，他于1913年较为系统地提出了矿床的成因分类方案，并于1933年正式发表于他主编的Mineral deposits（第4版）中，这一成因分类在20世纪上半叶的美洲影响很大，由于其具有野外可操作性，因此在指导找矿方面非常有用。但是，由于受当时矿床成因认识的制约，当时的Lindgren坚信，所有矿床的成矿流体均来自岩浆，这与现在的认识明显不同。Guilbert和Park Jr（1985）在其编辑出版的*the Geology of Ore deposits*一书中对Lindgren（1933）的分类方案进行了修订。修订后的Lindgren（1933）分类方案中首先根据成矿物质富集的原因将矿床分为三大类（表7-2），分别为：（Ⅰ）：由化学过程造成矿质富集形成的矿床（deposits produced by chemical processes of concentration），这类矿床形成的温度、压力范围较大；（Ⅱ）由机械过程造成矿质富集形成的矿床（deposits produced by mechanical process of concentration），这类矿床形成的温度和压力一般较低，主要形成于表生过程；（Ⅲ）与陨石撞击有关的矿床（deposits produced following meteorite impact）。

其他早期的矿床成因分类还包括Niggli（1929）、Schneiderhohn（1941）提出的分类方案等，但现在大多已不再使用。Niggli（1929）将内生矿床分为火山成因（volcanic）或近地表成因（near surface）、产于岩基中（plutonic）或深部（deep-seated）两大类，其下再为亚类。Schneiderhohn（1941）则根据成矿流体特征、矿物组合、与近地表和深成矿床之间的差别、矿质沉淀机制、寄主岩石或脉石矿物等将矿床分为四大类，分别为：（Ⅰ）侵入体和流体-岩浆矿床（intrusive and liquid-magmatic deposits）；（Ⅱ）汽化热液矿床（pneumatolytic deposits）；（Ⅲ）热液矿床（hydrothermal deposits）；（Ⅳ）蒸发矿床（exhalation deposits）。

Meyer（1981）在前人研究基础上，综合了不同矿床类型的成矿过程，并将其放置于一个从40亿年至今的时间轴上。Meyer（1981）在综合考虑了地质关系、矿床成因、矿种等基础上提出了较为系统的成因分类方案（表7-3）。尽管他的分类可能也并不完美，且部分矿床类型之间可能有些重叠，但仍是非常实用的分类方案，也是与目前我们经常使用的分类方案较为一致的分类方案。

**表 7-2　Lindgren（1933）矿床成因分类方案之 1985 修订版**

| 一级分类 | 二级分类 | 成矿作用 | 成矿岩体和成矿温度 |
|---|---|---|---|
| Ⅰ：Deposits produced by chemical processes of concentration. Temperatures and pressures vary between wide limits. | In magmas, by process of differentiation | Magmatic segregation, injection | Layered mafic intrusion;<br>Temperature 700 to 1500℃, pressure very high |
| | | | Carbonatities, kimberlites;<br>Temperature 700 to 1500℃, pressure very high |
| | | | Anorthosites, gabbros;<br>Temperature 700 to 1500℃, pressure very high |
| | Magmatic fluid | | Porphyry base-metal deposits in part;<br>Temperature moderate, pressure moderate |
| | | | Pegmatites;<br>Temperature high to moderate, pressure high |
| Ⅱ：Deposits produced by mechanical processes of concentration. | | | |

**表 7-3　Meyer（1981）的矿床成因分类方案**

| 一　级　分　类 | 二　级　分　类 |
|---|---|
| Ⅰ：Ores in mafic igneous rocks. | （1）Chromite<br>Stratiform in layered complex<br>Pod in Alpineperidotites |
| | （2）Nickel-sulfide ores<br>Kambalda type<br>In amphibolite<br>Sudbury type<br>Insizwa type<br>Ilmenite in massifs |
| | （3）Titanium with anorthosite<br>Stratiform in layered complex |
| Ⅱ：Volcanogenic massive sulfides in volcanic assemblages.（VMS） | Cyprus-type in ophiolitesiutes |
| | Noranda-type in andesite-rhyolite suites |
| | Kuoroko and allied types |

续表 7-3

| 一 级 分 类 | 二 级 分 类 |
| --- | --- |
| Ⅲ：Ores in sediments | Sediment-host sulfide deposits |
| | Copper inshales and sandstone |
| | Lead-zinc in clastic sediments |
| | Mississippi Valley type（MVT） |
| | Iron ores |
| | Banded iron formation（BIF） |
| | Clinton-Minette ores |
| Ⅳ：Stratabound deposits | Uranium deposits |
| | Unconformity vein type |
| | Sandstone and calcrete type |
| | Gold ores |
| | Gold in iron formation |
| | Gold-quartz veins |
| | Gold-uranium conglomerates |
| Ⅴ：Granodiorite-quartz monzonite，hydrothermal | Porphyry copper deposit（PCD） |
| | Tin-tungsten deposit |

我国的矿床成因分类一直采用与地质作用相对应的分类方案（表 7-4），首先分为内生、外生和变质矿床三大类，其分别对应内力地质作用（区域变质作用和动力变质作用除外）、外力地质作用和变质作用。

**表 7-4 我国现采用的矿床成因分类方案**

<table>
<tr><th colspan="2">内 生 矿 床</th><th colspan="2">外 生 矿 床</th><th colspan="2">变 质 矿 床</th></tr>
<tr><td rowspan="3">岩浆矿床</td><td>早期岩浆矿床</td><td rowspan="3">风化矿床</td><td>残积、坡积矿床</td><td rowspan="3">接触变质矿床</td><td rowspan="2">受变质矿床</td></tr>
<tr><td>晚期岩浆矿床</td><td>残余矿床</td></tr>
<tr><td>熔离矿床</td><td>淋积矿床</td><td>变成矿床</td></tr>
<tr><td>伟晶岩矿床</td><td></td><td rowspan="5">沉积矿床</td><td>机械沉积矿床</td><td rowspan="3">区域变质矿床</td><td rowspan="2">受变质矿床</td></tr>
<tr><td rowspan="2">气液矿床</td><td>矽卡岩矿床</td><td>真溶液沉积矿床</td></tr>
<tr><td>热液矿床</td><td>胶体化学沉积矿床</td><td>变成矿床</td></tr>
<tr><td rowspan="3">火山成因矿床</td><td>火山岩浆矿床</td><td rowspan="2">生物—生物化学沉积矿床</td><td rowspan="3" colspan="2"></td></tr>
<tr><td>火山—次火山气液矿床</td></tr>
<tr><td colspan="3">火山—沉积矿床</td></tr>
</table>

注：该表未包括“层控矿床”和“可燃有机矿床”。

目前，世界许多矿床的成矿过程、成矿的物理化学条件仍不清楚，或存在认识上的分歧，不同学者可能将同一矿床划归不同的成因类型，如白云鄂博。白云鄂博是世界最大的稀土矿床，其成因一直饱受争议，过去曾被认为是沉积型铁矿、沉积变质型铁矿和 IOCG

型铁矿等，而目前较为公认的认识是岩浆碳酸岩型铁-铌-稀土矿床。随着矿床学研究的不断深入，特别是随着现代测试技术的不断提高和实验岩石学、实验地球化学、地球化学热力学等研究的不断深入，未来对一些矿床形成的过程和物理化学条件的认识会越来越趋于精确和准确，因此其成因分类和成矿物理化学特征的描述也会不断变化。读者应及时了解矿床学研究的新进展，掌握较为公认的矿床分类及各类矿床的特征，更好地为找矿和矿业开发服务。

# 8 火成成矿作用

## 8.1 岩浆成矿作用

世界许多金属矿床均产于火山岩或侵入岩体内，显示出岩浆作用与成矿关系密切。无论是镁铁质岩石还是长英质岩石均与金属矿床有一定的成因联系，如产于超镁铁质岩中的铬铁矿床、铜镍硫化物矿床，产于花岗质岩体中的钨、锡矿床等。

我们知道，不同的岩浆岩中产出的金属矿床常具有不同的金属组合，其应与成矿岩浆形成的构造背景、岩浆源区、岩浆演化过程有关，如亲铜元素（如镍、钴、铂、钯、金）常与镁铁质岩浆活动关系密切，而亲石元素（如锂、锡、锆、铀、钨）常与长英质或碱性岩浆活动有关，这表明不同的岩浆类型与不同的矿床之间有一定的成因联系。

岩浆成矿作用（magmatic process）指在岩浆形成、演化和固结成岩过程中造成有用组分的富集和沉淀，并形成矿床的过程。那么岩浆作用过程中哪些物理或化学过程会造成有用组分的富集呢？我们知道岩浆形成于地壳深部或地幔（甚至深达核幔边界），部分熔融被认为是岩浆形成的主要机制，而岩浆上侵和储存过程中的结晶分异、岩浆不混溶、岩浆与围岩的反应、岩浆中挥发分的逃逸等均可造成残余岩浆组成的变化，并使部分成矿金属元素在矿物或熔体、流体中富集，这是与岩浆作用有关的成矿作用中金属富集的重要原因。岩浆在形成和演化过程中元素的地球化学行为决定了其在熔体、先期结晶的矿物相或出溶流体中的分配，制约了成矿金属的富集或贫化。

### 8.1.1 部分熔融和结晶分异

部分熔融（partial melting）是指地下深处（地幔或下地壳）的岩石由于受到高温、减压或挥发组分加入的影响，部分低熔点矿物或某些矿物的一部分（一般多发生在矿物的边部）发生熔融（图 8-1），这时形成的熔体其成分上不同于原岩的组成。大多成矿金属元素在自然界已知的岩石类型中均为微量元素（质量分数小于 0.1%），当岩石经过部分熔融时，这些金属元素在熔体与残余矿物相中分配，那些倾向进入残余固相中的元素称为相容元素，它们存在于矿物晶格中，是组成矿物的一部分，而倾向于进入熔体相中的元素称为不相容元素。在部分熔融过程中，不相容元素倾向于在部分熔融形成的熔体中富集，部分熔融程度越低，形成的熔体中相对于初始岩石的元素富集程度越高，而相容元素倾向于在残余固相中富集，部分熔融程度越高，这些元素在残余固相中越富集。

结晶分异（fractional crystallization）是岩浆在地壳和地幔中发生的最重要的化学和物理过程。与部分熔融一样，在岩浆冷凝和结晶过程中，相容元素趋向于进入先期结晶的矿物晶格中，而不相容元素趋向于留在残余熔体相中，因此结晶分异可以导致残余熔体相中不相容元素的富集。

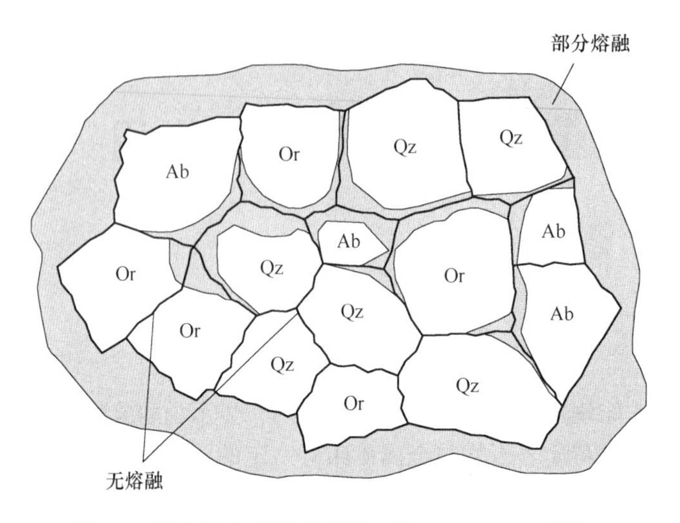


图 8-1　部分熔融过程示意图（据 Robb，2005 修绘）

Ab—钠长石；Or—钾长石；Qz—石英

对铁镁质岩浆来说，由于其黏度低，若早期结晶的矿物相富含成矿元素（如铬铁矿），而其密度又明显大于残余熔体，则其会在熔体中下沉，并在岩浆房底部聚焦形成矿体（图 8-2）。若先期结晶出的矿物密度小于残余熔体，则会上浮，并在岩浆房顶部聚集，形成矿体。铁镁质岩浆的结晶分异和由重力引起的先期结晶矿物下沉或上浮是形成层状岩体的原因，也是层状铬铁矿（图 8-3）形成的重要机制。但仅靠在同一岩浆房中的矿物分离结晶很难形成规模巨大的矿床，岩浆的多次贯入和结晶分异共同作用可能是形成世界级铬铁矿床的重要原因。世界著名的 Bushvield 杂岩体中超大型铬铁矿床即与超铁镁质岩浆的结晶分异有关。前人研究表明，该岩体的形成存在多次的深部岩浆补充，结晶分异与新的岩浆不断加入是 Bushvield 杂岩体中超大型铬铁矿床、PGE（铂族元素）矿床的形成原因（参见 Naldrett，1999 及其中文献）。对长英质岩浆来说，由于其黏度是镁铁质岩浆的数倍，其很难形成层状岩体或结晶分异形成局部矿质的富集，但结晶分异仍可改变残余岩浆的性质，使成矿金属相对富集，产生成矿母岩浆。

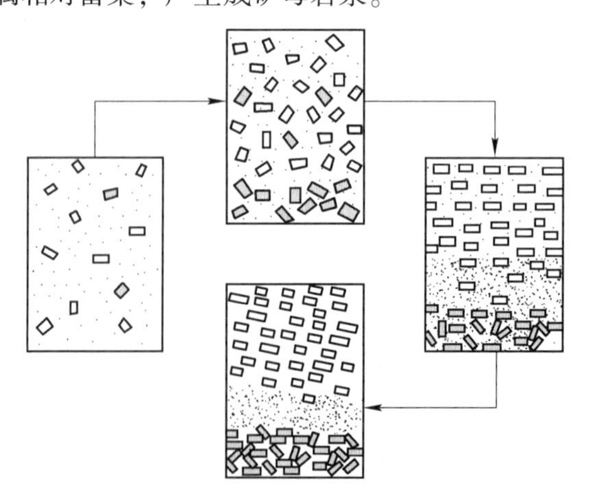

图 8-2　结晶分异过程示意图

图 8-3 层状铬铁矿的野外照片（Bushvield 杂岩体，引自 Robb，2005）

硅酸盐熔体的结晶分异过程较实验体系的恒温、恒压过程复杂得多，其除受熔体演化过程中的温度、压力、化学组成影响外，还与岩浆中挥发分的含量和挥发分的类型等有关。岩浆中的挥发组分除水外，还要考虑其中 $CO_2$、$H_2$、$O_2$ 等的影响。水在硅酸盐熔体中的溶解度（水的分压）对花岗质岩浆的固相线温度影响很大，而氧化物矿物（如磁铁矿和钛尖晶石）的晶出顺序对熔体的氧逸度非常敏感，因此氧化物矿物的结晶分离对控制残余岩浆中的硅含量非常重要。

在部分熔融和结晶分异过程中，不相容元素在早期形成的熔体相或结晶分异过程的残余熔体相中富集，而相容元素则在部分熔融过程中的残余固相或岩浆演化过程中先期结晶的矿物相中富集，因此，部分熔融和结晶分异可能是造成岩浆中某些金属元素富集的重要原因。

### 8.1.2 液态不混溶作用

液态不混溶作用（liquid immiscibility）是指原来均一的熔体分成两个或两个以上不相混溶的熔体相的过程。有时不混溶的两部分冷凝形成的岩石在矿物学上十分相似，如硅酸盐熔体与硅酸盐熔体的不混溶；但也可能是形成两个组分完全不同的岩石类型，如硅酸岩熔体与硫化物熔体的不混溶。岩浆系统中熔体/熔体的不混溶被认为是许多岩浆岩和岩浆矿床形成的重要机制。由于在不混溶过程中初始熔体中微量元素在不混溶熔体间的分配系数不同，因而造成某些元素在特定熔体相中富集，如 PGE（铂族元素）和金在硅酸盐熔体与硫化物熔体不混溶过程中趋向于富集于硫化物熔体中，导致熔离型铜镍硫化物矿床中高的 PGE 和金含量，并造成岩浆硫化物型铜镍矿床中的金-PGE 矿化。尽管不混溶过程受复杂的物理化学因素制约，但不混溶是造成某些矿质富集的重要机制已得到证实，如加拿大的 Sudbury 铜镍硫化物矿床、西伯利亚的 Noril'sk-Talnakh 铜镍硫化物矿床等，其均与硫化物熔体与硅酸岩熔体的不混溶有关（Robb，2005）。另外，也有学者提出，碳酸岩型稀土矿床中碳酸岩熔体与碱性硅酸岩熔体的不混溶（Wendlandt et al.，1979）或碳酸盐与多相硅酸盐熔体的不混溶（D'Orazio et al.，1998）可能是造成碳酸岩熔体中稀土富集的原因之一。

# 8.2　岩浆热液成矿作用

世界上大多数内生贱金属矿床的形成与岩浆活动有关，但这些矿床并非形成于岩浆过程，而是与岩浆出溶的流体有关，因此其成矿作用为岩浆热液过程（magmatic hydrothermal process），如斑岩型铜（钼、金）矿床（Sillitoe，2010）、高硫化型浅成低温热液型金（银）矿床（Hendinquist et al.，2000）、与花岗岩有关的钨锡矿床（Lecumberri-Sanchez et al.，2017）等，因此岩浆热液是成矿流体最重要的来源。那么岩浆中为何能出溶流体？岩浆出溶流体的机制和出溶流体的性质是什么呢？

## 8.2.1　岩浆热液的出溶机制及出溶流体特征

岩浆中可以溶解一定量的挥发分，这可以在现代火山喷发中存在大量气体得到证实。流体出溶机制、出溶流体特征及成矿元素在岩浆热液转化过程中的行为一直是地质学研究的热点。流体从岩浆中出溶导致了次地表环境下岩浆的物理化学性质改变，也导致了岩浆热液矿床的形成（Halter and Webster，2004）。结晶分异、熔体/流体不混溶是岩浆出溶流体的重要机制（如 Veksler，2004；Schatz et al.，2004）。近年来，随着现代测试技术的提高，对岩浆-热液转化过程的研究取得了很大进展，已从实验岩石学（如 Veksler，2004；Schatz et al.，2004）和天然样品的研究（如 Kamenetsky et al.，2002；Peretyazhko et al.，2004；Reyf，2004）两个方面证实在岩浆—热液转化过程中存在熔体/流体不混溶过程。

岩浆中挥发分种类多样，包括 $H_2O$、$CO_2$、$SO_2$、$H_2S$、CO 等。产自不同构造背景的岩浆均含一定量的水，其部分与源区有关，来源于源岩的部分熔融。岩浆中能溶解水的量（溶解度）与熔体的性质、压力、温度有关，特别是压力对水在硅酸盐熔体中的溶解度影响较大。图 8-4 显示了实验体系下玄武质、安山质和花岗质熔体中水的含量，由图可以看出，水在硅酸盐熔体中的溶解度与压力关系密切，压力越高溶解度越大，且在相同的压力下，花岗质熔体中水的溶解度高于安山质岩浆和玄武质岩浆（Burnham，1979）。在地壳压力下（如 100MPa），花岗岩质岩浆可以溶解 10%～15%（质量分数）的 $H_2O$。岩浆在水中以 $OH^-$的形式存在，尽管也有证据表明，在更高的压力和更高的水含量的条件下，水可能在岩浆中以分子水形式存在（Stolper，1982）。硅酸盐熔体中水的溶解度被认为受如下反应控制：

$$H_2O(\text{分子}) + O^{2-} \longrightarrow 2OH^-$$

式中，$O^{2-}$表示硅酸盐结构中的桥氧或聚合氧。低黏度的玄武质岩浆包含的桥氧较高度聚合的花岗质岩浆低，因此，玄武质岩浆容纳更少的 $OH^-$来替换 $O^{2-}$，导致其水的溶解度相对要低于花岗质岩浆。

硅酸岩岩浆上侵过程中，由于压力降低会造成其中的水达到饱和，并出溶流体，这叫作“第一次沸腾”（first boiling；Robb，2005）。除此之外，岩浆在等压降温过程中，由于不含水矿物的结晶分离也可使岩浆中的水达到饱和，造成流体出溶，这个过程叫作“第二次沸腾”（second boiling；Robb，2005）。“第二次沸腾”一般发生于更深侵位的岩浆系统，且仅发生在岩浆强烈结晶后。第一次沸腾和第二次沸腾的区别在于水饱和发生的时间与岩浆结晶过程，这对我们理解花岗岩有关的矿床非常重要。

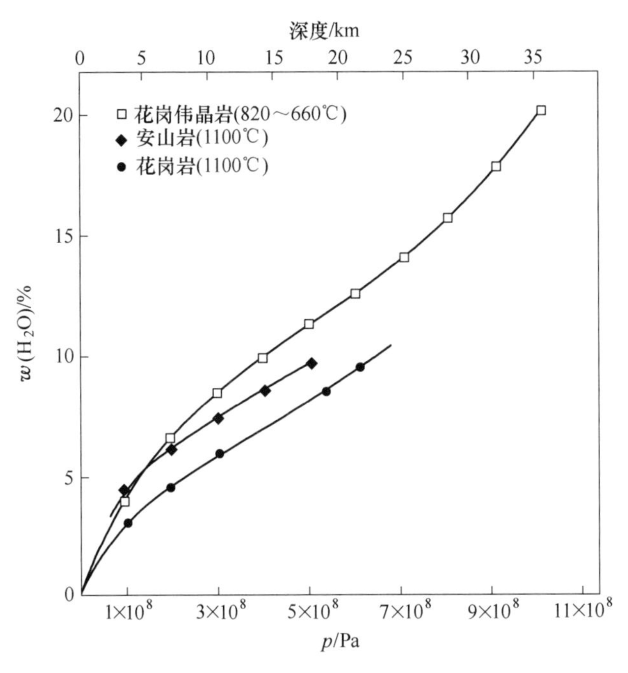


图 8-4　不同性质岩浆中水的溶解度随压力的变化（据 Burnham，1979 修绘，引自 Robb，2005）

除水外，$CO_2$ 也是岩浆流体的重要组成，相对水来说，$CO_2$ 对压力的变化更加敏感，即相同的压力下 $CO_2$ 在硅酸盐熔体的溶解度低于水，因此减压过程中 $CO_2$ 会先于水达到饱和，因此岩浆快速上侵的过程中早期出溶的流体相对富 $CO_2$，当然这还与初始岩浆中 $CO_2$ 的含量和岩浆性质有关。

### 8.2.2　成矿元素在成矿流体中的富集机制

岩浆-热液演化过程中元素在熔体和流体间的分配是造成成矿金属在流体中富集的重要机制。在岩浆-热液转化过程中，元素在熔体/流体间的分配已成为地质学的研究热点之一，其成果对理解岩浆热液演化过程中成矿金属的行为和矿质迁移、富集机制起到了重要作用。在 2002 年的 Goldschmidt 会议上专门设置了一个专题，重点就岩浆-热液演化过程中元素在熔体/流体的分配问题进行讨论，其主要成果以专辑的形式发表在 2004 年的 Chemical geology（Vol. 210）上。目前，元素在熔体/流体、不混溶流体中的分配研究主要是通过实验模拟和天然样品中的熔体、流体包裹体研究手段进行，近年来随着矿物成分和包裹体成分原位分析测试技术的不断提高，特别是 SIMS（二次离子质谱）（如 Thomas et al.，2002）、PIXE（质子诱发的 X 射线发射光谱）（如 Ryan et al.，1993，2001；Kurosawa et al.，2003；谢玉玲等，2009）和 LA-ICP-MS（激光剥蚀等离子质谱仪）（如 Shepherd and Chenery，1995；Heinrich et al.，2003；Rusk et al.，2004；Zajacz and Halter，2007）在单个包裹体成分分析中的成功应用，使得岩浆热液演化及元素在熔体-流体转化过程中的分配行为研究取得了重要进展。

Simon 等（2004，2006，2007，2009a，b）在 Geochimica et Cosmochimica Acta 期刊发表系列文章，其通过高温高压实验模拟手段，分别对不同温压条件下 Fe、Cu、Au、Ag、

Pt 等金属元素在流纹质熔体与平衡的含 Cl 水溶液相、气相中的分配进行研究。结果表明，这些成矿金属元素在熔体-流体演化过程中均主要富集于流体相中，在平衡的气相/液相间的分配系数均小于 0.5，只有 Cu 在不含硫体系中的分配系数达 0.69，因此表明成矿金属元素主要在含 Cl 的水溶液相中迁移。Bureau 等（2000，2003）对钠长岩熔体和低盐度水溶液流体中 Br、Cl、I 的分配进行研究，认为这些矿化剂元素在熔体-流体演化中也主要富集于流体相中。Signorelli 和 Carroll（2000）对含水响岩熔体中 Cl 在流体和熔体中的溶解度和分配行为的研究结果表明，Cl 在过碱质熔体中溶解度高于过铝质熔体，在响岩熔体中的溶解度明显高于流纹质熔体，且 Cl 的溶解度随压力降低而增高。Chevychelov 等（2008）通过实验研究，对 Cl 和 F 在流体和维苏威火山富水响岩熔体中的分配进行研究，结果表明，F 在流体/熔体间的分配系数大于 1，与流纹质熔体的不同。在天然样品研究方面，Zajacz 等（2008）利用天然挥发分饱和岩浆系统中共存的硅酸盐熔体包裹体和流体包裹体研究得出，Pb、Zn、Ag、Fe 在流体/熔体间的分配系数随 Cl 含量的增加呈线性增加，表明这些金属元素以 Cl 的配合物形式存在，而氧逸度和熔体成分对其影响不大，但 Mo、B、As、Sb、Bi 在低盐度流体中分配系数最高，表明这些元素并不以 Cl 配合物形式存在。Heinrich 等（1999）通过对岩浆热液矿床中沸腾流体包裹体群的 LA-ICP-MS 分析表明，Na、K、Fe、Mn、Zn、Rb、Cs、Ag、Sn、Pb、Tl（以 Cl 配合物形式）在岩浆演化过程中均趋向于集中在盐水溶液相中，而 Cu、As、Au、B（也许以 $HS^-$ 配合物形式存在）有选择性地分配在气相中，流体的相分离或许是造成岩浆-热液转化过程中矿质富集的主要因素。Webster 等（2009）通过实验和天然样品研究探讨了 F、Cl 在熔体、磷灰石和流体中的分配。Reyf（2004）报道了 Be、Mo 在熔体与不混溶流体之间的分配。Xie 等（2009，2015）通过对川西牦牛坪稀土矿床与稀土共生的萤石中熔流体包裹体的研究提出，稀土成矿流体来自碳酸岩浆演化过程中的熔体与流体不混溶，碳酸岩早期出溶流体为富硫酸盐、$CO_2$ 和多种成矿金属的超临界流体，在碳酸岩熔体-流体演化过程中，稀土主要富集在富硫酸盐的碳酸岩流体中。

目前，对不同成矿元素和矿化剂元素在岩浆-热液转化过程中的行为仍存在不同认识，元素在熔体、流体间的分配行为及影响因素仍有待进一步的探讨和完善。

### 8.2.3　矿质迁移与沉淀

在岩浆-热液演化过程中，几个重要物理过程制约了矿质的迁移、富集和沉淀，如熔体/流体不混溶、超临界流体分相、碳质流体与水溶液的不混溶、流体沸腾过程中低密度气相与高密度液相的分离过程等。熔体/流体的不混溶是岩浆热液形成的主要机制之一，也是富含成矿元素的岩浆流体形成的重要机制。一些矿化系统中是否有不混溶存在，可以用来判断是否可以形成具有经济意义的矿质富集（Bodnar，2006）。熔体/流体不混溶在许多岩浆-热液系统中被发现，如 Cesare 等（2007）通过熔体和流体包裹体研究，报道了在地壳深熔过程中碳质流体与花岗质熔体的不混溶。Veksler（2004）提出液态不混溶可以造成花岗质岩浆能出溶物理化学条件不同的水盐流体，其对伟晶岩型 Li-F-稀有金属成矿具有重要意义。对碳酸岩型稀土矿床来说，稀土矿化主要发生在碳酸岩浆演化晚期的富流体阶段，稀土在熔体-流体演化过程中主要富集于碳酸岩流体中，硫酸根可能是稀土迁移的主要配体（Xie，et al.，2009，2016，2019；Cui，et al.，2019）。那么，造成稀土沉淀的原因是什么呢？Xie 等（2009）的包裹体显微测温结果表明，碳酸岩流体演化过程中发生了硫酸盐熔体与水流体的不混溶过程（图 8-5），这一过程可有效地降低流体中硫酸根的浓度，并造成稀土的沉淀。Cui 等（2019）通过水热金刚石压腔实验和热力学模拟也证实，在有石英存在的流体体系中硫酸盐可以在很低的温度下发生熔融，并与水流体相共存，其后随温度升高溶解度升高，这种流体具有超高的稀土溶解能力。

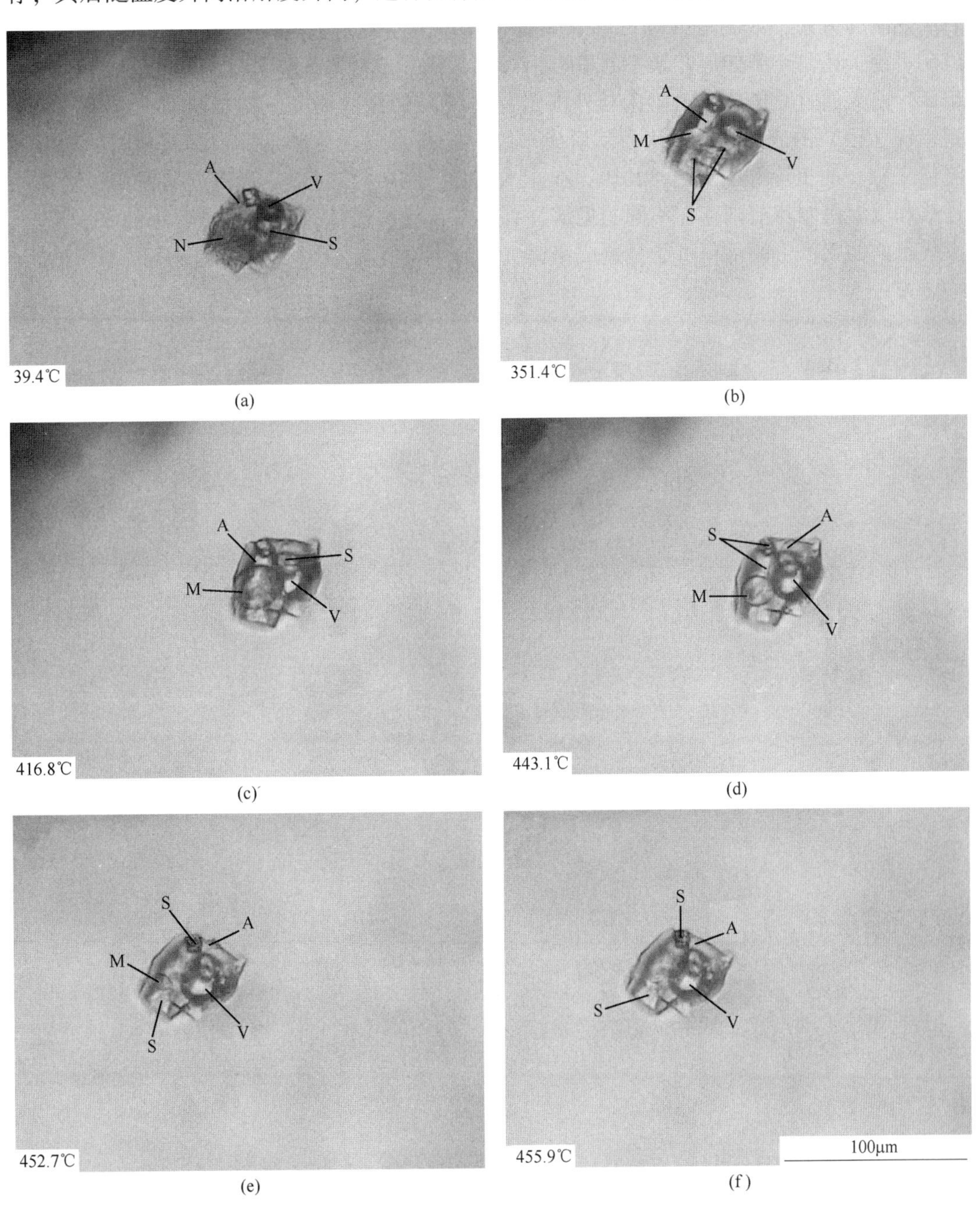


图 8-5 牦牛坪稀土矿床萤石中富硫酸盐的熔流体包裹体显微测温过程（引自 Xie, et al., 2015）

(a)~(f) 分别为加温至 39.4℃、351.4℃、416.8℃、443.1℃、452.7℃和 455.9℃的显微照片

M—硫酸盐熔体；N—网状硫酸盐；S—固相；A—水溶液相；V—气相

超临界流体由于其独特的物理化学性质、超高的矿质溶解能力、超强的渗透力，因此在矿质迁移过程中起到重要作用。超临界流体的分相可能是造成矿质沉淀的重要机制。另外，流体沸腾或不混溶作用也是造成矿质沉淀的重要机制，如斑岩铜矿床流体演化中沸腾（或不混溶）是造成铜沉淀的主要机制（如 Roedder，1984；谢玉玲等，2006）。

有些与岩浆热液有关的矿床由于其常产于远离岩体的断裂系统中，因此难于建立其与岩浆热液的关系，如构造控制的脉状铅锌矿床。无论是与弧岩浆有关的斑岩型铜（金）成矿系统，还是产于伸展背景下的斑岩钼（钨、锡）成矿系统，其外围均发育铅锌（银）矿床，前人通过对斑岩型钼矿床与外围铅锌（银）矿床的研究，初步建立斑岩钼与热液型铅锌（银）的成因联系，认为其形成于统一的岩浆热液成矿系统，具有相同的岩浆和流体来源（谢玉玲等，2015，2019；Zhai，et al.，2019）。对造成远离岩浆的铅锌的矿质迁移和沉淀机制目前则存在不同的见解，有学者认为，流体远程迁移过程中的水岩反应、大气水的加入产生的稀释可能是造成铅锌沉淀的主要机制。

# 9 热液成矿作用

热液成矿过程是世界上最常见的成矿过程，几乎所有的矿床或直接形成于热液流体在地壳中的流动，或在一定程度上受这些流体的影响。在过去的几十年里，大量的学者开展了相关的研究以理解复杂的热液成矿过程，包括热液来源、热液在地壳中的运移和矿质迁移与沉淀机理等。由于许多热液矿床的流体来源仍存在争议，因此将岩浆热液与非岩浆热液分开也是很难的。另外，有很多矿床的形成可能与多个来源的流体有关，其中包括岩浆热液。如魏文凤等（2011）通过对西华山钨矿床的研究认为，其流体来自岩浆水和大气降水的混合。本书中所举的实例仅代表学术界的主流观点，但随着研究的深入，其认识可能会发生变化。

## 9.1 热液的来源

除岩浆热液外，另外还有四种流体，其主要分布在地表或近地表，尽管其初始来源可能一致，但这四种流体储库具有不同的化学组成和流体温度，其在矿床形成中的作用不同。这四种流体分别为海水、大气降水、建造水和变质水，其流体所处的深度和温度逐渐增加。尽管 H-O 同位素、卤族元素同位素在流体来源识别的研究中取得了重要进展，但对流体来源的确定仍是矿床学研究中的难点和热点，对一些矿床的流体来源认识也许并非最终的结果。

### 9.1.1 海水

海洋是地球表面最大的流体库，其覆盖了地表近 70%的面积，地球上以自由水形式存在的水 98%是大洋水。地球表面大面积水的存在可以追溯到地球早期，所以海水（sea water）经过了充分的混合，由于与洋壳或陆壳岩石风化产物的反应而具有一定的盐度。海水中主要的阳离子为 $Na^+$、$K^+$、$Ca^{2+}$和 $Mg^{2+}$，阴离子主要为 $Cl^-$、$HCO_3^-$和 $SO_4^{2-}$，其总含量约为 35g/kg，即盐度为 3.5%。

海水在洋壳中循环，且与广泛发育的蚀变和地壳中金属再分配有关。海水沿大洋中脊两侧的断裂下渗，然后被岩浆加热后再返回地表形成“黑烟囱”，这为我们理解 VMS 型矿床（火山块状硫化物矿床）提供了重要的依据。VMS 型矿床在世界许多地区均有发育，且可以产于各种年龄的围岩中，表明海水可以是成矿流体的重要来源。

表 9-1 列出的海水的平均化学组成。由表可以看出，海底黑烟囱处的流体中富含多种成矿金属，其值远高于海水的平均值，表明海水与洋壳反应造成了成矿金属在流体中的富集。

### 9.1.2 大气降水

大气降水（meteoric water）是指直接或间接来自水圈或与大气圈接触的水，在地质学上主要指地表流水下渗到地壳浅部的地下水。海水下渗到地下形成的地下水仍应称为大气降水。地下水是除海水以外的第二大流体库，其常存在于近地表的岩石孔隙、裂隙中和土层的碎屑粒间。大气水不包括含水矿物中的结晶水，也不包括矿物中的流体包裹体。大气水可以汇聚于裂隙中流动至地壳深部，并形成壳层深度的循环。大气降水与多种热液矿床的形成有关，特别是与一些低温矿床有关，如砂岩型铜矿、砂岩型铀矿等。

**表 9-1　海水的化学组成**（数据来源于 Krauskopf and Bird，1995；Scott，1997）

| 离子种类 | 普通海水/$10^{-6}$ | “黑烟囱”海水/$10^{-6}$ |
|---|---|---|
| $Na^+$ | 10000 | 6000～14000 |
| $Cl^-$ | 20000 | 15000～25000 |
| $SO_4^{2-}$ | 2700 | 0 |
| $Mg^{2+}$ | 1300 | 0 |
| $Ca^{2+}$ | 410 | 36 |
| $K^+$ | 400 | 26 |
| $Si^{4+}$ | 0.5～10 | 20 |
| 金属（Fe、Cu、Zn、Mn 等） | 亏损 | 富集 |

大气水的氢氧同位素在全球呈规律变化，其与所处的纬度有关，且氢和氧同位素呈线性关系，这是由于水圈循环过程中的蒸发和凝聚过程中同位素的分馏造成的。一般来说，大气水的氢氧同位素组成呈下列线性关系：$\delta D = 8\delta^{18}O + 10$（雨水方程），利用这一关系可以帮助我们分析气候变迁及流体来源的纬度。

### 9.1.3　建造水（原生水）

封存在沉积物孔隙中的水叫原生水或建造水（connate water），其原始来源或为大气水或为海水，但是经历了沉积物掩埋后的压实和固结的改造作用。在成岩过程中，从松散的沉积物到压实、孔隙减少，到固结成岩的不同阶段均可以产生流体，其随时间和深度而变化。这些流体在沉积物中流动，常与一些矿床的形成有关。

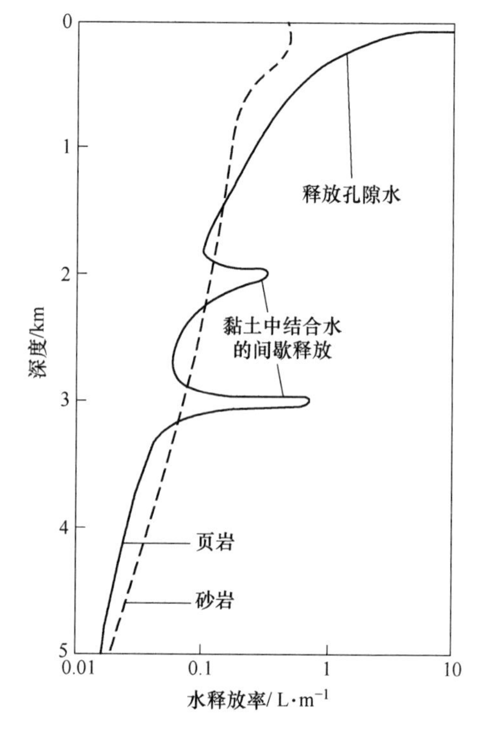

图 9-1　沉积物埋深深度与水释放率关系图

当沉积物进一步掩埋至约 300m 深度时会造成其孔隙度的快速减少，并脱出大量的水。页岩的初始孔隙率很高，在掩埋的早期阶段每立方米的沉积物中可以产生最高 3500 L 水（Hanor，1979）。页岩中约 75%以上的初始粒间水在深埋至 300m 时排出，共孔隙率随埋藏深度而大幅度降低（图 9-1）。

建造水的另一个来源是一些泥质矿物中所

含的结构水或结晶水脱水所至，这些结晶水和结构水与矿物的连接不甚紧密，呈 $H_2O$ 或 $OH^-$ 的形式存在。这些水在 50～100℃时会从矿物中脱离，产生流体。这种流体产生的数量取决于当地的地温梯度、沉积物中黏土矿物的类型和百分含量。图 9-2 显示了建造水产生的两个主要阶段及与变质流体的差异，当沉积物埋藏更深、温度更高时产生的流体为变质流体（详见变质水部分）。

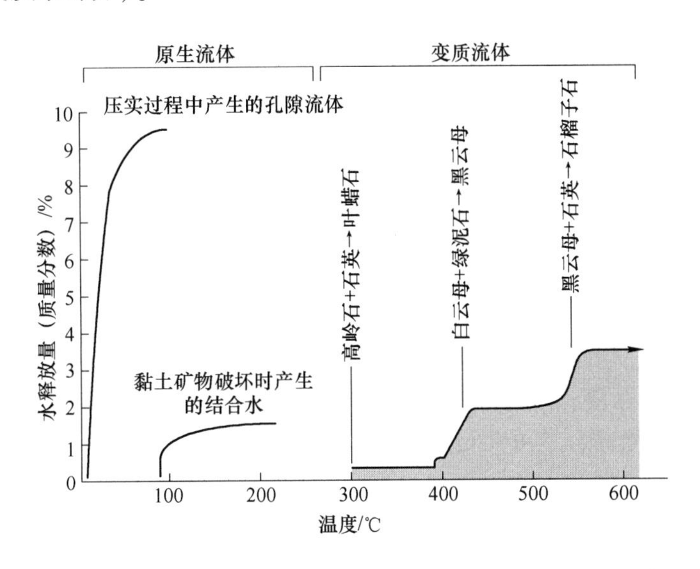


图 9-2　成岩过程中建造水与变质脱水产生的变质水（metamophic water）的对比（Robb，2005）

建造水的温度随沉积物的埋藏深度增大而增高，其增高的速率即为当地的地热增温率，一般是在 15～40℃/km。流体的压力也随着深度同时升高，但压力的变化则更加复杂，与单位体积沉积物中的孔隙流体的含量、静岩压力与静水压力之间的相互作用有关。过压流体控制了流体的流动和质量、热量传送，其对油田卤水的运移具有重要的指示意义，也与许多沉积岩容矿的热液矿床形成有关。

建造水随深度增加，其密度和盐度也经历了升高的过程。流体密度的升高是由于压力和盐度的升高引起，但这种升高是有一定限度的，因为温度同时也对流体的密度有影响，这个影响与压力相反。建造水有时可以盐度很高，其可能是建造水与地层中的蒸发岩层反应造成的，这些蒸发岩中含大量易溶的石盐、钾石盐、石膏、硬石膏等。在没有膏岩层的地层中建造水的盐度也有向下增加的趋势，这可能是膜效应或称为盐滤作用造成的，因此，任何流体通过压实的页岩后其盐度都会降低，这是造成次地表环境下普遍存在建造卤水的原因。卤水中含大量易于与金属络合的配体，如 $Cl^-$，因此其对成矿至关重要。

### 9.1.4　变质水

当岩石被深埋且温度超过 200℃时，已从成岩过程过渡为变质过程。变质过程是一个复杂的过程，但会经历明显的矿物转变，从一个矿物相转变为另一种矿物相，或从一个矿物组合转变为另一个在相对较高温压条件上下更加稳定的矿物组合。讨论变质流体的来源，矿物从含水矿物向无水矿物或含水相对低的矿物的转变是重要因素。变质过程中的脱水和脱碳酸反应是变质流体产生的重要原因，并可在中下地壳产生相当量的流体。南非的Witwatersrand盆地在约300℃时的变质反应，造成高岭石转变为叶蜡石，由于高岭石中含水相对较高，因此在此过程中要脱出水产生变质流体（Robb，2005）。而到400℃左右时，则会产生白云母、绿泥石向黑云母的转变，同样可以脱出水。而碳酸盐矿物的分解可以产生 $CO_2$，同样 $CH_4$ 和含S的流体也可以通过变质过程产生。低级至中级变质地体中产生的流体一般以 $H_2O$、$CO_2$ 和 $CH_4$ 为主，高级变质一般与高密度的 $CO_2$ 流体有关，并含少量的 $H_2O$ 和 $CH_4$。大多变质流体盐度低，还原性S含量低，这种特征与造山型金矿的成矿流体特征相似，因此造山型金矿曾被认为是变质流体成矿的典型代表（Goldfarb，et al.，2005）。但近年来也有学者提出不同的见解，认为其可能并非变质流体，而是岩浆水（De Ronde，et al.，2000）或大气降水（Nesbitt，et al.，1988）。对变质流体有关的矿床成因，特别是成矿流体来源目前仍存在争议。

除水外，$CO_2$ 也是流体的重要组成。$CO_2$ 具有比水大的分子，且为非极性，因此具有低熔点（-56.6℃）和低临界点（31.1℃）。作为溶剂，$CO_2$ 并不重要，不如碳氢化合物，然而，$CO_2$ 溶解于水中形成的碳酸是一种弱酸，对流体的pH值影响较大。$CH_4$、$CO_2$ 和水在高温下可以完全互溶，而在温度降低时分为不混溶的两相，$CO_2$ 从水流体相中分离，会造成流体pH值的增高，这可能是造成某些金属沉淀的机制之一。

### 9.1.5　混合流体

并非所有的矿床的成矿流体都是单一来源的，地壳中的流体也很难保存其原有的特征，常经历多种来源流体的混合作用。流体混合可能是造成矿质沉淀的重要因素之一，如某些角砾岩型铅锌矿床、金矿床等。火山岩和次火山岩环境下的斑岩型铜矿和浅成低温热液矿床常被证实存在岩浆流体与大气水的混合，而大陆裂谷环境快速填充形成的盆地卤水中具有建造水与大气水混合的特征。混合流体（waters of mixed origin）与一些金属矿床的形成关系密切，但如何区分不同来源的流体目前仍缺少有效和公认的研究手段。

## 9.2　流体的移动

流体是成矿物质迁移的重要载体，其中含有多种金属迁移配体，如 $Cl^-$、$HS^-$、$SO_4^{2-}$ 等。金属的迁移需要流体在地壳中移动，成矿金属可能与流体同源，但也可能来自流体流经的岩石。流体在流动过程中与岩石发生反应，带出其中的金属并迁移至有利的部位沉淀成矿，这是许多热液矿床形成的原因。深入理解流体的迁移及与围岩的反应和金属迁移机理可为原地溶浸采矿提供借鉴。

造成流体在地壳中流动的原因主要是温度和压力。流体的驱动包括重力驱动、造山驱动和热驱动，而流体在岩石中的流动方式包括渗流和通道流两种模式。渗流模式是指流体沿颗粒边界或显微裂隙渗透，而通道流模式是指流体沿一些相互贯通的断裂和裂隙流动，并形成明显的流体通道（Oliver，1996）。在地壳相对较浅部的多孔含水层中，水由于重力驱动由相对较高的水头向低水头流动，这是地下水最主要的移动方式。在造山过程中，由于挤压使流体从岩石中挤出并在流体通道中聚集，这种称为造山驱动的流体移动。密西西比河谷型铅锌矿的成矿流体被认为是与造山驱动的流体流动有关（Robb，2005）。VMS

矿床的成矿流体是热驱动的典型案例。大洋中脊附近热流值高，受浅部岩浆加热的流体向上移动，而两侧热流值低，相对冷的流体由于密度高而沿断裂向下移动，形成流体对流。另外，在克拉通内部的裂谷盆地中也存在这种热驱动的流体对流。

温度和压力差是控制着流体运移路径的主要因素之一，地壳中流体的压力包括静岩压力、静水压力和构造应力。在地壳浅部的多孔岩石中，流体主要以渗流方式流动，随着地壳深度增大，岩石的孔隙度降低，岩石中的流体体积也降低了，流体在岩石中的渗透也更加困难，在这种情况下，流体的迁移倾向于沿着在变形过程中形成的结构不连续面进行，如断层、不整合面、岩体接触面等，即主要以通道流模式进行。这些结构不连贯面，特别是断层，既是流体运移的通道，也常是矿化发生的场所。断层的破裂与地震紧密相关，通常发生在地壳上部 15 km 范围内（地震发生区）（Sibson，1994）。地震、断层、流体流动之间的关系已成为地质学中一个重要的研究领域。Sibson 等（1975）首先提出了“地震泵”（seismic pumping）模型，并用来描述地震—断层—流体之间的关系。该模型认为，地震活动的断裂系统及周边岩石的周期性应力变化会影响局部流体压力，并促进流体沿断层流动。在发生地震之前，断层两盘之间的摩擦使剪切应力增加，这时相邻的岩石则会发生膨胀，并由此导致围岩中裂缝的形成和流体贯入。在断层破裂并发生地震的瞬间，剪切应力显著下降，但流体压力增加，因此，流体沿断层向上运移，其后摩擦力恢复，剪应力再次增加。上述过程的多次重复造成了地壳流体沿着断层相关的通道多次的活动，并形成多期的热液脉体。地震泵模型为断层周边岩石中的应力变化、地壳中流体的流动机制提供了一个新的解释。Sibson 等（1988）用这一模式解释了中温热液金矿床中流体的活动和成矿过程，这种矿床常产于高角度逆断层中，这些高角度逆断层若要活化需要流体压力达到或超过岩石静载荷。对高角度逆断层来说如何能使压力超过上覆岩石压力呢？Sibson 等（1988）提出的“断层阀”模型对此进行了解释。地震事件常伴生沿断层两侧围岩中渗透率的增大，当断层破裂并且剪切应力大大降低时，流体被排放到由断层破裂本身产生的开放空间中，并导致流体压力急剧下降（回到静水压力值），压力降低造成流体中矿质的沉淀，并使断层被重新焊接，这样断层中流体的压力则会继续增加。这种裂开—焊接机制被称为“断层阀模型”，这一模型可以解释很多脉状金矿的特征。

对于与伸展有关的走滑断层，其流体的流动模式可能不同。张性断层经常形成雁列状的断层阵列，在两个张性断层之间，特别是靠近一个断层的端点和别一断层的起点处，常形成一系列与主断面斜交的张性裂隙，这些张性空间常被石英、碳酸盐等热液矿物充填，其本身也可能构成矿体，如新西兰的 Coromandel Peninsula 金矿（Brathwaite and Faure，2002）。在地壳浅部，流体进入由张性断层形成的开放空间会快速降压和沸腾，沸腾释放的机械能将导致断层周边岩石的进一步的水力压裂和角砾岩化，从而增强流体循环和矿物沉淀。这个过程被称为“抽吸泵模型”（Sibson，1987）。

## 9.3 金属的配合物形式和溶解度

大多数金属矿物在纯水中的溶解度极低，例如方铅矿（PbS）等矿物即使在高温下，其在纯水中的溶解度也非常低。根据 Wood 和 Samson（1998）计算，200℃条件下，在 $H_2S$ 含量为 $10^{-3}$mol/kg $H_2O$ 的方铅矿饱和水溶液中，Pb 的溶解度仅为 $47.4\times10^{-7}\%$。但是，如果将 5.5%（质量分数）NaCl 添加到该溶液中，则在相同温度下 Pb 的溶解度将显著增加至 $1038\times10^{-4}\%$。这表明 Pb 在溶液中与 $Cl^-$形成了配合物（旧称“络合物”）溶解在热液流体中。通常而言，金属与 $Cl^-$形成的配合物的稳定性与温度有关，且多随温度的升高而升高（图 9-3）。除 $Cl^-$之外，$HS^-$、$F^-$、$SO_4^{2-}$ 等许多其他配体也会影响溶液中金属的溶解度。

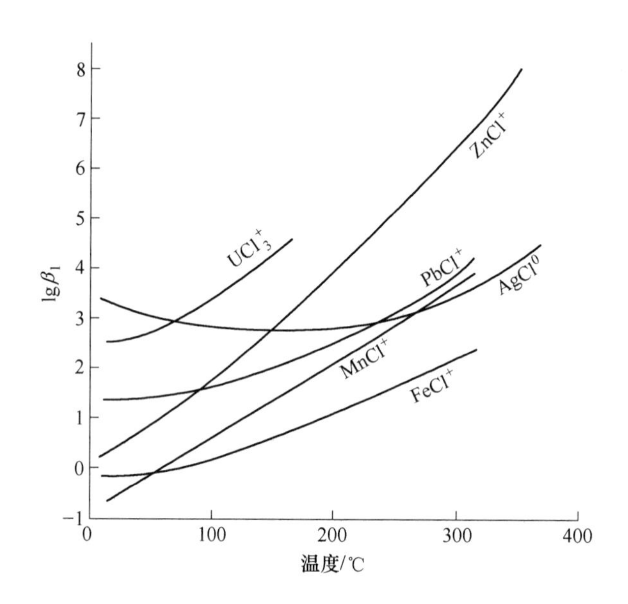


图 9-3 温度对金属氯化物稳定性影响，$\lg\beta_1$ 表示该配合物生成常数的对数

（数据来源：Seward and Barnes，1997）

温度对于金属矿物在热液流体中的溶解度起着至关重要的作用。在大多数情况下，随着温度从室温升高到 300℃，金属配合物（如 $PbCl^+$和 $ZnCl^+$）的稳定性将增加几个数量级（Seward and Barnes，1997）。相比之下，压力增加通常会降低金属配合物的稳定性，因为随着压力的升高，水溶液的密度也会升高，这一变化会促进金属配合物解离为自由离子（如 $PbCl^+$解离为 $Pb^{2+}$和 $Cl^-$），进而导致金属元素溶解度降低。但是，总体来说，压力对于金属元素溶解度的影响远小于温度，所以温度的小幅度增高就可以抵消压力增高对于金属溶解度的负面影响（Seward and Barnes，1997）。

地质流体中常见的配体包括 $Cl^-$、$HS^-$、$SO_4^{2-}$、$HCO_3^-$ 等。金属元素在流体中形成配合物的种类与元素本身的性质有关。根据路易斯软硬酸碱理论，金属阳离子被定义为“酸”（路易斯酸），而阴离子配体可被定义为“碱”（路易斯碱）。进一步地，酸和碱可根据离子半径和电价定义为具有“硬”或“软”的属性。高电价、小半径的阳离子被定义为“硬酸”，如 $REE^{3+}$（稀土元素离子）、$Ti^{4+}$、$Mo^{4+}$等。相反地，低电价、大半径的金属阳离子则被定义为“软酸”，如 $Au^+$、$Ag^+$、$Hg^{2+}$等。介于二者之间的被称为“边界酸”，如 $Pb^{2+}$、$Zn^{2+}$、$Fe^{2+}$等。类似地，阴离子配体也可以被定义为大半径、低电价的“软碱”（如 $HS^-$），小半径、高电价的“硬碱”（如 $SO_4^{2-}$），以及边界碱（如 $Cl^-$）。地质流体中常见离子的软硬酸碱分类见表 9-2。

表 9-2　金属和配合物的路易斯酸碱分类（Pearson，1963）

| “硬”酸 | 边界酸 | “软”酸 |
| --- | --- | --- |
| $Li^+$、$Na^+$、$K^+$、$Rb^+$、$Cs^+$<br>$Be^{2+}$、$Sr^{2+}$、$Ba^{2+}$、$Fe^{3+}$<br>$Ce^{4+}$、$Sn^{4+}$、$Mo^{4+}$、$W^{4+}$、$V^{4+}$、$Mn^{4+}$<br>$As^{5+}$、$Sb^{5+}$、$U^{6+}$ | 二价过渡金属<br>（如 $Zn^{2+}$、$Pb^{2+}$、$Fe^{2+}$等） | $Au^+$、$Ag^+$、$Cu^+$<br>$Hg^{2+}$、$Cd^{2+}$、$Sn^{2+}$、$Pt^{2+}$、$Pd^{2+}$<br>$Au^{3+}$、$Tl^{3+}$ |
| **“硬”碱** | **边界碱** | **“软”碱** |
| $NH_3$<br>$OH^-$、$F^-$、$NO_3{}^-$、$HCO_3^-$、$CH_3COO^-$<br>$CO_3^{2-}$、$SO_4^{2-}$<br>$PO_4^{3-}$ | $Cl^-$、$Br^-$ | $HS^-$、$I^-$、$CN^-$、$H_2S$、$S_2O_3^{2-}$ |

当金属阳离子（酸）与阴离子配体（碱）形成配合物时，遵循软酸与软碱结合，硬酸与硬碱结合的规律。具体而言，就是硬酸离子倾向于与强电负性元素构成的硬碱（例如 $OH^-$）形成离子键。软酸在其外电子层或次外层有大量的未成键电子，倾向于与软碱配体形成共价键。典型的软酸是亲硫金属元素（即与硫具有亲和力的金属，例如 Cu、Au、Ag、Cd 等），它们倾向于与低电负性配体（例如 $HS^-$）形成共价键。边界型金属元素（例如 Fe 和 Pb）既可以与硬碱配体结合，也可以与软碱配体结合。而边界型配体，如 $Cl^-$，既可以是硬酸金属离子的有效配体，也可以是软酸的有效配体，因此，$Cl^-$的加入可以促进多种金属在高温水溶液中的溶解。这一金属配合规律称为皮尔逊软硬酸碱原理，其可以很好地解释热液中金属的溶解行为。

另外，有机物在金属迁移中也具有重要作用，金属可以与有机物形成配合物进行迁移。原油和沥青总是含有少量（$<1\%$，质量分数）的无机物，其中也包括溶解的金属元素。密西西比河谷型（MVT）铅锌矿和我国一些热液型铅锌矿中均发育大量沥青、石油，且其中含微粒的黄铁矿、闪锌矿等金属矿物。这些现象表明有机质可能是金属迁移的有效配体，例如，Pb 和 Zn 可以与乙酸或草酸等有机物形成配合物迁移。在氧化性较强的流体中，Pb 和 Zn 将主要以金属-氯配合物的形式运输，但金属-乙酸配合物仍可占到 5%左右。

## 9.4　溶液中金属的沉淀机理

Barnes（1979）、Seward 和 Barnes（1997）总结了控制金属矿物沉淀的基本原理。在地壳浅层，矿石将通过填充岩石或矿物间的空隙（如裂隙或矿物晶体之间的间隙）而沉淀；而裂隙或晶体间隙较少的地壳深处，则倾向于发生金属矿物交代其他矿物而沉淀。直觉上讲，温度降低是促使金属从热液中沉淀的最明显方法。然而，在地壳深处，流体在移动过程中的温度梯度较小，金属沉淀效率较低，而且不易发生金属元素的集中沉淀成矿。在这种情况下，通过改变水热流体的物理化学性质或组成可以更有效地实现金属沉淀富集。如果含矿溶液是通过金属-氯配合物迁移，那么通过增加含矿流体的 pH 值，可能会非常有效地改变金属元素的溶解度，造成矿石沉淀（见图 9-4）。如矽卡岩型矿石的形成过程中，酸性含矿溶液与碳酸盐岩的反应会改变溶液的 pH 值，造成矿质的沉淀。另外，流体沸腾也可以显著改变流体的 pH 值，如 $CO_2$ 的逃逸可以造成流体 pH 值的增加，可能会使以氯配合物形式迁移的金属（如 Pb）变得不稳定而发生沉淀。在这一机制下，即便温度没有显著降低，仍可造成大量的金属沉淀。含矿流体氧化还原条件的变化会显著影响金属-硫氢配合物的稳定性。氧化过程会大量消耗流体中还原性硫，造成金属配体（$HS^-$）含量的大幅度下降，进而造成金属元素的大量沉淀。此外，流体混合（或稀释）和温度降低也会促进金属沉淀。

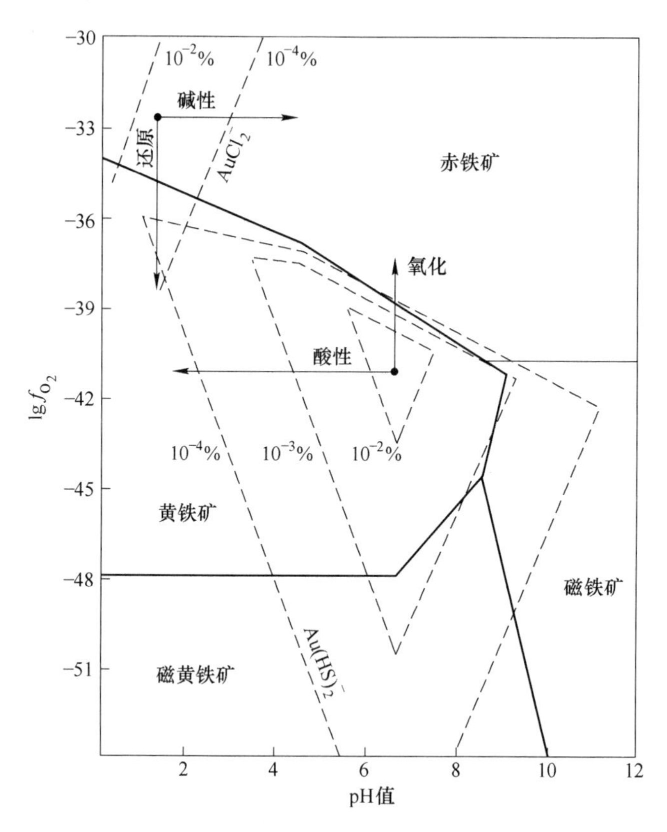


图 9-4　铁氧化物/硫化物及金溶解度 $\lg f_{O_2}$-pH 相图

# 10 沉积和表生成矿作用

沉积岩和风化壳中赋存有多种金属矿产，如非洲的红土型镍矿是世界镍的最主要来源之一，澳大利亚的 BIF 型铁矿是世界铁的重要来源，我国华南的离子吸附型重稀土矿床是世界重稀土的主要来源，这些矿床的形成均与表生成矿作用有关。另外，煤、石油、天然气等化石能源也主要赋存于沉积岩中，其形成也被认为是表生成矿作用的产物。再者，表生过程还可以使原本没有开发价值的矿床由于品位进一步升高或由于有用组分的赋存状态改变、围岩性质改变等而使得开发成本降低，进而提升矿床的经济价值，如斑岩铜矿床的次生富集带。

## 10.1 化学风化过程中有用组分的富集过程

从成矿的角度上看，化学风化过程造成矿质富集的过程包括三类：（1）岩石中有用组分的溶解、迁出，并在合适的部位沉淀成矿；（2）风化过程中有新的矿物产生，如黏土矿物、褐铁矿等，这些新生矿物即为矿石矿物；（3）由于风化作用，部分可溶性组分被溶解、迁出，而残余的、不易溶的有用组分在原地聚集，如硅质、铝质、金等。风化过程中造成有用组分富集的化学反应包括溶解、氧化、水化和酸化（Leeder，1999）。

### 10.1.1 溶解和水化

某些天然物质，例如氯盐、硫酸盐或碳酸盐矿物在酸性地下水中相对容易溶解，而大多数硅酸盐类造岩矿物较难溶解。地表水中不同元素的相对溶解度取决于多种因素，特别是离子电势（离子电荷与离子半径之比）。具有低离子电势（小于 3）的阳离子易溶于水，并在一定条件下可随地表水或地下水移动，但它们会在碱性条件下沉淀并易于被黏土矿物颗粒等吸附，如稀土元素。同样，具有高离子电势（大于 10）的阴离子会形成可溶性配合物并易于溶解，但会与碱金属元素一起沉淀，如 Ba。离子电势介于中间的（3~10）往往相对不易溶，并易以氢氧化物形式沉淀，如铝和铁。大多数地下水的 pH 在 5~9 之间，这时硅比铝更易溶，因此化学风化将趋向于浸出硅，留下残留的固定态铝和三氧化二铁/氢氧化铁，这是热带、高降雨地区红土土壤产生的原因，由于铝、镍相对不易溶而残留在原地，因此这些红土中可能含有铝土矿（铝矿石）和镍。在酸性条件下（$pH<5$），Al 比 Si 更易溶，因此所得土壤富含二氧化硅，并且通常贫化 Al 和 Fe，因此不会形成红壤性土壤。

有助于矿物在风化区内溶解的另一个过程是水合作用。在水溶液中，水分子由于其电荷极性而聚集在离子物质周围，这有助于水作为离子化合物的溶剂。矿物水合的最好例子就是由硬石膏（$CaSO_4$）水合形成石膏（$CaSO_4 \cdot 2H_2O$）的过程以及黏土矿物（如蒙脱土）的水合作用。石膏较硬石膏溶解度明显高，因此水合促进了矿物的溶解和迁移，另外，矿物中水会导致晶格结构膨胀，这有助于矿物的物理和化学分解，因此有利于其迁移。

### 10.1.2　水解和酸解

水解被定义为一种化学反应，其中水分子中的一个 O--H 键被破坏（Gill，1996）。这种反应在风化作用中很重要。如铝硅酸盐矿物（例如长石）的分解过程中，硅以硅酸的形式释放到溶液中，其反应如下式所示：

$$Si^{4+} + 4H_2O = H_4SiO_4 + 4H^+$$

尽管石英本身通常是不溶的，但在较宽的 pH 范围内活化二氧化硅还是可行的，通过水解反应导致形成相对可溶的硅酸（$H_4SiO_4$）。另一个例子涉及相对易溶于酸性溶液但会由于水解而沉淀的元素，例如 Fe 和 Al。如下反应说明了铝的水解产生氢氧化铝沉淀：

$$Al^{3+} + 3H_2O = Al(OH)_3\downarrow + 3H^+$$

正是这种过程导致例如红土土壤中铝（三水铝石 $Al(OH)_3$）和三价铁（针铁矿 $FeO(OH)$）的含量升高。酸水解是指硅酸盐矿物在风化区分解的过程。在此过程中，活化的矿物表面（即具有净电荷缺陷的那些）与溶液中的酸（$H^+$）反应。此过程将金属阳离子从晶格中置换出来进入溶液或沉淀。该过程在由于断裂、解理和晶格缺陷等造成的矿物暴露的表面上最为活跃。

### 10.1.3　氧化作用

氧化（和还原）实质上是指涉及电子转移的化学过程。在表生环境中，存在于水或空气中的氧气是最常见的氧化剂。在表生环境中最常被氧化的元素可能是铁，其从氧化亚铁（$Fe^{2+}$）转变为三价铁（$Fe^{3+}$）。与白云母相比，黑云母相对不稳定，更容易风化，这是由于黑云母中的二价铁易被氧化成三价铁造成的。风化作用以及由此导致的黑云母中铁的氧化会导致电荷失衡，从而使矿物不稳定，但白云母的晶格中不含铁，因此这种过程不太可能在白云母中发生，因此，在表生环境中白云母比黑云母更稳定。其他含铁的矿物（例如橄榄石和斜方辉石）中铁的存在也是它们在风化带中不稳定的主要原因之一。

### 10.1.4　阳离子交换

黏土颗粒通常在性质上是胶体的（即它们的直径小于 2μm），其特征是在黏土晶格中通过用 $Al^{3+}$ 替代 $Si^{4+}$ 产生负表面电荷。负电荷通过将阳离子吸附到胶体表面上而被中和。当水通过含有黏土矿物胶体的风化层时，吸附的阳离子可能会交换其他阳离子，这对矿物的稳定性以及风化剖面中金属的浸出和沉淀性质都有影响。

## 10.2　沉积成矿作用

沉积成矿作用是发生在地球表层的重要地质过程，与大时间尺度的全球构造演化息息相关。在沉积岩形成过程中，常常伴随着许多重要金属、非金属矿物及化石燃料的形成，因此，沉积岩是铁、锰、磷等矿产及化石燃料的主要赋矿岩石。沉积成矿作用主要包括机械沉积作用与化学沉积作用。

### 10.2.1 机械沉积作用

砂矿床，又称机械沉积矿床，是一种重要的由机械沉积作用形成的矿床类型。在机械沉积成矿作用中，砂矿床由较重的碎屑矿物不断积累形成，其可以形成多种金属与非金属矿床，包括金、晶质铀矿、金刚石、锡石、钛铁矿、金红石和锆石等矿床。砂矿床形成的本质是沉积过程中重矿物与轻矿物的分离。自然条件下，重矿物的富集可以发生于多种尺度下，从区域尺度（如冲积扇和海滩等）到中等尺度（如河流内岸）再到小尺度（如交错纹理）。图 10-1 展示了由实验模拟的砂矿床形成过程（Best and Brayshaw，1985）。重矿物被支流带入河流主干道中，在支流与主河道的交汇处会形成漩涡，漩涡造成河床的侵蚀。在河床侵蚀过程中，水流会在该区域带走较轻的颗粒而沉淀并富集较重的矿物。

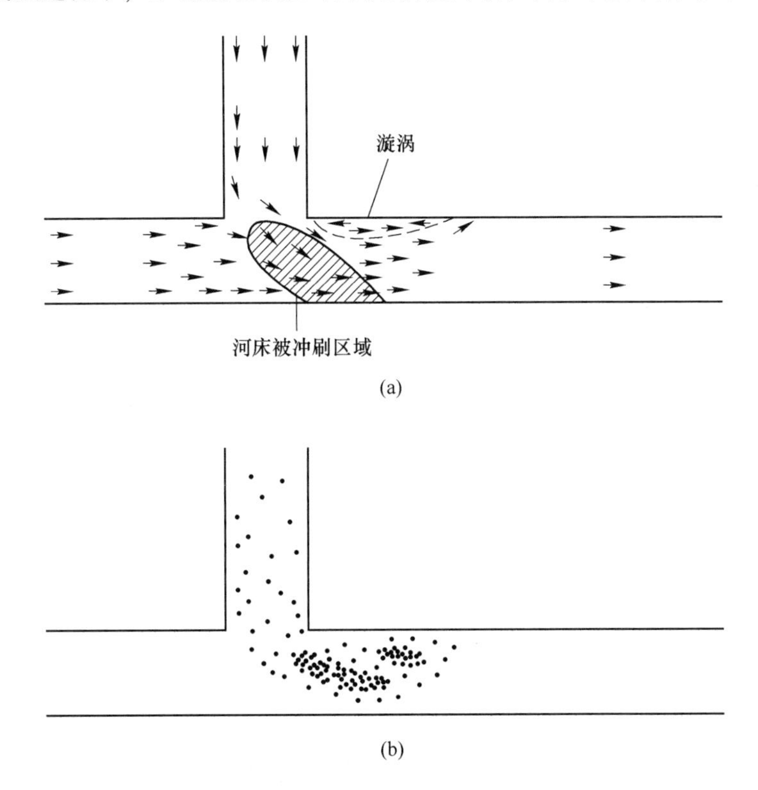


图 10-1　砂矿床形成过程模拟实验结果

（a）水流在河流主干道与支流处交汇；（b）重矿物分布结果（据 Best and Brayshaw，1985 结果修绘）

在机械沉积作用中，流体（水流或空气）的运动方式扮演着重要的角色。定量刻画流体运动状态的一个重要参数是雷诺数（Reynolds number），雷诺数是一个无量纲的比值，可以识别流体为稳定的层流还是非稳定的紊流。雷诺方程如下式所示：

$$Re = UL\delta_f/\eta$$

式中，$Re$ 为无量纲的雷诺数；$U$ 为流速；$L$ 为特征长度，与河道横截面形状及尺寸有关；$\delta_f$ 与 $\eta$ 分别为流体密度与黏度。雷诺数较小时为层流，较大时则为紊流。颗粒被搬运时的行为很大程度上取决于流体（水或空气）的运动性质，主要包括流体的流速和黏度。此外，颗粒或微粒的尺寸、形状和密度也会影响其随流体运移的方式。任意时刻颗粒在水中的运动方式可以分为以下三种状态：最重的颗粒（如巨石或砾石）沿通道底部滚动或滑动；中等尺寸的颗粒（如沙砾）可以随水流跳跃前行；最轻和最小的微粒会悬浮在水流中，随水流运移（图 10-2）。

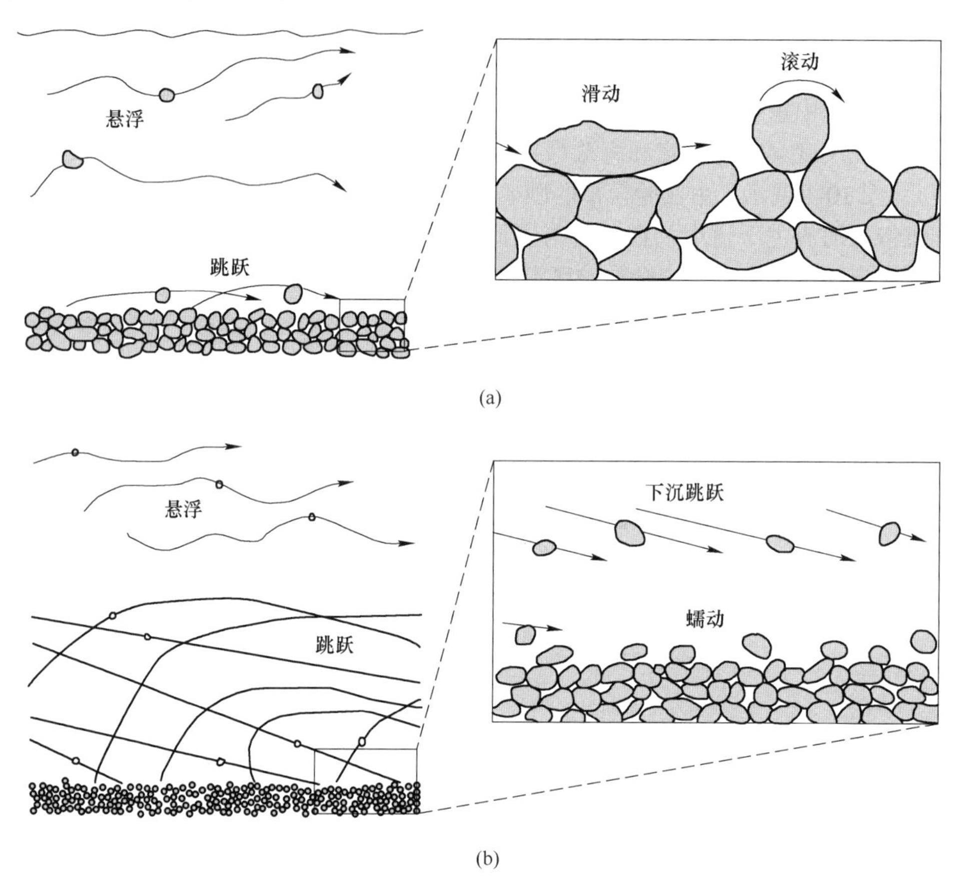


图 10-2　沉积物在水（a）和空气（b）中的运移机理
（据 Allen，1994 修绘）

Slingerland 和 Smith（1986）将与砂矿床形成有关的水力分选机制分为四类，分别为：颗粒的自由或受阻沉降作用、水流对颗粒的挟带作用、液化的沉积物中颗粒的剪切作用和水流对颗粒的差异性搬运作用。

（1）颗粒的自由或受阻沉降作用。颗粒在低雷诺数流体中的沉降符合斯托克斯定律，该定律表明在相同流体介质中，粒子的沉降速率与粒子直径平方及其密度呈正相关。这表明具有不同尺寸与密度的颗粒可以沉降至同一沉积层，从而形成低分选的砾岩。虽然沉降作用在砂矿床的形成过程中起到了重要作用，但是仅仅从沉降作用的角度无法解释砂矿床的形成，因为流体的流动状态也会影响到重矿物的富集过程。

（2）水流对颗粒的挟带作用。挟带分选作用指的是水流将部分颗粒从河床上挟带并运移至下游的过程。在挟带分选过程中，颗粒的大小是主要的影响因素，而河床的平整程度也会影响水流对颗粒的挟带分选。此外，颗粒的形状也会对该作用产生影响，即球形颗粒更易于被水流挟带。然而，当河床上颗粒范围变化较大时，即多种粒度颗粒共存时，即使较轻较小的颗粒也可能不易被挟带，这是因为这些小颗粒会被周围的大颗粒包裹，从而显著降低其被挟带的可能性。

（3）颗粒间的剪切作用。当河床沉积物含水量较高时，沉积物可以表现出流体的特征，这一过程被称为液化作用。在液化的沉积物发生流动时，颗粒之间会产生剪切作用。这种剪切作用源于颗粒之间的相互碰撞，其总的效应会导致颗粒发生垂向的移动，即向上移动。在颗粒相互作用过程中，较重的颗粒所受到的向上剪切作用力会大于较轻的颗粒，从而导致重颗粒会相对于轻颗粒运移到更高的位置。上述原理可以较好地解释重矿物在沉积物的较高层位（较浅位置）富集的现象。

（4）水流对颗粒的差异性搬运作用。目前为止，水流对颗粒的差异性搬运作用是最重要的颗粒分选过程，被广泛地应用于解释砂矿床的形成过程。对差异性搬运作用进行定量是一个复杂的过程，其复杂性主要因为差异性搬运既包含颗粒在河床表面的运动（即挟带），也包含颗粒的悬浮运动（即沉降）。因此，在河流的不同部位，由于流速等条件的不同，会导致差异性搬运作用表现出明显不同的结果。

### 10.2.2　化学沉积作用

与依靠水流与风力分选并沉淀矿物的机械沉积作用不同，化学沉积作用是指矿物从溶液（尤其是从海水或卤水）中沉淀的过程。大部分化学沉积岩都是通过化学沉淀物的压实与固结成岩作用形成的，这些岩石主要由碳酸盐沉积物（形成石灰岩和白云岩）、硅质沉积物（形成燧石条带和硅质岩）和富铁沉积物（形成铁质岩和条带状铁建造）组成，还包括少量锰的氧化物、磷酸盐和重晶石。世界上大部分铁、锰和磷酸盐矿物资源都是通过化学沉积作用形成并赋存于化学沉积岩中的。此外，通过蒸发作用形成的沉积物，常常含有大量具有经济价值的元素，如K、Na、Ca、Mg、Li、I、Br和Cl等，同时也会含有大量硼酸盐、硝酸盐和硫酸盐。

化学沉积大多发生于海相环境中，大陆架、潮间带和潟湖是化学沉积及其相关矿床的主要形成环境。成矿的化学沉积过程比较复杂，一般而言受控于多种因素，包括氧化还原条件、pH、气候、古纬度、生物及大气演化等。

总之，成矿过程是一个复杂的科学问题，无论是在火成成矿作用、热液成矿作用，还是沉积与表生成矿作用中，矿质的迁移、富集与沉淀都是一个复杂的过程，常受多种因素制约，因此值得我们不断的探索。对成矿作用的研究不仅需要坚实的矿床学基础理论，同时还需要地质学的其他相关学科的支撑，并借助地球化学、物理化学、流体力学等的相关理论和技术，目的是对矿床的形成机理给出更加合理的解释。正确认识矿床的形成过程可以帮助我们了解控制矿床形成的因素及矿化的空间分布，并利用这一认识指导找矿勘查和矿产的开发利用。

## 本 篇 习 题

1. 请解释下列概念：矿床，矿体，围岩，矿石，矿石矿物，脉石矿物，矿石的结构，矿石的构造，工业品位，边界品位，成矿作用（成矿过程），部分熔融，结晶分异。
2. 请列举出5种矿石品位的表示方法。

3. 请列举出 5 种常见的构造类型和 10 种矿石的结构类型，并简要说明其表现。
4. 简述 JORC 规范和我国现行的矿产资源储量分类方案。
5. 请简述 Meyer（1981）的矿床成因分类系统。
6. 请说明相容元素与不相容元素的概念，并解释部分熔融和结晶分异过程中如何造成岩浆中金属元素的富集。
7. 请说明液态不混溶作用的概念，并举出一个由该作用形成的矿床实例。
8. 请解释“第一次沸腾”与“第二次沸腾”。
9. 简述成矿流体中金属富集的可能机制。
10. 简述成矿流体中引起金属沉淀的可能原因。
11. 热液矿床成矿过程中的流体来源有哪些？
12. 请解释“地震泵”模型、“断层阀”模型和“抽吸泵”模型。
13. 简述“路易斯软硬酸碱理论”，并列举两个易于与 $Cu^+$ 结合的配体阴离子。
14. 简述风化过程中造成成矿物质富集的主要原因。
15. 沉积成矿作用可以分为哪两大类？
16. 试述溶解与水化过程中影响硅和铝的溶解与沉淀的因素。
17. 在地表出露的含铁矿物更不稳定和易风化，其原因是什么？
18. 在机械搬运与沉积过程中，影响颗粒迁移与沉淀的因素为哪些？

## 思考题

1. 请查阅相关资料，阐述斑岩铜矿床成矿金属的来源和成矿过程。
2. 你认为促使金属在流体中迁移与沉淀的影响因素有哪些？
3. 试说明本篇图 6-11（b）中矿物生成的先后顺序。
4. 收集相关参考文献，尝试说明采用哪些方法可以用于区分流体的来源。
5. 思考成矿过程中成矿金属物质的可能来源。
6. 思考金属的迁移与沉淀机理对选矿和溶浸采矿研究中具有哪些指示意义。

# 第 3 篇

# 工艺矿物学

工艺矿物学（process mineralogy）是应用矿物学的知识去理解和解决矿产勘查、矿物加工、冶金当中的矿物学问题，包括地质勘查、溶浸采矿、矿物加工、尾矿堆积和处理、湿法冶金、火法冶金、精炼过程中的矿物学问题。过去的几十年中，随着矿物测试技术的不断提高，工艺矿物学研究取得了重要进展，特别是矿物的微区、微量测试技术在工艺矿物学研究中的应用，如扫描电镜/能谱（SEM/EDS）、电子探针（EPMA）、激光剥蚀等离子质谱（LA-ICP-MS）、粒子诱发的 X 射线荧光分析（PIXE）、二次离子质谱（SIMS）、聚焦离子束扫描电镜（SEM-FIB）等。另外，显微图像自动处理技术在矿物自动分析、粒度分析、矿物单体解离度测量中得到广泛应用，大大提高了矿物分析的自动化程度和数据精度。

工艺矿物学的研究方法不仅可以应用于地质、选矿中矿石的矿物组成、粒度、元素赋存状态等研究，同时在材料、冶金、考古等领域也有广泛的用途。工艺矿物学研究的主要内容包括：

（1）矿石、选矿产品或其他天然固体原料中主要矿物和微量矿物组成；

（2）矿石、选矿产品或其他天然固体原料中不同组成矿物的形态、含量和粒度特征；

（3）矿石、选矿产品或其他天然固体原料中不同矿物之间的空间和成因关系；

（4）矿石的结构和构造特征；

（5）矿石中矿物的化学组成及矿石中有益和有害组分的赋存状态；

（6）矿石中矿物的嵌布特征和选矿产品的解离特性。

工艺矿物学研究的样品可以是未经破碎的岩石、矿石、岩芯，也可以是经破碎、加工的矿石产品、中间产品，如精矿、尾矿、冶金残渣、粉煤灰等。由于分析技术不同，样品需制作成规定的形态、大小，且需表面抛光。常用的样品包括光片、光薄片、砂光片、表面抛光的铸模样品等。

本篇将从矿物的镜下鉴定、矿物的粒度测量、元素赋存状态、矿物的单体解离等几个方面对其进行论述。矿物的显微镜下鉴定分为透光显微镜下鉴定和反光显微镜下鉴定，其分别应于对透明矿物和不透明矿物的显微镜下鉴定。对大多数金属矿石来说，其矿石矿物多为不透明矿物，因此，本书仅针对反光显微镜下的矿物鉴定进行论述，而透明矿物的镜下鉴定可参考《晶体光学和光性矿物学》相关章节。

# 11　不透明矿物反光镜下的鉴定

理想情况下，矿石中所有矿物都需进行鉴定，因为我们不知道哪些矿物会对选矿或冶炼过程产生影响。另外，矿石中的矿物组成决定了矿石的化学组成和元素在矿石中的赋存状态，因此，通过矿石中矿物组成可在一定程度上限定矿石中主要元素组成，并对可能对选矿和冶炼过程中有影响的元素进行前期判断。矿物鉴定的方法很多，如光学显微镜法、SEM/EDS（扫描电镜/能谱）、EPMA（电子探针）、XRD（X射线衍射）、短波红外光谱法等。本章主要介绍矿相显微镜下矿物的鉴定方法。

## 11.1　吸收性矿物的光学原理

### 11.1.1　吸收性矿物

在矿物学上，我们把在0.03mm厚度下，在灯光或自然光下不透明的矿物，称为不透明矿物（opaque mineral）。这些矿物均为吸收性很强的矿物，因此也称为吸收性矿物或吸收性晶体。

### 11.1.2　自然光和平面偏光

光是一种电磁波。电磁波是横波，它的传播方向与振动方向垂直。根据光的振动特点可分为自然光和偏光。从一切实际光源直接发出的光波一般都是自然光，如太阳光、灯光等。自然光是由无数垂直传播方向振动的光的合成，在光波振动方向构成的平面内，各个方向都有等振幅的光振动。

平面偏光是指在垂直光波传播方向的某一固定方向振动的光波，其传播方向与振动方向构成一平面，故称为平面偏振光（plane polarized light），简称偏振光或偏光。在垂直光的传播方向上看，光矢量末端的运动轨迹呈一直线，因此也称为直线偏光。

### 11.1.3　光与传播媒介的相互作用

光在真空中的传播速率是一常数（299793km/s），但会随着通过的介质不同而发生改变，这种变化表达为折射率：

$$N = C/C_m$$

式中，$N$为折射率；$C$为光在真空中的传播速率；$C_m$为光在介质中的传播速率。光在真空的传播速度最大，而在其他固相、液相和气相中的传播速率均小于其在真空中的传播速率，因此其折射率值均大于1。不同物质的折射率值差别较大，如钻石（金刚石晶体）和水晶（石英晶体）均为无色透明矿物，但两者的折射率值相差很大，钻石的折射率为2.42，而水晶的折射率为1.55，这就造成我们看到这两个矿物之间光学效果的不同。

对光性均质介质来说，如真空、气相、玻璃、大多数液体、非晶质矿物、等轴晶系的矿物晶体等，光在这些介质中传播时其振动方向不发生变化，具有不同振动方向的光在介质中的传播速率是一致的，即该介质的折射率仅有一个固定的值；而对光性非均质体来说，如中级晶族和低级晶族的矿物晶体，此时光在介质中的传播速率与光在其中传播时的振动方向有关，即该物质的折射率不是一个固定的值，而与入射光的振动方向有关。为了方便表达不同的光性介质中光的传播速度差异，我们引入了光率体（optical indicatrix）的概念。

光率体是一个假想的球体或椭球体（图 11-1），用于表示光波在晶体中传播时，光波振动方向与相应折射率之间的关系。它是表示光波在晶体中各振动方向上折射率变化规律的一个立体几何图形。设想自晶体的中心起，沿光波各个振动方向，以线段的方向表示光波的振动方向，以线段的长短按比例表示折射率的大小，然后将各线段的端点连接起来构成一立体形态，称之为光率体。等轴晶系矿物的光率体为一球体，而一轴晶矿物的光率体为一横切面（垂直光轴的切面）为圆形的椭球体，二轴晶矿物的光率体也为一椭球体，但其在垂直于常光（o）和非常光（e）的两个方向切面均为椭圆形。

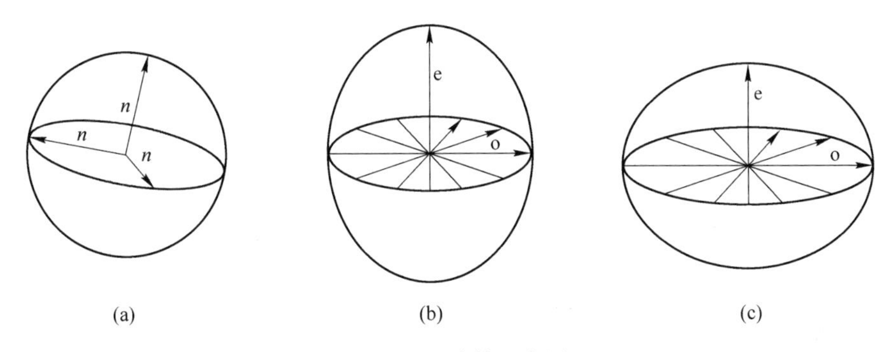


图 11-1　光率体示意图

（a）等轴晶系矿物的光率体；（b）一轴晶（中级晶簇）矿物的光率体；（c）二轴晶（低级晶簇）矿物的光率体

### 11.1.4　光与不透明矿物的相互作用

对不透明矿物而言，光与其相互作用更加复杂，一般用复折射率来表达。

$$N = n + \mathrm{i}k$$

式中，$N$ 为复折射率；$n$ 为折射率；$k$ 为吸收系数；i 为共轭复数。

光与不透明矿物的相互作用取决于矿物的物理性状。对反光显微镜而言，光照射到抛光的矿物表面，一部分光被反射回来，并由于不同矿物的反射率不同而呈现不同的亮度。那么，矿物对光的反射能力与什么有关呢？对不透明矿物，其反射率可用下式表示：

$$R = [(n_1 - n_2)^2 + k^2] / [(n_1 + n_2)^2 + k^2]$$

式中，$n_1$ 为矿物的折射率；$n_2$ 为介质的折射率；$k$ 为吸收系数。当 $R$ 值为 1 时，表明其反射率为 100%。

若介质为空气，则介质的折射率近似为 1，上式可改为：

$$R = [(n_1 - 1)^2 + k^2] / [(n_1 + 1)^2 + k^2]$$

从上式可以看出，矿物的反射率除与矿物的折射率有关外，还与矿物的吸收系数有关，矿物的折射率越高，反射率越高；矿物的吸收性越强，反射率越高。对石英和金刚石来说，金刚石的折射率远大于石英，因此其反射率也明显高于石英。

### 11.1.5　不透明矿物对平面偏光的反射作用

由于不透明矿物的反射率与其折射率有关，所以对光性均质介质来说，无论光波的振动方向为何，其只有一个反射率值；而对于光性非均质体来说，如中级晶族和低级晶族的矿物晶体，此时光在介质中的传播速率与光在其中传播时的振动方向有关，因此其反射率也随切面方向不同或入射光振动方向不同而不同。矿物的这一性质对于鉴定那些中级晶族和低级晶族的不透明矿物非常重要，是矿物鉴定的重要依据。

## 11.2　矿相显微镜的构造和使用

矿相显微镜也称为反光显微镜，是利用矿物在反光镜下的特征进行观察和鉴定矿物的一种重要工具。

### 11.2.1　矿相显微镜的构造

由于生产厂家和型号不同，反光显微镜的构造和功能略有差异，但总体均包括以下几个部分。

（1）镜架：显微镜主体结构部分。

（2）光源：已往生产的矿相显微镜一般用钨丝白炽灯或者卤钨灯作为光源，而新的产品已改用 LED 光源。

（3）垂直照明器：垂直照明器附以光源即构成完备的照明系统。

（4）物镜：又称接物镜，是由多片形状不一的透镜组成的一个光学放大系统。每个物镜都具有两种最基本的特征，即放大能力和分辨能力。物镜按放大倍数可分为低倍镜（十倍以下）、中倍镜（十至二十倍）、高倍镜（二十倍以上）。

（5）目镜：又称接目镜，是为便于观察将物镜所成实像放大成虚像的放大镜。目镜装在镜筒的上端，通常备有 2~3 个，上面刻有 5×、10×或 15×符号以表示其放大倍数，最常用的是 10×的目镜。一般显微镜均配有内标有“十字丝”和刻度的两种目镜。

（6）起偏器：又称前偏光镜，多用偏振片制成，其作用是将入射光转变为平面偏光。起偏器最好能自由旋转 90°，并能锁定位置。

（7）检偏器：又称上偏光镜，装置在物镜与目镜之间，可以加入和拖出，并能调节其可通过光的振动方向，一般标有 0°~90°的刻度。

（8）粗动和微动螺旋：用于调节物台（或镜筒，依据显微镜型号不同而不同）的高度和聚焦。粗动螺旋用来使物台（或镜筒）以较大步幅升降，而微动螺旋用来使物台以较小的步幅度升降，以便于精确聚焦。

（9）可旋转物台：一个可以转动的圆形平台，边缘标有 0°~360°的刻度，并附有游标尺和锁定螺丝。

（10）压片夹：物台上配备的一对弹簧夹，用来固定薄片。

图 11-2 以 Olympus BX-51 为例，说明显微镜各组成部分及名称。目前，市场所售的大

多研究级显微镜均将偏光（透射光）与反光功能集成，为偏反光两用显微镜。

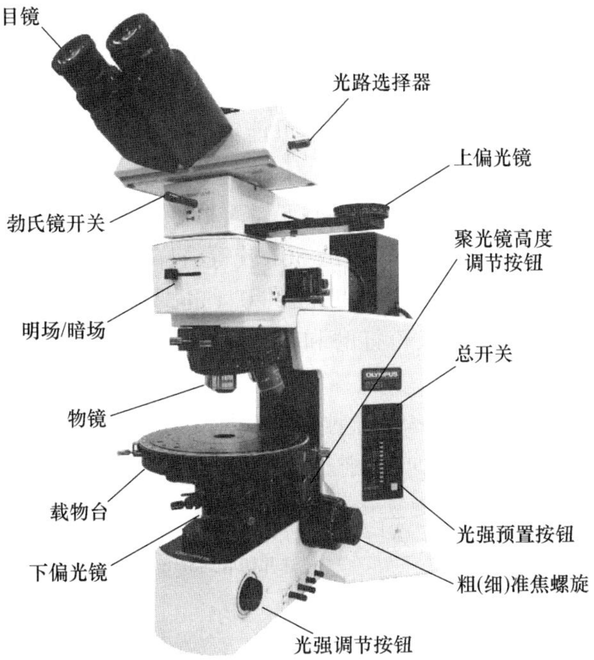

图 11-2 Olympus BX-51 偏反光两用显微镜及各主要组成部分名称

### 11.2.2 矿相显微镜的调校

显微镜使用之前需进行检查和调校，其主要包括检查显微镜各组件是否完好、光路系统是否正常、物镜和物台中心是否有偏移、起偏镜和检偏镜允许通过的光的振动方向是否准确、照明系统的光线是否够亮、光照是否均匀等。

光源校正：将样品（尽量选择反射率相对较高的均质矿物样品）放置于载物台并聚焦，观察视域中亮度是否均匀，亮度是否正常。若光源的灯泡位置不合适或光路中的偏光片、光圈等偏离了光路中轴线，则会出现视域亮度降低或亮度不均匀等现象。

物镜中心校正：依据显微镜型号不同，用校正螺丝使镜头的中心线与物台垂直。这样在旋转物台时，视域中心可以始终保持不动。

偏光校正：一般采用石墨样品或专用的偏光校正样品。将样品放置于物台并聚焦。找一形态规则，无变形，且解理缝细密的颗粒（平行 $C$ 轴切面），将上偏光移除，旋转物台，会出现明暗变化，将其放至最亮位置，若其解理缝的延伸方向与十字丝横丝平行，表明其前偏光的偏光方向与目镜中十字丝横丝平行。然后推入上偏光，旋转物台，其出现四明四暗。若其解理缝方向分别下与十字丝横丝和纵丝平行时出现最暗，而与十字丝成 45°角时最亮则表明其上下偏光的位置分别与十字丝横丝和纵丝平行，说明起偏镜和检偏镜允许通过的光振动方向是互相垂直的，此时则偏光片不需调节。若不是上述情况则需对偏光片的方向进行校正。

### 11.2.3 矿相显微镜观察所用的样品

反光显微镜下观察所用的样品应该是经过抛光处理的，要求其表面应光滑如镜。样品的类型包括光片、光薄片、探针片、包裹体片、砂光片、砂光薄片或铸模样品等。样品的制作流程可简单表述如图 11-3。大致的步骤包括：切割、磨平、减薄、抛光。

（1）首先将样品切割至合适大小的长方形或正方形小块。若是制作光片，则一般可以切至约 50mm 长、30mm 宽、10mm 厚，若是制作光薄片，则一般切成 45mm 长、25mm 宽、5mm 厚的薄板状；有时由于特殊需要也可能需制成大光片，这时可根据具体要求切割至合适大小；

（2）用金刚砂磨平上下表面（尽量让上下表面平行）；

（3）（制作光薄片时）将样品用树脂或 502 胶等将样品磨平的一面固定于载玻片上；

（4）（制作光薄片时）继续用金刚砂磨至约 0. 1mm 厚；

（5）用 30μm 金刚砂或白刚玉粉打磨和减薄，至表面非常平整，没有大的起伏和凹坑，厚度控制在 35~40μm；

（6）逐级用 15μm、6μm、1μm 的金刚砂或白刚玉粉磨光表面至非常平滑；

（7）最后用 0. 05μm 的白刚玉或金刚石微粉抛光表面至光滑如镜。

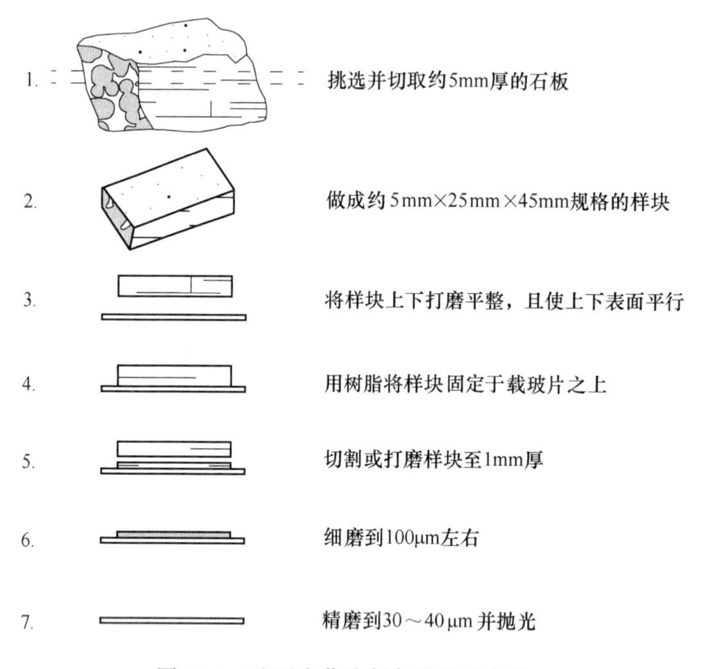


图 11-3　矿石光薄片制备流程示意图

矿相显微镜用样品可以是原矿样，也可以是选矿产品或其他粉末样品。样品的制备过程中为避免不同硬度的矿物高低起伏过大，应尽量避免过长的抛光时间，即其细磨过程应到位。目前自动抛光设备普遍用于光片、光薄片的制备中，如果我们仅在粗磨或细磨后直接在自动抛光机上进行抛光（加 0. 05μm 粒径的白刚玉微粉），这时样品的高低起伏较大，观察时不同矿物，特别是硬度差别较大的矿物之间会出现较厚的边界，矿物边部的现象被掩盖，难以观察，影响观察效果。

为保证样品表面与入射光垂直，矿石光片样品需固定在放有胶泥的载玻片上，并用压平器压平，这时样品表面与载玻片底面完全平行，即与入射光垂直。压平器的类型很多，图 11-4 为压平器及工作原理示意图。

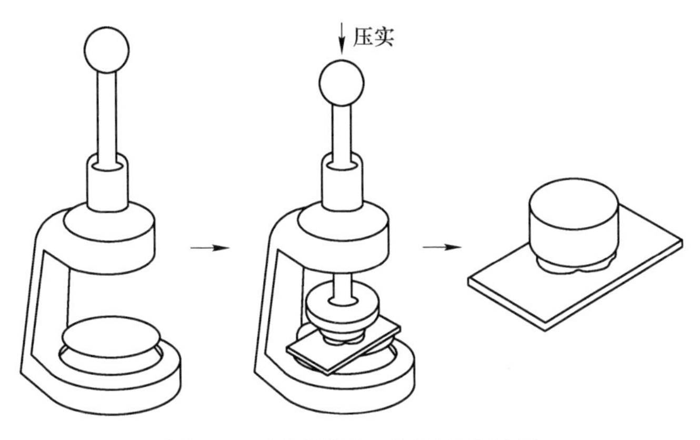


图 11-4　压平器及工作原理示意图

反光显微镜所使用的光源为平面偏光。在检偏镜（上偏光）未加入的条件下观察矿物称为单偏光镜下观察，加入检偏镜，且检偏镜允许通过光的振动方向与起偏镜允许通过光的振动方向垂直时观察矿物称为正交偏光镜下观察。图 11-5 为反光显微镜的光路图示

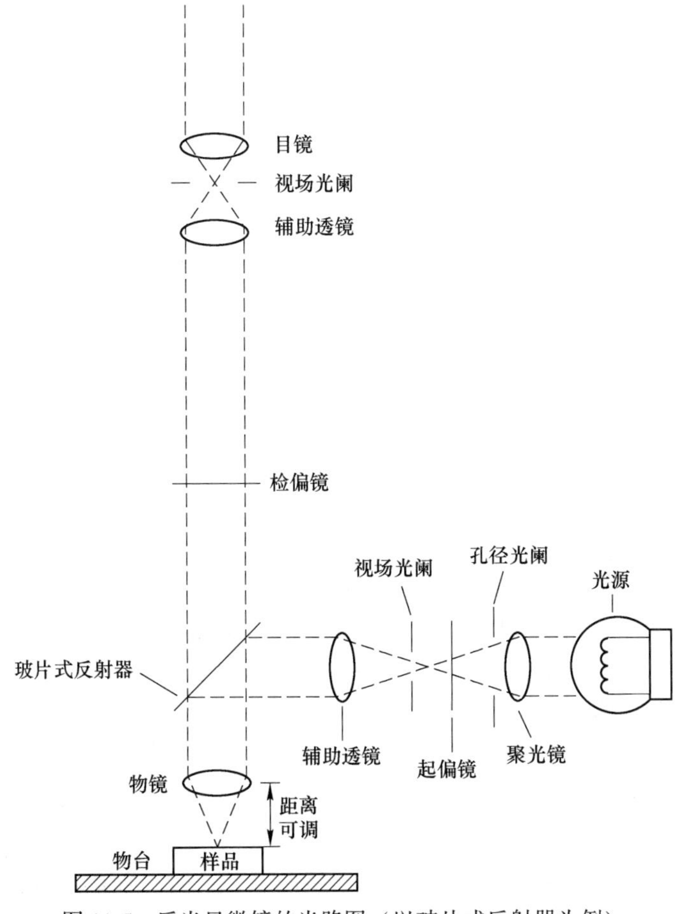


图 11-5　反光显微镜的光路图（以玻片式反射器为例）

例。在单偏光镜下可观察矿物的反射率、双反射、反射色和反射多色性、矿物的内反射（当使用斜照光法观察时），同时观察矿物的形态、大小、解理、矿石结构等也是在单偏光镜下完成。正交偏光镜下可以观察矿物的均质性和非均质性、矿物的内反射（当使用正交偏光法观察时）、矿物的偏光图和反射旋转色散、非均质旋转色散等。

## 11.3 不透明矿物的光学性质

### 11.3.1 矿物的反射率和双反射率

#### 11.3.1.1 反射率

反射力：矿物光片置于反光显微镜载物台上，用垂直照射到矿物光面上的光线（自然光或平面偏光）观察时，给人们的视觉印象是不同矿物有不同的光亮程度，这就是矿物的反射力给人们的视觉感受。所谓反射力即指矿物对投射在其晶面或磨光面上光的反射能力，其大小用反射率（*R*，reflectivity）表示，即反射光强度（$I_r$）与入射光强度（$I_i$）比的百分数。

$$R = I_r / I_i \times 100\%$$

矿物反射率是矿物的重要物理性质，在矿物鉴定中具有重要意义。反射率的大小主要由矿物的内部结构和化学组成决定。在镜下观察和测量时，由于光片的磨光质量不同以及周围环境的影响等会造成人们对矿物反射率判断出现误差。教材中给出的矿物反射率值都是在抛光面质量优良的标准条件下得出的，如果抛光面质量欠佳（粗糙）、光面轻微氧化出现氧化膜、表面有油污或不洁净等都会引起反射率的降低。

矿物反射率的测量方法很多，常用的有光强直接测定法、光电电度法、视测光度法和简易比较法等。视测光度法是利用一系列已知反射率值的标准样品进行逐一比较，以确定待测矿物的反射率范围。一般在矿物鉴定时最常采用的是简易比较法。简易比较法是选用一组常见的、均质性的、反射率较为稳定的矿物作为比较“标准”。一般以黄铁矿（白光下反射率为 54.5%）、方铅矿（白光下反射率为 43.2%）、黝铜矿（白光下反射率为 30.7%）和闪锌矿（白光下反射率为 17.5%）作为标准。在显微镜下观察时，将待测矿物光面的亮度依次与各“标准”矿物光面的亮度相比较，由此确定待测矿物反射率范围。利用简易比较法可将矿物的反射率分为五个级别：

Ⅰ级，比黄铁矿更亮，即 $R > 54.5\%$；

Ⅱ级，较黄铁矿暗，但较方铅矿要亮，即 $54.5\% > R > 43.2\%$；

Ⅲ级，较方铅矿暗，但较黝铜矿亮，即 $43.2\% > R > 30.7\%$；

Ⅳ级，较黝铜矿暗，但较闪锌矿亮，即 $30.7\% > R > 17\%$；

Ⅴ级，比闪锌矿更暗，即 $R < 17\%$。

在利用简易比较法进行反射率测量时，一般将待测矿物与标准样品同时放在一个载玻片上（如图 11-6 所示），并保持其表面的高度一致，这样在观测时可减少移动样品后的调焦时间。

矿物反射率的大小主要与矿物的折射率和吸收系数有关，而矿物的折射率和吸收系数由组成矿物质点的性质、质点间的结合类型、质点间结合力的大小决定。另外，在不同的

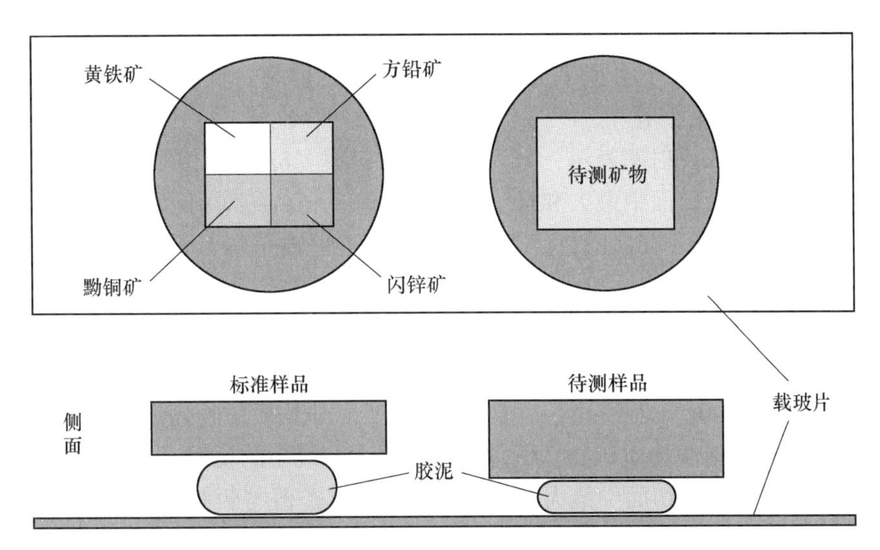


图 11-6　简易比较法测定矿物反射率示意图

浸没介质下测量时，矿物的反射率也不同。矿物的反射率还与入射光的波长有关，同一矿物对不同波长的光的反射率不同，这是造成矿物反射后可呈现不同颜色的原因。

镜下观察矿物的反射率时，常受一些因素干扰，如：

(1) 磨光面的质量。磨光面质量不好将会降低矿物的反射率。这是由于垂直照射在矿物表面的光当碰到一些斜面（凹坑的壁）其反射方向会发生改变，不能垂直反射回来进入镜筒。

(2) 表面的洁净程度。当矿片表面有油污等时，其反射率会降低，这是因为垂直反射回来的光由于碰到不同的介质（油污）会发生折射，并改变传播方向。

(3) 浸没介质。矿物的反射率在不同的介质中有所不同，这是由于矿物的反射率不仅与矿物的折射率有关，同时与浸没介质的折射率有关。

(4) 周边矿物的影响。这是一种视觉误差，一般来说如果同一视域中待测矿物周围的矿物亮度较高，则我们对待测矿物的亮度判断会偏低；反之，如果周围矿物较暗（如脉石矿物），则我们对待测矿物的亮度判断会偏高。一个最常见的例子就是黄铜矿，当黄铜矿与黄铁矿共生时，黄铜矿由于反射率低于黄铁矿，因此显得相对较暗；但若黄铜矿与脉石矿物共生时，由于其反射率明显高于脉石矿物，因此会显得很亮。当颗粒细小的黄铜矿分布于石英等脉石矿物中时，由于其显得很亮，常被误认为是自然金。

#### 11.3.1.2　非均质矿物的双反射

均质矿物只有一个反射率，与矿物的切面方向无关，而非均质矿物则会因其切面方向不同或入射光振动方向不同而出现不同的反射率。非均质矿物的主切面（平行于光轴方向切面，在光率体中切面为椭圆形）或任意切面上（垂直于光轴方向切面除外）均有两个互相垂直的较高反射率和较低反射率，此性质称为矿物的双反射（bireflectance）。若将非均质矿物的主切面或任意切面置于单偏光下观察，当旋转物台一周时，由于其在各个方向，特别是两个主方向的反射率不同，会出现明暗的变化，这一现象称为双反射现象。

等轴晶系的矿物只有一个反射率值，因此不存在双反射现象，而中级晶族的矿物在平行光轴方向的切面上有两个主反射率，分别为常光和非常光方向，分别记为 $R_e$ 和 $R_o$，在不垂直于光轴的任意切面上分别有最大和最小两个反射率。低级晶族有三个主反射率（最大 $R_g$，中间 $R_m$ 和最小 $R_p$）。

双反射现象可用双反射率表示，分为绝对双反射率（$\delta R$）和相对双反射率（$\Delta R$）：

绝对双反射率是指切面中最大和最小两个反射率差值的绝对值：

$\delta R = |R_o - R_e|$　　一轴晶主切面

$\delta R = R_g - R_m$　　二轴晶主切面

$\delta R = R_m - R_p$　　二轴晶主切面

$\delta R = R_g - R_p$　　二轴晶主切面

$\delta R' = R_2 - R_1$　　非均质矿物任意切面

上式中 $R_2$ 与 $R_1$ 指非均质矿物在任意切面的最大与最小的反射率。

而相对双反射率是指切面中最大与最小两个反射率差值与两者均值比的百分数。

$\Delta R = |R_o - R_e| / [(R_o + R_e)/2] \times 100\%$　　一轴晶主切面

$\Delta R' = (R_2 - R_1) / [(R_2 + R_1)/2] \times 100\%$　　非均质矿物任意切面

矿物在反光显微镜下双反射的明显与否主要与相对双反射率的大小有关，相对双反射率越大表现越明显。有些矿物尽管绝对双反射率较大，但相对双反射率较小，因此在镜下表现并不明显；而有些矿物尽管绝对双反射率值不大，但相对双反射率值较高，因此在镜下表现明显。下面两个矿物中 A 矿物的绝对双反射率为 10，但相对双反射率为 13.5%，而 B 矿物的绝对双反射率为 5，而相对双反射率为 17.2%，因此，镜下观察时 B 矿物的双反射现象要比 A 矿物更明显，易于观察到。

A 矿物：$R_1 = 42$；$R_2 = 32$　　$R_1 - R_2 = 10$　　$\Delta R = 13.5\%$

B 矿物：$R_1 = 17$；$R_2 = 12$　　$R_1 - R_2 = 5$　　$\Delta R = 17.2\%$

镜下鉴定矿物时，我们常根据矿物双反射观察的难易程度不同，将其分为五个级别或简化为三个级别，其镜下表现如表 11-1 所示。

**表 11-1　矿物双反射分级和镜下表现**

| 分级 | 镜下特征 | 简化分级 |
|---|---|---|
| 特强 | 旋转物台，在单个矿物晶体上其亮度和颜色变化特别显著 | 明显 |
| 显著 | 旋转物台，在单个矿物晶体上其亮度和颜色变化明显可见 | |
| 清楚 | 旋转物台，在单个矿物晶体上其亮度和颜色变化可以看到，但不十分明显，当存在双晶或在不同切面方向的颗粒共存时则更加清楚 | 可见 |
| 微弱 | 旋转物台，在单个矿物晶体上其亮度和颜色变化很难看出，但当在存在双晶或存在不同切面方向的颗粒共存时则可以看出明暗或颜色变化 | |
| 无 | 无论是单个矿物晶体，还是集合体均看不出明暗变化 | 不显 |

### 11.3.2　矿物的反射色和反射多色性

矿物磨光面在垂直入射的白光照射下，其垂直反射光所呈现的颜色称为反射色（reflection color），即矿物在单偏光镜下表现出的颜色。反射色的产生是由于矿物对不同波长的可见光反射率不同。矿物的反射率随入射光波的波长不同而异的现象称为反射率色散。用连续光谱按一定波长间距分段测定矿物的反射率而绘制的曲线称为反射率色散曲线，它在表征矿物的反射色特征和反射多色性等光学性质方面有其特殊意义。图 11-7 为几种常见金属矿物的反射率色散曲线。由图可以看出，黄铁矿在黄光的波长附近的反射率明显增高，因此矿物的反射色呈现黄色，而方铅矿的反射率色散曲线在可见光范围内呈一条基本水平的线（图 11-7），表明其对不同波长的可见光反射率相近，因此其反射色为白色。而自然铜的反射率色散曲线在黄、橙、红波段急剧上升，因此自然铜呈铜红色或淡红色的反射色。

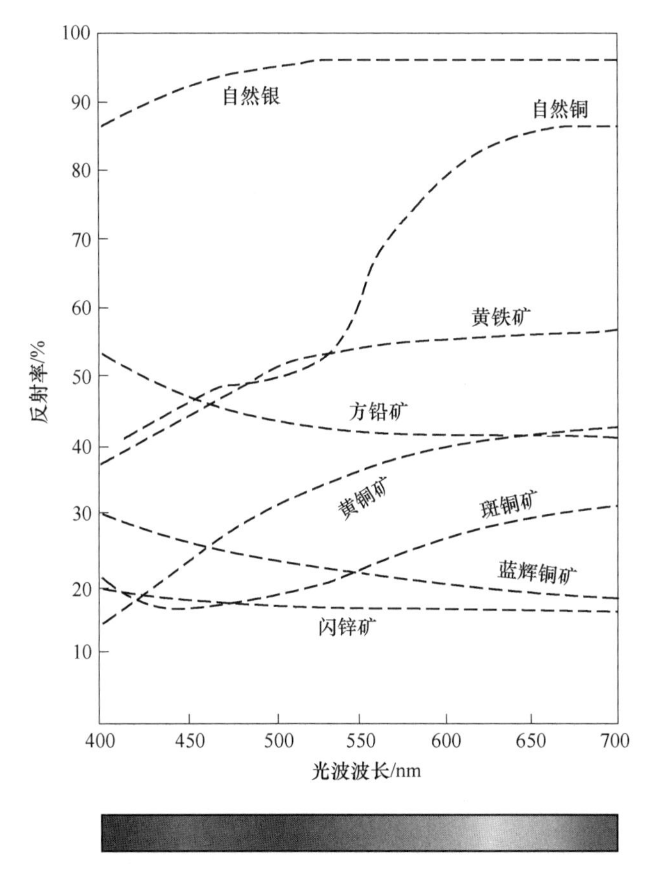


图 11-7　几种常见金属硫化物和自然铜、自然银的反射率色散曲线（据卢静文等，2010 修改）

对非等轴晶系不垂直光轴的切面，由于其对不同方向振动的光的反射能力不同，因此其反射率存在差异，同样其反射色也表现出各向异性。在单偏光镜下，旋转物台会呈现不同的反射色或深浅色调的变化，这一现象称为非均质矿物的反射多色性（pleochroism）。

矿物的反射色可以用 RGB 值定量表达，而在显微镜下鉴定矿物时我们常用的是反射色的定性观察法，此法又称为目视观察法或对比法，即在矿相显微镜下用白色光垂直照射矿物磨光面，直接观察矿物的反射色，并根据观察者的色感，定性地描述颜色的方法。镜下观察时，由于显微镜质量不同，或白光校正的差异性，常造成矿物在不同的反光显微镜下呈现的颜色有一定的偏差。观察反射色时可与标准颜色的矿物进行对比，一般以方铅矿作为标准白色进行对比。

观察矿物反射色时的影响因素主要有以下几种：

（1）入射光波长。镜下观察矿物的反射色时要求光源为白光，而一般灯光的颜色都或多或少的偏黄，为使光源呈白色一般用一块蓝色的玻璃进行校正。不同生产厂家、不同型号的显微镜质量不同，其光源校正可能并不能完全达到白光的要求，这就会造成入射光可能偏蓝（校正过大）或偏黄（校正不足），若入射光并非白光，就会造成观测结果失真。

（2）光面的磨光质量。磨光面质量欠佳会造成整体颜色偏暗、反射率降低。另外，一些硫化物矿物长期暴露在空气中会在矿物表面生成一层薄薄的氧化膜，造成彩色反射色的假象，这些都会影响我们对矿物反射色的判断。

（3）视觉色变效应。同一种矿物，由于分布在不同的矿物中（或与不同的矿物相伴产出）而给人以不同颜色的感觉，这就是视觉色变效应，磁铁矿和赤铁矿就是最好的例子。磁铁矿的反射色为灰白色，但当与赤铁矿在一起时就会感觉微带红色调。另外，辉铜矿的反射色为灰白色微带蓝色调，但与方铅矿连生时呈现明显的淡蓝色，与黄铜矿连生时则呈现蓝灰色。

（4）浸没介质的影响。矿物的反射色随浸没介质不同而变化，如铜蓝在空气中反射色为深蓝-蓝白色，而在香柏油介质中则呈现红紫色。

只有少数矿物的反射色会出现明显的彩色，而大多数矿物呈现带各种色调的灰、灰白等，因此在描述矿物的反射色和反射多色性时应注意色调深浅的细微变化，如浅棕黄—带红色调的棕黄色。在颜色描述时可用比较法，如柠檬黄色、橘红色等，并尽量多加修饰，如略带红色调的灰白色，这样可以更精确地描述矿物反射所呈现的颜色和色调。

### 11.3.3　矿物的均质性与非均质性

矿物的均质性和非均质性是矿物鉴定的重要依据，对某些反射率和反射色相近矿物的区分尤为重要，如区分钛铁矿和磁铁矿。钛铁矿和磁铁矿的反射率和反射色较为相近，尽管钛铁矿的反射色略带红色调，但由于视觉色变效应，当磁铁矿与赤铁矿共生时，磁铁矿的反射色也略带红色调，因此与钛铁矿不易区分，但磁铁矿为均质性矿物，而钛铁矿是强非均质性矿物，借助于均质性与非均质性可以有效区分。

均质性（isotroplsm）：均质矿物和非均质矿物垂直光轴的切面，在正交偏光下旋转物台一周，其明暗程度不变，此种性质叫均质性。

非均质性（anlsotroplsm）：非均质矿物的任意切面（不包括垂直光轴的切面）在正交偏光镜下旋转物台一周会发生四明四暗有规律的交替变化，明暗相间45°（如图11-8所示）。这种明暗程度和颜色变化的性质叫非均质性，在明亮时呈现的颜色叫偏光色。非均质矿物随物台转动其偏光色也会发生变化。

矿物的均质性、非均质性和偏光色统称为矿物的偏光性。在观察矿物的偏光性时，由于最终透过检偏镜的光一般只有入射光强度的千分之几，所以观察矿物的偏光性时最好用强光。

（1）偏光性的观察方法。观察矿物的偏光性之前应保证起偏镜和检偏镜（放置在0°位置时）允许通过光的振动方向严格垂直，否则会影响判断的准确性。一般采用的观察

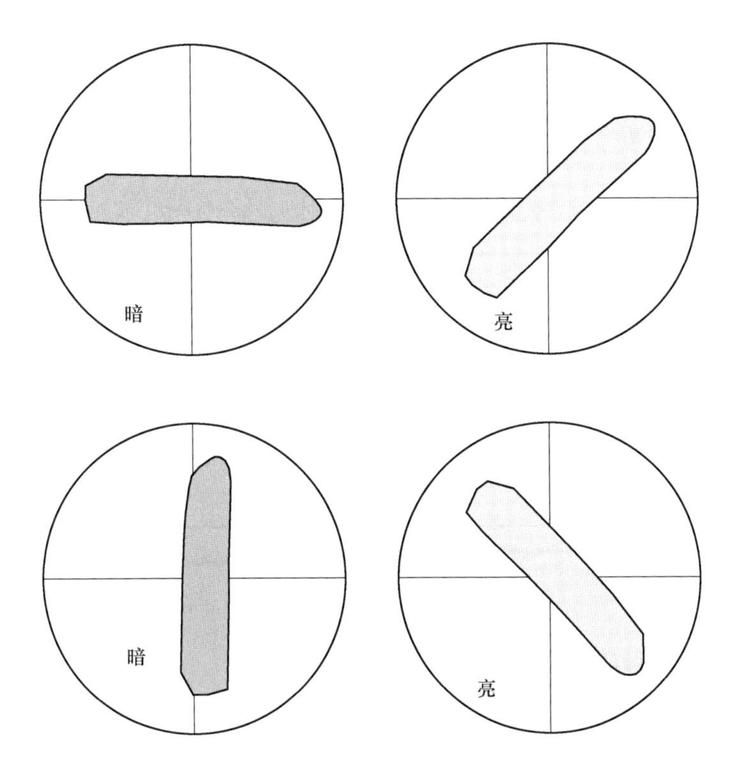


图 11-8　非均质矿物在正交偏光镜下旋转物台时明暗变化示意图

方法如下。

1）严格正交偏光观察法：将检偏镜放置在0°位置，即上下偏光严格正交。

2）不完全正交观察法：对一些非均质不太显著的矿物，在严格正交镜下由于视域太暗而难以观察到明暗变化。此时可将检偏镜偏转1°~3°（若亮度仍太低可偏至5°~10°），即上下偏光不完全正交，这样可使较多的光透过检偏镜，使视域亮度增加，以便于观察其明暗变化和偏光色。需要注意的是，在不完全正交偏光下观察矿物的偏光性时，可能出现四明四暗，也可能出现二明二暗，而且明暗的位置也不再是45°和90°。

3）油浸观察法：若用上述两种方法还不能判断矿物的均质和非均质性，可在油浸中严格正交或不完全正交下观察。若仍无明暗变化，说明矿物为均质性；若有明暗变化，说明其为非均质性。

透明或半透明的矿物由于其有内反射可能会对偏光性和偏光色的观察产生干扰，测试时可以用不完全正交的方法减低内反射的影响。当光面有起伏（斜坡）或划痕时，这些斜坡或划痕会随旋转物台出现明暗变化，这种明暗变化与矿物本身的性质无关，应尽量避免其对观察的影响。

（2）偏光性的视测分级。根据镜下矿物偏光性的特征，可将其分为五个级别或简化为三个级别，其镜下表现如表11-2所示。

**表 11-2 矿物偏光性视测分级和镜下表现**

| 分级 | 镜 下 表 现 | 简化分级 |
|---|---|---|
| 非均质性特强 | 在正交偏光镜下旋转物台一周，四明四暗显著，偏光色鲜明，如石墨、铜蓝、辉钼矿等 | 强非均质性 |
| 非均质性显著 | 在正交偏光镜下旋转物台一周，四明四暗清楚可见，如磁黄铁矿、毒砂等 | |
| 非均质性清楚 | 在正交偏光镜下旋转物台一周，四明四暗不明显，但在不完全正交的情况下明显可见，如钛铁矿等 | 弱非均质性 |
| 非均质性微弱 | 在完全正交偏光镜下旋转物台一周，几乎看不到明暗变化，在不完全正交下且有不同切面方向的颗粒共生时才隐约可见明暗变化，如黄铜矿 | |
| 均质性 | 在完全正交或不完全正交下，旋转物台一周，均看不出明暗变化，如黄铁矿、方铅矿等 | 均质性 |

### 11.3.4 矿物的内反射

#### 11.3.4.1 内反射的概念

一光束垂直照射到透明、半透明矿物表面后，除少数被反射外，大部分光线经折射进入矿物内部。进入矿物内部的光线遇到矿物内部的解理、裂隙、空洞、包裹体和不同矿物的界面时，将发生反射、折射和色散，从而使一部分光线从矿物内部折射出来，这种现象称为矿物的内反射。内反射所呈现的颜色叫内反射色。内反射色是矿物透射光呈现的颜色，也就是矿物的体色，越透明的矿物，内反射现象越强，完全不透明的矿物是没有内反射的。一般来说矿物的反射率越高，透明度越低，因此反射率与内反射有一定的相关性。表 11-3 列出了反射率与内反射之间的关系，即反射率大于 40%的矿物都没有内反射，而反射率低于 20%的都有明显的内反射。通过内反射现象的有无，可鉴别透明、半透明和不透明矿物。

**表 11-3 矿物的内反射与反射率的关系**

| 反 射 率 | 内 反 射 |
|---|---|
| >40% | 无内反射 |
| 30%~40% | 少数有内反射 |
| 20%~30% | 大多数有内反射 |
| <20% | 都有显著的内反射 |

#### 11.3.4.2 内反射的观察方法和影响因素

对一些反射率特别高的矿物一般不需要观察内反射，但对一些反射率较低，特别是反射率Ⅳ~Ⅴ级的矿物应注意观察其是否有内反射及内反射的颜色。内反射的观察方法包括以下几种：

（1）斜照光法。将待测矿物置于视域中心，将光源取下，以 30°~45°角倾斜照射矿物表面，这样依据反射定律，其表面反射光线将向另一侧反射，因反射角较大而不能进入镜筒，只有透明或半透明矿物入射光线才能经折射进入矿物内部（图 11-9）。当进入矿物内部的光线遇矿物内部的反射界面时，其经反射、折射、色散，必定有部分光线透出光片并进入镜筒，此时在目镜中观察到的为内反射。

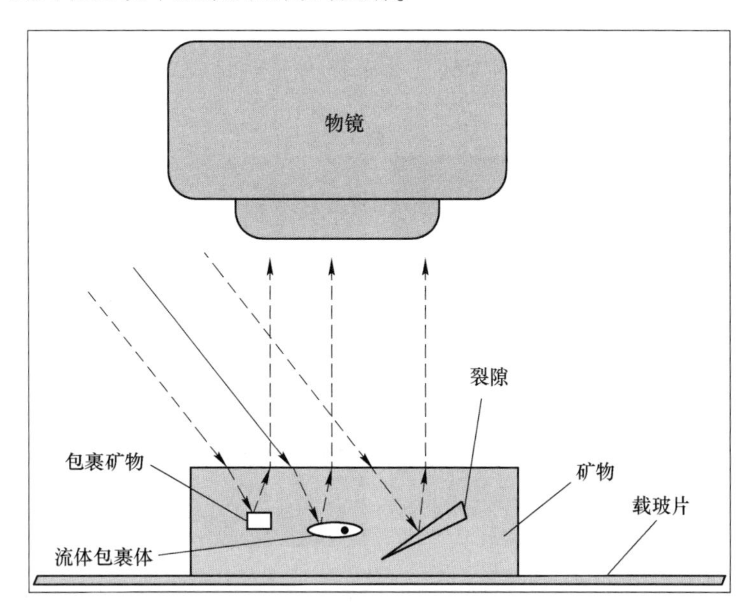


图 11-9　内反射产生原理示意图

内反射与反射光的差别是具有透明感、立体感、颜色和亮度不均匀。使用斜照光法观察矿物的内反射时应注意以下几点：

1）光源应为白色，亮度要充分；

2）斜照光的入射角度不宜过大，一般以 30°~45°为宜，并不断转动光源以找到最佳的照射角度和方向；

3）斜照光法只适用于中、低倍物镜，不宜在高倍物镜下使用；

4）要注意区分矿片表面缝隙中残留的抛光粉、杂质与内反射的差别；

5）有些透明矿物在斜照光下会出现棱镜效应，即因光的散射和干涉而出现彩虹色，其不是内反射的真实颜色，而是由于光的散射和干涉造成的，应注意区分。

（2）正交偏光法。指用高倍物镜在正交偏光下观察内反射的方法。由于高倍物镜的聚敛作用，使通过物镜的光线变成各种方向即各种入射角的斜照光，这样有利于矿物呈现内反射现象。观察时，推入检偏镜，将检偏镜调至 0°位置，即完全正交偏光。均质矿物在正交偏光下反射光不能通过检偏镜，因此对内反射的观察没有影响，但非均质矿物在正交偏光下会呈现偏光色，影响内反射的观察，因此需将矿片旋至消光位进行观察。

（3）粉末法。用钢针或金刚石笔刻划矿物，使矿片表面堆积一些待测矿物的粉末，然后在斜照光或正交偏光镜下观察，也可直接在单偏光镜下观察。用此方法观察时，凡粉末为黑灰色、黑色或金属色者表明其没有内反射，凡粉末呈白色、彩色者表明其有内反射。粉末法灵敏度高，因矿物刻划成粉末后，颗粒变细易于透光，且界面增多易于产于内反射，但该方法会对矿物抛光表面产生破坏，故测定后的样品需进行再次抛光处理。

在矿物鉴定时，若采用多种方法均无法观察到内反射现象，则表明该矿物没有内反射。对于有内反射的矿物需描述内反射呈现的颜色，即内反射色。图11-10是一些常见透明、半透明矿物内反射的显微镜下照片。从图中可以看出，内反射的发育程度差别较大，对雄黄（图11-10（a））、方解石（图11-10（b））、孔雀石（图11-10（c））这些透明度较高的矿物，其内反射明显，而赤铁矿仅在矿物边部或内部有裂隙或包裹物的局部可以看到（图11-10（d））。观察一些透明度较低的矿物内反射时应多看、多找，并非每个视域都能看到内反射。

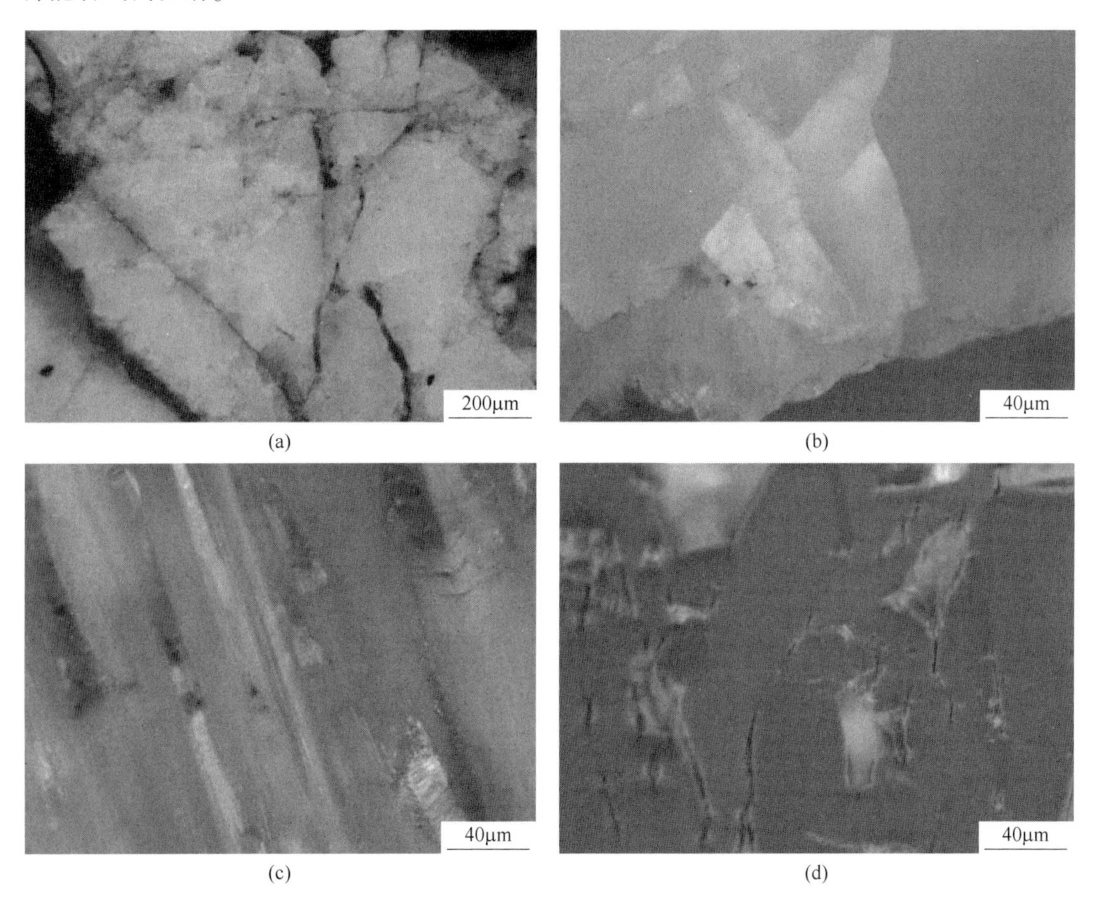

(a) (b) (c) (d)

图11-10 几种常见矿物内反射的显微镜下照片

（a）雄黄的橘黄色内反射；（b）方解石的白色内反射；（c）孔雀石的绿色内反射；（d）赤铁矿的血红色内反射

### 11.3.5 矿物的偏光图和旋转色散

所谓偏光图是指矿物在正交偏光镜下（高倍物镜），加上勃氏镜或去掉目镜时所呈现的图像，是矿物鉴定的一个重要特征。对金属矿物而言，偏光图是平面偏光斜射于矿物光面，经反射后所产生的光学现象。

#### 11.3.5.1 反射旋转的基本概念

入射光线通过高倍物镜时，则被聚敛成圆锥形光束，除中心部分光线为垂直入射外，其他部位为各种角度的斜射光。垂直入射于均质矿物光面上的平面偏光，反射时不发生振动方向的变化。但平面偏光倾斜入射时，其反射光将产生两种现象：一为反射光振动面的旋转，简称“反射旋转”，即反射光的振动面将与入射光的振动面在方向上不一致；二为反射光因产生非为0或π的周相差而发生椭圆偏化，形成反射椭圆偏光。

11.3.5.2　均质矿物的偏光图

在正交偏光下用高倍物镜（大于40倍）观察均质不透明矿物时，由于物镜的聚敛作用，使入射的平面偏光除中心一束光为垂直矿物光面外，视域内几乎全为斜射光。所以在正交偏光下，可见与一轴晶底切面之干涉图相似的图像（见图11-11和图11-12），即主要部分为一“黑十字”形消光带，四象限为明亮部分。此图像则称为“偏光图”，它系由“反射旋转”作用而成。将上偏光镜从正交位置稍微旋转一角度后，即分解成双曲线。双曲线的位置恰是矿物光面上的某些点，经反射旋转的振动面与转动后的上偏光振动面相垂直。因此当逆时针旋转上偏光时二、四象限内出现双曲线，若顺时针方向旋转上偏光镜时，即在一、三象限出现。当入射光为白光时，转动上偏光镜后可见到两类不同色型的图像。第一类以蓝辉铜矿为例，它的图像中双曲线凹面和凸面出现红和蓝的色边。凸面出现蓝色，说明红光反射旋转角较蓝光为大，因此红光的振动方向恰与上偏光镜垂直而消失；

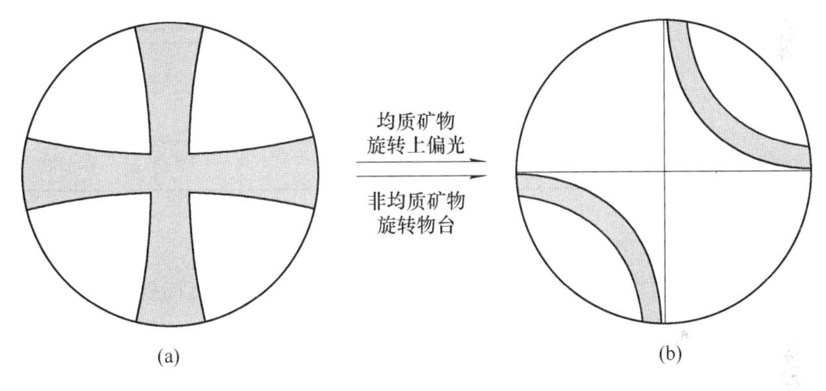


图11-11　矿物的偏光图示意图

（a）均质矿物或均质矿物在消光位时的黑十字偏光图；（b）均质矿物旋转上偏光后或非均质矿物旋转物台后呈现的双曲线型偏光图

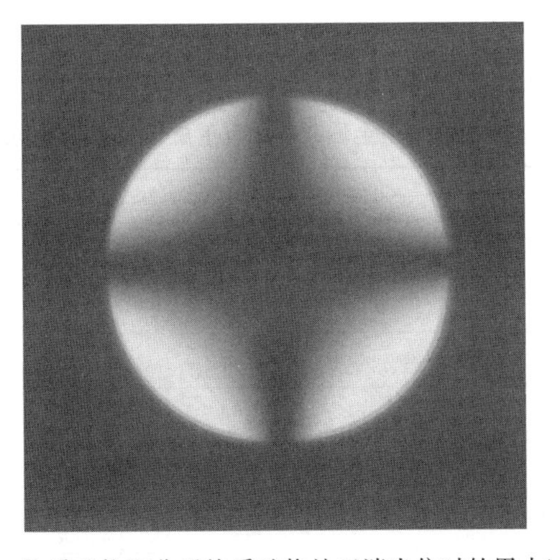

图11-12　均质矿物和非无均质矿物处于消光位时的黑十字偏光图

而蓝光的旋转角小，与上偏光镜未达到垂直，所以可透过上偏光镜呈蓝色边。凹面较凸面离视域中心远，其入射角均相应增大，所以在此，蓝光已达到与上偏光镜垂直的程度，故消失；但红光的旋转，已超过与上偏光镜垂直的程度，可有部分光量透过检偏镜，故凹面显红色。上述现象，是由于反射旋转量因波长不同而造成的，故称之为反射旋转色散。第二类色型图像的特点是双曲线边界模糊不清，而且双曲线中段与视域中心连成一片或具相同的色调，如自然金为橙黄色。这类图像是由于强吸收性矿物反射时形成大椭圆度（强）的椭圆偏光所致，因此也形不成真正的“消光带”。如金、银、铜等自然金属矿物的偏光图像皆属此类。这种色散称为反射椭圆色散，以符号 DE 表示。表 11-4 列出一些常见均质矿物的反射旋转色散。矿物的反射旋转色散可以帮助我们区分一些相似矿物。

**表 11-4 常见均质不透明矿物的反射旋转色散**

| “红>蓝”型（凸侧偏蓝、凹侧偏红） | “蓝>红”型（凸侧偏红、凹侧偏蓝） | “红≈蓝”型（看不出色边） |
|---|---|---|
| 自然铁 | 黄铁矿 | 自然铂 |
| 辉银矿 | 紫硫镍矿 | 磁铁矿 |
| 砷黝铜矿 | 黝铜矿 | 方铅矿 |
| 蓝辉铜矿 | 斑铜矿 | 闪锌矿 |

### 11.3.5.3 非均质矿物的偏光图和旋转色散

非均质矿物的偏光图在消光位时呈现黑十字，旋转物台或将检偏镜转开一定角度，则其偏光图由黑十字变为双曲线，同时出现旋转色散。非均质矿物既存在反射旋转色散，又存在非均质旋转色散，即处于消光位时，通过旋转检偏镜得到的双曲线内外颜色的差异为反射旋转色散，而在完全正交偏光镜下，当矿物从消光位旋转至非消光位时呈现在双曲线凹侧和凸侧颜色的差异是由非均质旋转色散引起的。无论是反射旋转色散还是非均质旋转色散，其色散的表达方法与均质矿物的反射旋转色散一致，均表示为红>蓝、蓝>红和红≈蓝。

表 11-5 列出了一些常见非均质金属矿物的反射旋转色散、非均质旋转色散类型。

**表 11-5 一些常见非均质金属矿物的反射旋转色散和非均质旋转色散**

| 矿　　物 | 反射旋转色散 | 非均质旋转色散 |
|---|---|---|
| 自然铋 | 蓝>红 | 蓝>红 |
| 石墨 | 红≈蓝 | 红>蓝 |
| 赤铁矿 | 红>蓝 | 红≈蓝 |
| 钛铁矿 | 蓝>红 | 蓝>红 |
| 软锰矿 | 红≈蓝 | 红>蓝 |
| 硬锰矿 | 红≈蓝 | 蓝>红 |
| 黑锰矿 | 红≈蓝 | 红>蓝 |

续表 11-5

| 矿　物 | 反射旋转色散 | 非均质旋转色散 |
|---|---|---|
| 白铁矿 | 蓝>红 | 蓝>红 |
| 磁黄铁矿 | 蓝>红 | 蓝>红 |
| 黄铜矿 | 蓝>红 | 红≈蓝 |
| 辉铜矿 | 红>蓝 | 红>蓝 |
| 辉锑矿 | 红≈蓝 | 蓝>红 |
| 毒砂 | 蓝>红 | 蓝>红 |
| 辉钼矿 | 红>蓝 | 红>蓝 |

## 11.4　矿物其他特征的镜下观察

### 11.4.1　矿物的显微硬度

在矿物的手标本鉴定过程中，硬度是其重要的鉴定特征之一。同样，在显微镜下鉴定矿物也常用显微硬度（microhardness）帮助我们鉴定矿物或发现同一矿物之间微小的差异，这种微小的硬度变化可能预示其成分、形成的物理化学条件的不同，因此，在矿床成因、找矿中均有广泛的应用。矿物的硬度包括抗刻划硬度（莫氏硬度）、抗磨硬度和抗压硬度。

#### 11.4.1.1　抗刻划硬度

抗刻划硬度是用来表示矿物抵抗外来刻划的能力，可用莫氏硬度值表示。在显微镜下鉴定时，我们常将矿物的抗刻划硬度分为三个级别，分别为：

（1）高硬度。指用钢针不能刻动，其莫氏硬度值大于 5.5。

（2）中等硬度。指钢针可以刻动，但铜针（莫氏硬度值为 3）不能刻动，表示其莫氏硬度值在 3~5.5 之间。

（3）低硬度。指铜针可以刻动，即其莫氏硬度值小于 3。

#### 11.4.1.2　抗磨硬度

抗磨硬度是用来表示矿物抵抗磨损的能力。一般用单位时间内磨损体积的倒数表示。在样品制备过程中，特别是在样品抛光过程中，相对较硬的矿物在同一抛光时间内磨损相对较小，因此会相对突起，而硬度较低的矿物磨损较多，相对凹下，这就造成了同一样品中软硬矿物间存在高低起伏。通过这种高低起伏，我们可以判断相邻两矿物相对抗磨硬度的高低。

由于抗磨硬度的差异，抛光过程中常会在软硬矿物之间出现一小的斜面，垂直照射到这些斜面的光由于反射方向改变，而无法进入镜筒，因此在镜下观察时会出现一暗色边缘，高低起伏越大，这个边缘越厚，反之越薄（图 11-13）。在物台升降过程中，这些黑色边缘也会发生移动或宽窄的变化，依据这一变化，我们可以判断相邻矿物间的相对抗磨硬度。由于显微镜的焦平面是固定的，提升物台，则亮带和暗带均向相对较硬的矿物方向移动，暗带逐渐变窄并消失；反之，若下降物台，则亮带和暗带均向相对较软的矿物方向移动，暗带逐渐变宽。

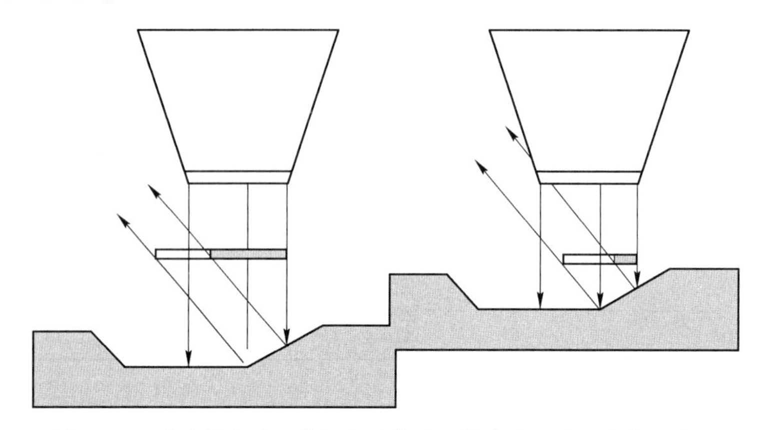

图 11-13 升降物台过程中相邻矿物边界的亮边和暗边变化示意图

11.4.1.3 抗压硬度

抗压硬度是用来表示矿物抵抗外来压入的能力。抗压硬度的测量一般使用显微硬度仪完成，包括维氏硬度计、诺普硬度计和布氏硬度计。显微硬度计不仅应用于矿物的显微硬度测量，同时在冶金、材料等领域也被广泛应用。

（1）维氏硬度计。其使用的压锥为金刚石四方锥体，截面为正方形，锥体的两面间角为 136°。测量时通过对矿物抛光表面施加一定的压力（以砝码调节）使其在矿物表面形成一锥形压痕，其硬度值即为砝码的质量除以压痕的表面积，单位以 $kg/mm^2$ 表示，测得的显微硬度被称为维氏硬度（HV）。

即 $HV=P/S$，式中 $P$ 为施加的砝码质量；$S$ 为压痕表面积，其由 4 个三角形组成。若 4 个三角形的底边长为 $a$（即正长方形压痕的边长），高为 $h$，则上述公式可改写为：

$$HV = P/[4(1/2ah)]$$

由于锥形的面间角为 136°，则 $h=\frac{1}{2}a/\sin(68°)$

$$HV = P/(2ah) = P/[a^2/\sin(68°)]$$

若测得压痕的对角度长度为 $d$，则 $d^2=2a^2$

$$HV = P \cdot 2\sin(68°)/d^2$$
$$= 1.8544 \cdot P/d^2 (kg/mm^2)$$

即只要得到压痕对角线长度，我们就可以计算出矿物的维氏硬度值。

图 11-14 为国产 HV-1000b 型维氏显微硬度计和通过显微成像显示出的压痕形态。在计算机技术的辅助下，现代的显微硬度测量更加简便和易于操作，数据也越来越精确。通过测量压痕的对角线长度，并配合相应的软件，可以快速得到其显微硬度值。

（2）诺普硬度计。其使用的压锥为金刚石菱形锥体，测得的硬度值称为诺普硬度（Hk）。

（3）布氏硬度计。其使用的压锥为硬质合金球体，测得的硬度值称为布氏硬度（Hp）。

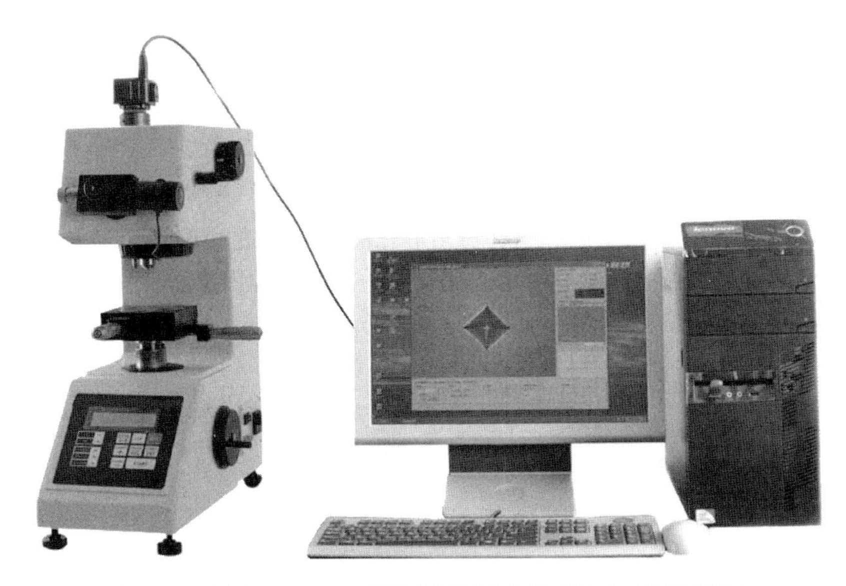

图 11-14 国产 Hv-1000b 型维氏硬度计和压痕形态（网络图片）

### 11.4.2 矿物的切面形态

不同的矿物有不同的结晶习性，其表现在切面形态（section shape）上也具有一定的特点，如黄铁矿常呈立方体晶形，其切面形态常见正方形（图 11-15（a）），并可出现六边形、三角形、长方形等切面形态。辉钼矿常呈六方板状、片状晶形，其切面形态可呈长方形（图 11-15（b））、六边形。根据矿物的切面形态，可以推测矿物的结晶形态和结晶习性，并鉴定矿物，特别是一些反射率和反射色相近的矿物。例如，毒砂与黄铁矿的反射色和反射率较为相近，但毒砂常呈菱形和板条状切面形态，明显不同于黄铁矿，因此我们常根据其切面形态的不同来区分黄铁矿和毒砂。

(a)

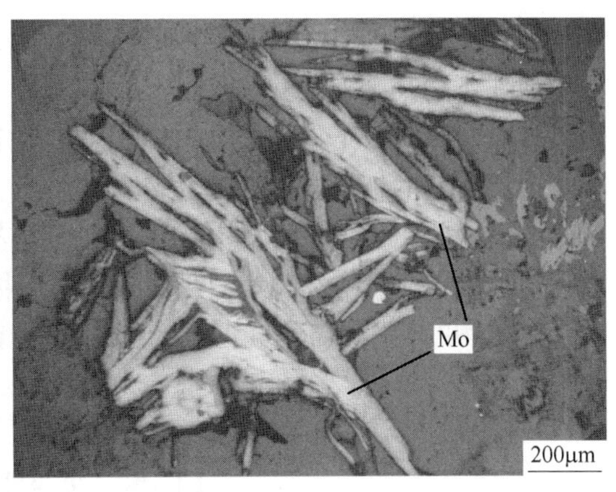


(b)

图 11-15 黄铁矿和辉钼矿切面形态

（a）黄铁矿的正方形切面；（b）辉钼矿的长方形切面

Py—黄铁矿

### 11.4.3 矿物的解理

矿物的解理（cleavage）是矿物的固有性质之一，是矿物鉴定的重要依据。对于有解理的矿物，其在样品磨制过程中常沿解理形成微小的裂纹，或由于一些解理块脱落形成孔洞。方铅矿具有三组相互垂直的解理，当切面方向与三组解理斜交时，由于解理块脱落常形成三角形孔洞（图 11-16（a）），这些三角形孔洞的三个边的方向分别为三组解理的方向，故同一矿物晶体上的三角形孔洞的边是相互平行的。辉钼矿和石墨均发育一组极完全解理，在垂直解理的切面上会出现一组平行的细纹（图 11-16（b）），这就是解理缝。解理缝细、密，表示其解理特别发育。

(a)

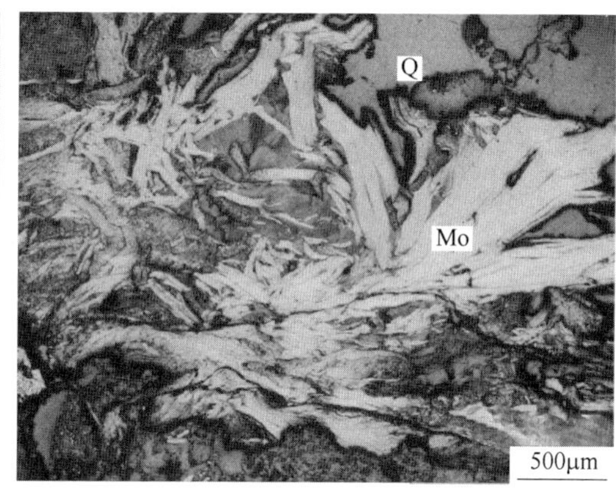


(b)

图 11-16 方铅矿和辉钼矿的显微镜下照片

（a）方铅矿中发育三组解理，由于解理块脱落形成三角形孔洞；（b）辉钼矿中发育一组解理，并由于变形而发育弯曲

Gn—方铅矿；Q—石英

### 11.4.4 矿物的磁性

有些矿物具有磁性（magnetic property），可作为矿物鉴定的重要依据，如磁铁矿、磁黄铁矿。对显微镜下矿物鉴定来说，如何确定矿物是否有磁性呢？方法一般有两种，一种是将具有磁性的细粉末涂于矿物表面，在镜下观察其在样品中的分布，若样品中含有磁性矿物，则这些磁性粉末会集中在这些矿物的表面，而其他矿物上相对较少。另一种方法是将磁化的钢针，放在物镜与样品之间，若矿物有磁性，则磁针会被向下吸引。

除矿物的切面形态、解理等，反光显微镜下我们还可以观察到矿物的双晶、生长环带、加大边等现象，详细请参阅矿物学教材。

## 11.5 矿物的浸蚀鉴定

### 11.5.1 浸蚀鉴定的概念

浸蚀鉴定（etch identification）是指利用某些化学试剂浸蚀矿物的磨光面，根据浸蚀反应来鉴定矿物的一种方法。

### 11.5.2 浸蚀鉴定的常用试剂、用具及操作

常用的试剂包括盐酸、硝酸、硫酸、$H_2O_2$、王水和 KCN、KOH、$HgCl_2$、$FeCl_3$ 等溶液。由于所用试剂多为强酸、强碱等，因此实验时需用化学性质相对稳定的工具，如铂金丝。另外，实验过程和实验后需将残留的试剂清理，还需准备滤纸和蒸馏水等。

浸染鉴定的方法包括滴、浸、熏三种。滴是将试剂滴在矿物表面，观察其反应；浸是将待测样品在试剂中浸泡一定的时间后再进行观察；熏是将样品放在易挥发试剂瓶口处，使样品表面与试剂的挥发分反应，然后放在镜下观察反应结果。

### 11.5.3 试剂反应类型

（1）显结构。样品抛光过程中由于温度高，会在矿物的抛光表面形成一层薄薄的氧化膜。通过试剂反应可以溶解掉表面的氧化膜，使内部结构显现或增强。

（2）染黑。是由于矿物表面部分被试剂溶解后变得粗糙，致使反光明显减弱。

（3）染色。是由于试剂与矿物表面反应后产生有色沉淀，这些沉淀物以带色薄膜的形式留在浸蚀矿物的表面而形成染色。

（4）晕色。试剂滴在矿物表面，在液滴周边产生色变，是由于试剂中挥发分向外发散，并与矿物发生轻微的反应形成的。

（5）发泡。试剂与矿物表面反应并产生气泡。

（6）无反应。矿物表面的试剂由于蒸发后留下的水痕，这个水迹称为汗圈，表明没有反应。汗圈与晕色不同，晕色用滤纸和蒸馏水不易洗掉，而汗圈可以轻易用蒸馏水擦除。

### 11.5.4 浸蚀鉴定时需注意的事项

（1）实验时要求光片清洁，无油污、尘埃、胶泥等，否则会影响反应效果或造成试剂与表面的杂质发生反应。

（2）应注意区分样品与试剂的反应以及试剂本身的沉淀。有些试剂本身会产生沉淀物，这并非与反应有关。

（3）不要将试剂滴在两个矿物之间，以免引起电化学反应。

（4）若矿物中有微裂隙，则应区分试剂反应是与矿物主体还是裂隙中的矿物或显微包裹物。

## 11.6 矿物鉴定小结

在反光镜下鉴定矿物时，需注意区分那些反射色和反射率相近的矿物，如磁铁矿和闪锌矿，两者均为反射率低的均质矿物，但闪锌矿硬度低且有内反射，因此可以借此加以区别。表 11-6 给出了一些常见矿物的镜下鉴定特征，可以方便查阅。表中矿物的排序主要根据矿物反射率大小，按反射率的级别划分为五个表，分别为 $R$>黄铁矿、黄铁矿>$R$>方铅矿、方铅矿>$R$>黝铜矿、黝铜矿>$R$>闪锌矿、$R$<闪锌矿。

表 11-6 常见金属矿物鉴定表

第一组 $R$>黄铁矿矿物组

| 矿物名称<br>化学式<br>晶系 | 反射率 | 硬度<br>（1）莫氏硬度<br>（2）抗压硬度 | （1）反射色<br>（2）双反射和反射多色性<br>（3）内反射 | 偏光性和偏光色 | （1）浸蚀鉴定<br>（2）其他鉴定特征 |
|---|---|---|---|---|---|
| 自然金<br>Au<br>等轴晶系 | 白：72 | （1）2.5~3<br>（2）41~49 | （1）金黄色或亮黄色<br>（2）无<br>（3）无 | 均质性 | KCN：染黑<br>王水：起泡，变褐 |
| 自然铜<br>Cu<br>等轴晶系 | 65.9<br>（589nm） | （1）2.5~3<br>（2）48~143 | （1）铜红色或玫瑰浅红色，空气中为淡褐色或褐色<br>（2）无<br>（3）无 | 均质性 | $HNO_3$：起泡，表面变粗糙，变褐<br>$FeCl_3$：变黑<br>KOH：染彩至染褐<br>$HgCl_2$：染彩至染黑 |
| 自然铂<br>Pt<br>等轴晶系 | 白：70 | （1）4~4.5<br>（2）125~127 | （1）亮白色<br>（2）无<br>（3）无 | 均质性 | 王水：显结构<br>$HCl+Cr_2O_3$：显结构<br>环带结构发育 |
| 针镍矿<br>NiS<br>六方晶系 | 白：54~60 | （1）3~3.5<br>（2）192~376 | （1）纯黄色或浅黄色、乳黄色<br>（2）空气中微弱。油中清楚，黄色至蓝或紫色<br>（3）无 | 非均质性，显著；<br>偏光色：稻草黄至紫蓝色 | $HNO_3$：缓慢起泡（+/-），变褐，熏污<br>$HgCl_2$：变褐（+/-）<br>$HCl+Cr_2O_3$：显结构<br>环带结构发育 |
| 红砷镍矿<br>NiAs<br>六方晶系 | 白：50.6~45 | （1）5~5.5<br>（2）308~533 | （1）亮粉红色或亮玫瑰色、黄色<br>（2）清楚—显著，带黄的粉色、紫粉色，带棕的粉色<br>（3）无 | 非均质性，显著—特强；绿灰色—蓝紫色—蓝灰色 | $HNO_3$：起泡，变黑<br>$HgCl_2$：染彩、染褐<br>磨光性良好，可塑—极可塑 |
| 镍黄铁矿<br>$(Fe, Ni)_9S_8$<br>等轴晶系 | 白：52 | （1）3.5~4<br>（2）202~231 | （1）淡黄色、黄白色或奶油黄色<br>（2）无<br>（3）无 | 均质性 | $HNO_3$：熏污，变褐色<br>常有解理 |

续表 11-6

| 矿物名称<br>化学式<br>晶系 | 反射率 | 硬度<br>（1）莫氏硬度<br>（2）抗压硬度 | （1）反射色<br>（2）双反射和反射多色性<br>（3）内反射 | 偏光性和偏光色 | （1）浸蚀鉴定<br>（2）其他鉴定特征 |
|---|---|---|---|---|---|
| 第一组　*R*>黄铁矿矿物组 | | | | | |
| 毒砂<br>$FeAs_{0.9}S_{1.1}$~$FeAs_{1.1}S_{0.9}$<br>斜方晶系 | 白：51.7~55.7 | （1）5.5~6<br>（2）100~200<br>715~1354 | （1）亮白色微带奶油黄色或淡红色调<br>（2）不显—极微弱<br>（3）无 | 非均质性，清楚—显著；蓝色、绿色 | $HNO_3$：缓慢起泡，晕色<br>常呈菱柱状自形晶，切面为菱形 |
| 白铁矿<br>$FeS_2$<br>斜方晶系 | 白：48.9~55.5 | （1）6~6.5<br>（2）100~200<br>762~1561 | （1）黄白色或淡黄色微带粉红色调，或带绿色调<br>（2）显著<br>（3）无 | 非均质性，显著；蓝色、黄绿色、紫灰偏光色 | $HNO_3$：缓慢起泡，变褐至晕色<br>可呈矛头状晶形，胶状集合体常见，胶状白铁矿常呈薄层覆盖黄铁矿 |
| 黄铁矿<br>$FeS_2$<br>等轴晶系 | 白：54.5 | （1）6~6.5<br>（2）100~200<br>913~2056 | （1）淡黄色、黄白色、白色带黄<br>（2）无<br>（3）无 | 均质性 | $HNO_3$：缓慢起泡，变色（+/-）<br>常呈立方体、五角十二面体晶形，磨光性差 |
| 辉钴矿<br>CoAsS<br>斜方晶系 | 白：52.7 | （1）5.5<br>（2）50~200<br>570~850 | （1）白色带清晰之淡粉色<br>（2）微弱，白色—粉红白色<br>（3）无 | 非均质性，微弱-清楚（油中）；蓝色—棕色 | $HNO_3$：起泡，晕色<br>常见聚片双晶，可呈环带，脆性，磨光性很差 |
| 第二组　黄铁矿>*R*>方铅矿 | | | | | |
| 矿物名称<br>化学式<br>晶系 | 反射率 | 硬度<br>（1）莫氏硬度<br>（2）抗压硬度 | （1）反射色<br>（2）双反射和反射多色性<br>（3）内反射 | 偏光性和偏光色 | （1）浸蚀鉴定<br>（2）其他鉴定特征 |
| 辉铋矿<br>$Bi_2S_3$<br>斜方晶系 | 白：42~48.7 | （1）2~2.5<br>（2）67~216 | （1）白色<br>（2）微弱—清楚<br>（3）无 | 非均质性，显著；淡绿色调 | $HNO_3$：缓慢起泡，变黑，显柱状蚀理<br>HCl：熏污（+/-）<br>$HgCl_2$：变淡褐（+/-）<br>以柱状解理为特征 |

续表 11-6

| 第二组　黄铁矿>$R$>方铅矿 | | | | | |
|---|---|---|---|---|---|
| 矿物名称<br>化学式<br>晶系 | 反射率 | 硬度<br>（1）莫氏硬度<br>（2）抗压硬度 | （1）反射色<br>（2）双反射和反射多色性<br>（3）内反射 | 偏光性和偏光色 | （1）浸蚀鉴定<br>（2）其他鉴定特征 |
| 辉锑矿<br>$Sb_2S_3$<br>斜方晶系 | 白：30.2～40 | （1）2～2.5<br>（2）42～129 | （1）白色至淡灰色<br>（2）显著，白色—灰白色<br>（3）无 | 非均质性，特强 | $HNO_3$：染彩—染黑<br>HCl：变褐（+/-）<br>KCN：染褐<br>KOH：橙黄色浓厚沉淀（重要特征）<br>常呈柱状或板状晶体，有双晶 |
| 黄铜矿<br>$CuFeS_2$<br>四方晶系 | 白：44～46 | （1）3.5～4<br>（2）130～215 | （1）黄色或黄铜黄色，或黄色带绿色调<br>（2）不显—微弱<br>（3）无 | 非均质性，微弱—清楚；<br>偏光色：灰蓝色—黄绿色 | $HNO_3$：染污（+/-） |
| 方铅矿<br>PbS<br>等轴晶系 | 白：43.2 | （1）2～2.5<br>（2）56～116 | （1）纯白色（反射色之白色标准）<br>（2）无<br>（3）无 | 均质性 | $HNO_3$：变黑<br>HCl：变褐—彩<br>三组相互垂直的解理，常可见因解理块剥落形成的三角形孔洞 |
| 方黄铜矿<br>$CuFe_2S_3$<br>斜方晶系<br>等轴晶系 | 白：40～42 | （1）3.5<br>（2）181～224 | （1）奶灰色—棕黄色<br>（2）明显<br>（3）无 | 非均质性，显著—清楚；<br>偏光色：粉红褐色—蓝灰色 | $HNO_3$：熏污（+/-）<br>$HgCl_2$：（+/-）<br>常有解理 |

续表 11-6

| 第三组　方铅矿>$R$>黝铜矿 | | | | | |
|---|---|---|---|---|---|
| 矿物名称<br>化学式<br>晶系 | 反射率 | 硬度<br>（1）莫氏硬度<br>（2）抗压硬度 | （1）反射色<br>（2）双反射和反射多色性<br>（3）内反射 | 偏光性和偏光色 | （1）浸蚀鉴定<br>（2）其他鉴定特征 |
| 辉钼矿<br>$MoS_2$<br>六方晶系 | 白：15.2~37 | （1）1~1.5<br>（2）11~101 | （1）白色—浅灰至灰微带粉红色调<br>（2）特强<br>（3）无 | 非均质性，特强；<br>偏光色：白带淡粉红色 | 以片状晶体及一组极完全解理、具挠性为特征 |
| 车轮矿<br>$2PbS \cdot Cu_2S \cdot Sb_2S_3$<br>斜方晶系 | 白：36~38.2 | （1）2.5~3<br>（2）132~213 | （1）灰白色带明显的蓝色或蓝绿色调<br>（2）微弱—不显<br>（3）无 | 非均质性，微弱—清楚；<br>偏光色：淡蓝色、绿灰色、褐黄色、暗褐色、淡紫色等 | $HNO_3$：熏污<br>王水：迅速变黑<br>双晶普遍，常呈交织状压力变形结构，重结晶结构常见 |
| 软锰矿<br>$MnO_2$<br>四方晶系 | 白：30~41.5 | （1）2~6.5<br>（2）76~1500 | （1）乳白色或白色带淡黄色<br>（2）油中粗粒者显著<br>（3）无 | 非均质性，显著；<br>偏光色：带淡黄色调的暗褐色，淡蓝绿色 | $H_2O_2$：起泡<br>$H_2SO_4+H_2O_2$：起泡，变黑<br>常呈胶集合体产出 |
| 磁黄铁矿<br>$Fe_{1-x}S$<br>六方晶系：$x=0.05 \sim 0.08$<br>斜方晶系：$x=0.14$ | 白：38~45.2 | （1）3.5~4.5<br>（2）230~390 | （1）淡玫瑰黄色或黄带粉红褐色调<br>（2）微弱—清楚<br>（3）无 | 非均质性，显著；<br>偏光色：黄棕色、蓝灰带粉色调、蓝灰色 | $HNO_3$：熏污，变褐<br>HCl：熏污，液变黄<br>KOH：变彩<br>强磁性 |
| 黝铜矿<br>$Cu_{12}Sb_4S_{13}$<br>等轴晶系 | 白：30.7 | （1）3~4<br>（2）251~425 | （1）淡灰色带淡褐色调，少数带橄榄绿色调<br>（2）无<br>（3）很微弱，褐红色，极难见 | 均质性 | $HNO_3$：熏污，变彩，变淡褐（+/-）；<br>浓 $MnO_4$、KOH、$H_2O_2$ 的混合液显正反应 |

续表 11-6

| 矿物名称<br>化学式<br>晶系 | 反射率 | 硬度<br>(1) 莫氏硬度<br>(2) 抗压硬度 | (1) 反射色<br>(2) 双反射和反射多色性<br>(3) 内反射 | 偏光性和偏光色 | (1) 浸蚀鉴定<br>(2) 其他鉴定特征 |
|---|---|---|---|---|---|
| 第三组 方铅矿>*R*>黝铜矿 | | | | | |
| 赤铜矿<br>$Cu_2O$<br>等轴晶系 | 白：27 | (1) 3~4<br>(2) 179~218 | (1) 浅灰色或灰白色带蓝色色调<br>(2) 无<br>(3) 明显，深红色、樱红色、褐黄色，为其特征 | 均质性，有时异常非均质性，清楚 | $HNO_3$：起泡，沉淀金属铜；<br>HCl：白色沉淀；<br>KCN：变黑，显解理<br>$FeCl_3$：变彩 |
| 硬锰矿<br>$BaMn_{10}O_{20}\cdot 3H_2O$<br>单斜晶系常见非晶质（胶体）及隐晶质 | 白：27 | (1) 5~6<br>(2) 203~813 | (1) 灰白色或灰白带蓝，细粒集合体比粗粒晶体略微灰一些<br>(2) 显晶质：显著；隐晶胶体：不显<br>(3) 很微弱；油中偶见褐色 | 显晶质：非均质性；显著；<br>偏光色：深灰色—灰白色；<br>隐晶胶体：显均质性 | $HNO_3$：熏污（+/-），变淡褐—灰色；<br>HCl：变褐至灰<br>$FeCl_3$：变浅褐色（+/-）<br>$H_2O_2$：起泡<br>常呈胶体构造 |
| 第四组 黝铜矿>*R*>闪锌矿的矿物组 | | | | | |
| 矿物名称<br>矿物名称<br>化学式<br>晶系 | 反射率 | 硬度<br>(1) 莫氏硬度<br>(2) 抗压硬度 | (1) 反射色<br>(2) 双反射和反射多色性<br>(3) 内反射 | 偏光性和偏光色 | (1) 浸蚀鉴定<br>(2) 其他鉴定特征 |
| 辉铜矿<br>$Cu_2S$<br>单斜晶系<br>另一高温变体为六方晶系 | 32.2 | (1) 2.5~3<br>(2) 58~98 | (1) 灰白带蓝或灰白色带蓝<br>(2) 不显—微弱<br>(3) 无 | 非均质性，微弱—清楚；<br>偏光色：淡蓝绿色—浅粉红色 | $HNO_3$：起泡，变蓝，显解理，结构<br>HCl：变色（+/-）<br>KCN：变黑，快，显解理，结构<br>$HgCl_2$：（+/-） |
| 辰砂<br>HgS<br>三方晶系 | 白：28 | (1) 2~2.5<br>(2) 10~25<br>51~98 | (1) 灰白带蓝色色调<br>(2) 微弱—不显<br>(3) 明亮：亮红色或朱红色 | 非均质性，清楚，偏光色通常被内反射所掩盖 | 王水：起泡，变彩，不均匀 |

续表 11-6

第四组　黝铜矿>$R$>闪锌矿的矿物组

| 矿物名称<br>矿物名称<br>化学式<br>晶系 | 反射率 | 硬度<br>（1）莫氏硬度<br>（2）抗压硬度 | （1）反射色<br>（2）双反射和反射多色性<br>（3）内反射 | 偏光性和偏光色 | （1）浸蚀鉴定<br>（2）其他鉴定特征 |
|---|---|---|---|---|---|
| 雌黄<br>$As_2S_3$<br>单斜晶系 | 白：20.3~25 | （1）1.5~2<br>（2）22~52 | （1）灰白色或浅灰色<br>（2）清楚—显著<br>（3）明显：浅黄色或柠檬黄色 | 非均质性，显著；<br>偏光色：常被内反射掩盖 | KCN：显解理<br>KOH：变褐，黑，迅速<br>$HgCl_2$：黄色沉淀 |
| 铜蓝<br>CuS 或 $Cu_2S \cdot CuS_2$<br>六方晶系 | 白：23~8 | （1）1.5~2<br>（2）59~129 | （1）双反射与反射多色性特征：深蓝微带紫色；蓝白色或白色微蓝<br>（2）双反射明显<br>（3）无 | 非均质性，特强；<br>偏光色：火橙色 | $HNO_3$：熏污（+/-）<br>KCN：变蓝紫或黑，显解理<br>常呈板状晶体 |
| 斑铜矿<br>$Cu_5FeS_4$<br>四方晶系；等轴晶系 | 白：21.9 | （1）3<br>（2）68~105 | （1）粉红褐色，在空气中易氧化，并很快变暗为淡紫色，紫红色，蓝色等<br>（2）不显<br>（3）无 | 弱非均质性（四方晶系）；<br>均质性（等轴晶系） | $HNO_3$：起泡，变黄褐，显砖状解理<br>KCN：变橙色<br>$FeCl_3$：变橙色 |
| 雄黄<br>AsS<br>单斜晶系 | 白：18.5 | （1）1.5~2<br>（2）47~60 | （1）灰色或灰色带紫色<br>（2）微弱有时清楚，红灰色—蓝灰色<br>（3）明显，黄红色或橙色 | 非均质性，清楚至显著，常受强烈内反射干扰 | $HNO_3$：起泡<br>KCN：熏污（+/-）<br>KOH：变黑 |
| 石墨<br>C<br>六方晶系 | 白：17~6 | （1）1<br>（2）5~15<br>7~12 | （1）（2）浅褐灰色，特强双反射与反射多色性<br>（3）无 | 非均质性，特强；<br>偏光色：草黄色—紫灰色 | 均无反应；<br>常呈板状，叶片状，鳞片状及平形状，放射状集合体 |

续表 11-6

| 第四组 黝铜矿>*R*>闪锌矿的矿物组 | | | | | |
|---|---|---|---|---|---|
| 矿物名称<br>矿物名称<br>化学式<br>晶系 | 反射率 | 硬度<br>（1）莫氏硬度<br>（2）抗压硬度 | （1）反射色<br>（2）双反射和反射多色性<br>（3）内反射 | 偏光性和偏光色 | （1）浸蚀鉴定<br>（2）其他鉴定特征 |
| 墨铜矿<br>[ $(CuFeS_2)\cdot(Mg,Al,Fe,Ni)(OH)_2$ ]或 $Cu_2Fe_4S_2$<br>六方或斜方晶系 | 白：16~9 | （1）1<br>（2）50<br>30 | （1）古铜色，青铜色或褐黄色，很快变暗<br>（2）微弱：浅灰褐色或青铜色；蓝灰色—暗灰色<br>（3）无 | 非均质性，特强；<br>偏光性：白色至青铜色 | $HNO_3$：变色（+/-）<br>$FeCl_3$：变黑（+/-）<br>$HgCl_2$：变褐黑<br>$KMnO_4$+KOH：变黑 |
| 黑铜矿<br>CuO<br>单斜晶系 | 20~26.9 | （1）3.5<br>（2）203~254 | （1）灰白色—浅褐色<br>（2）不显—清楚<br>（3）无 | 非均质性，清楚；<br>偏光色：蓝色至淡黄色 | $HNO_3$：熏污，变褐<br>HCl：变褐（+/-），不均匀，液黄绿，显针状结构<br>$FeCl_3$：（+/-） |
| 黄锡矿（黝锡矿）<br>$Cu_2SnFeS_4$<br>四方晶系 | 白：28 | （1）3~4<br>（2）140~236 | （1）灰黄色，灰褐色，淡紫灰色<br>（2）不显—微弱<br>（3）无 | 非均质性，清楚；<br>偏光色：黄褐色，淡蓝灰色 | $HNO_3$：变彩至黑，显结构，双晶及晶形<br>HCl：（+/-）<br>$H_2SO_4+H_2O_2$：产生沉淀<br>$KOH+H_2O_2$：显结构 |
| 水锰矿<br>MnOOH<br>单斜晶系 | 白：20~14 | （1）3~4.5<br>（2）367~803 | （1）灰色至褐灰色<br>（2）微弱—显著<br>（3）明显：红褐色—血红色 | 非均质性，显著；<br>偏光色：淡黄色-淡蓝灰色 | $H_2O_2$：起泡 |
| 黑钨矿<br>（Fe，Mn）$WO_4$<br>单斜晶系 | 白：18~16 | （1）4~5.5<br>（2）258~657 | （1）灰色—灰白色<br>（2）微弱—不显<br>（3）微弱：褐色至深红色 | 非均质性：微弱-清楚；<br>偏光色：灰黄色 | 常呈板状晶体，含铁高的有磁性 |

续表 11-6

| 第四组 黝铜矿>$R$>闪锌矿的矿物组 | | | | | |
|---|---|---|---|---|---|
| 矿物名称<br>矿物名称<br>化学式<br>晶系 | 反射率 | 硬度<br>（1）莫氏硬度<br>（2）抗压硬度 | （1）反射色<br>（2）双反射和反射多色性<br>（3）内反射 | 偏光性和偏光色 | （1）浸蚀鉴定<br>（2）其他鉴定特征 |
| 闪锌矿<br>ZnS<br>等轴晶系 | 白：17 | （1）3.5~4<br>（2）128~276 | （1）灰色<br>（2）无<br>（3）深红褐色—黄白色 | 均质性 | $HNO_3$：变淡褐，显结构<br>HCl：“—”，液黄<br>王水：起泡，变褐 |
| 纤锌矿<br>ZnS<br>六方晶系 | 白：17.5 | （1）3.5~4<br>（2）146~264 | （1）灰色微带淡蓝色<br>（2）不显<br>（3）明显：褐色，黄色，淡黄色 | 非均质性，微弱 | $HNO_3$：变淡褐色<br>HCl：“—”，液黄<br>王水：起泡，变褐 |
| 赤铁矿<br>$Fe_2O_3$<br>三方晶系 | 白：25~30 | （1）5.5~6.5<br>（2）306~763 | （1）灰白色带淡蓝色调<br>（2）微弱<br>（3）明显—微弱：土红色—深红色 | 非均质性，清楚；<br>偏光色：淡蓝灰色—灰黄色或灰色—棕黄灰色—棕色 | 浓 HF：显蚀理、显结构 |
| 金红石<br>$TiO_2$<br>四方晶系 | 白：23.5 | （1）6~6.5<br>（2）933~1280 | （1）灰色，有时带淡蓝色<br>（2）不显—微弱<br>（3）明显：白色，淡黄色，红褐色 | 非均质性，清楚—显著；<br>偏光色：常被内反射干扰 | 常呈柱状晶体 |
| 磁铁矿<br>$Fe_3O_4$<br>等轴晶系 | 白：21 | （1）6<br>（2）440~1100 | （1）灰色，通常带淡褐色<br>（2）无<br>（3）无 | 均质性 | HCl：熏污，染褐<br>常呈八面体晶体 |

续表 11-6

第四组　黝铜矿>*R*>闪锌矿的矿物组

| 矿物名称<br>矿物名称<br>化学式<br>晶系 | 反射率 | 硬度<br>（1）莫氏硬度<br>（2）抗压硬度 | （1）反射色<br>（2）双反射和反射多色性<br>（3）内反射 | 偏光性和偏光色 | （1）浸蚀鉴定<br>（2）其他鉴定特征 |
|---|---|---|---|---|---|
| 褐锰矿<br>$(Mn^{4}Si^{+})Mn_2^{2+}O_4$<br>四方晶系 | 白：19.5 | （1）5~6.5<br>（2）280~1187 | （1）灰色带褐色<br>（2）不显<br>（3）极微弱，极少见，暗褐色 | 非均质性，微弱；<br>偏光色：褐灰色，灰蓝色 | $H_2O_2$：起泡，较慢 |
| 钛铁矿<br>$FeTiO_3$<br>三方晶系 | 白：19.5 | （1）5.5~6<br>（2）402~1088 | （1）灰色带淡棕至浅褐色<br>（2）明显—微弱<br>（3）无 | 非均质性，清楚；<br>偏光色：淡黄色—淡绿蓝色—淡褐灰色 | |
| 锌铁尖晶石<br>$(Zn,Fe,Mn)\cdot(Fe,Mn)O_4$<br>等轴晶系 | 白：18 | （1）5.5<br>（2）667~847 | （1）灰色<br>（2）无<br>（3）微弱：褐色—深红色 | 均质性 | HCl：±熏污，液黄 |
| 铌铁矿—钽铁矿<br>$(Fe, Mn)(Nb, Ta)_2O_6$<br>斜方晶系 | 白：15.5~21 | （1）5~6<br>（2）240~1021 | （1）灰色带褐色<br>（2）不显—微弱<br>（3）明显—微弱：黄褐色—红褐色 | 非均质性，清楚 | 常呈自形柱状、板状集合体 |

续表 11-6

第五组　$R$<闪锌矿的矿物组

| 矿物名称<br>化学式<br>晶系 | 反射率 | 硬度<br>（1）莫氏硬度<br>（2）抗压硬度 | （1）反射色<br>（2）双反射和反射多色性<br>（3）内反射 | 偏光性和偏光色 | （1）浸蚀鉴定<br>（2）其他鉴定特征 |
| --- | --- | --- | --- | --- | --- |
| 铅矾<br>$PbSO_4$<br>斜方晶系 | 黄光：9 | （1）2.5~3<br>（2）4.5~110.2 | （1）灰色—深灰色<br>（2）不显<br>（3）明显：白色、乳白色、浅黄白色 | 显均质性 | $HNO_3$：显结构 |
| 黄钾铁矾<br>$KFe_3[SO_4]_2\cdot(OH)_6$<br>三方晶系 | 黄光：8~7 | （1）2.5~3.5<br>（2）$286_{50}$，$156_{100}$ | （1）带棕的深灰色<br>（2）微弱<br>（3）明显：淡黄色—橘黄色 | 非均质性，微弱，易被内反射掩盖 | $HNO_3$：表面变糙<br>HCl：表面变糙 |
| 重晶石<br>$BaSO_4$<br>斜方晶系 | 白：7 | （1）3~3.5 | （1）深灰色<br>（2）不显<br>（3）明显：白色、乳白色 | 显均质性 |  |
| 方解石和白云石<br>$CaCO_3$ 和 $CaMg(CO_3)_2$<br>三方晶系 | 白：6~4 | （1）3<br>（2）76~140 | （1）深灰色<br>（2）显著：乳白色、乳白色带黄或褐色<br>（3）明显：淡黄色至白色 | 非均质性，显著；<br>偏光色：灰色—暗灰色 | $HNO_3$：起泡<br>HCl：起泡；对方解石起作用 |
| 红锌矿<br>ZnO<br>六方晶系 | 白：11.5 | （1）3~4.5<br>（2）149~219 | （1）灰色带褐粉红色<br>（2）不显<br>（3）明显：红色，橘红色或橙黄色 | 非均质性，微弱，常因内反射干扰而不显 | $HNO_3$：变黑，显结构<br>HCl：变暗，显结构<br>KCN：±变褐，显结构<br>$FeCl_3$：±变褐<br>$HgCl_2$：±变浅褐 |

续表 11-6

| 第五组 $R$<闪锌矿的矿物组 | | | | | |
|---|---|---|---|---|---|
| 矿物名称<br>化学式<br>晶系 | 反射率 | 硬度<br>(1) 莫氏硬度<br>(2) 抗压硬度 | (1) 反射色<br>(2) 双反射和反射多色性<br>(3) 内反射 | 偏光性和偏光色 | (1) 浸蚀鉴定<br>(2) 其他鉴定特征 |
| 白铅矿<br>$PbCO_3$<br>斜方晶系 | 白：11.5~8.5 | (1) 3~3.5<br>(2) 107~114 | (1) 灰色<br>(2) 显著：灰色-深灰色<br>(3) 明显：白色、灰黄色、浅黄绿色、粉红、肉红色 | 非均质性，显著；<br>偏光色：灰白色—微带黄灰色—略带紫灰色 | $HNO_3$：起泡，变灰<br>HCl：起泡，白色沉淀（特征）<br>KOH：显结构<br>$FeCl_3$：显结构<br>$HgCl_2$：显结构 |
| 白钨矿<br>$CaWO_4$<br>四方晶系 | 白：10.0 | (1) 4.5~5<br>(2) 285~464 | (1) 灰色<br>(2) 明显<br>(3) 明显：白色、乳白色淡黄褐色 | 非均质性，清楚（但因内反射掩盖常不易观察） | |
| 菱铁矿<br>$FeCO_3$<br>三方晶系 | 白：9.5~6 | (1) 4<br>(2) 212~344 | (1) 灰色，深灰色<br>(2) 显著<br>(3) 明显：白色、红褐色、浅褐色、淡黄 | 非均质性，显著；<br>偏光色：浅黄灰色—暗灰色 | $HNO_3$：溶解，变粗糙，显解理<br>HCl：溶解，变粗糙，显解理<br>$FeCl_3$：显结构<br>KOH：显结构 |
| 蓝铜矿<br>$Cu_3(CO_3)_2(OH)_2$<br>单斜晶系 | 白：9~7 | (1) 3.5~4<br>(2) 161~253 | (1) 灰色微带粉红色或褐色<br>(2) 微弱—不显<br>(3) 明显：天蓝—深蓝色 | 非均质性，清楚—显著，有时受内反射干扰 | $HNO_3$：起泡，显结构<br>HCl：起泡，显结构<br>$FeCl_3$：显结构 |
| 孔雀石<br>$Cu_2(CO_3)(OH)_2$<br>单斜晶系 | 白：9~6 | (1) 3.5~4<br>(2) 110~156 | (1) 灰色微带粉红色或褐色<br>(2) 清楚<br>(3) 明显：翠绿色—暗绿色 | 非均质性，显著，有时因内反射而不够清楚 | $HNO_3$：起泡，显结构<br>HCl：起泡<br>KCN：显结构<br>$FeCl_3$：起泡，黄色沉淀<br>KOH：15~20s 黄色沉淀 |

续表 11-6

| 第五组 $R$<闪锌矿的矿物组 | | | | | |
|---|---|---|---|---|---|
| 矿物名称<br>化学式<br>晶系 | 反射率 | 硬度<br>（1）莫氏硬度<br>（2）抗压硬度 | （1）反射色<br>（2）双反射和反射多色性<br>（3）内反射 | 偏光性和偏光色 | （1）浸蚀鉴定<br>（2）其他鉴定特征 |
| 菱锌矿<br>$ZnCO_3$<br>三方晶系 | 5.5~8.8 | （1）4~4.5<br>（2）163~191 | （1）深灰色<br>（2）显著—清楚<br>（3）明显：白色，乳白色，淡黄色—褐红色 | 非均质性，显著；<br>偏光色：浅灰—暗灰色 | $HNO_3$：浸泡，显结构<br>HCl：浸泡，显结构<br>KCN：显结构<br>$FeCl_3$：表面变糙<br>KOH：显结构 |
| 菱锰矿<br>$MnCO_3$<br>三方晶系 | 589nm<br>5.4~8.5 | （1）3.5~4<br>（2）232~245 | （1）灰色—略带棕红的灰色<br>（2）显著—清楚<br>（3）明显：淡粉红色，淡红色，淡黄棕色 | 非均质性，显著；<br>偏光色：浅灰色—暗灰色 | |
| 萤石<br>$CaF_2$<br>等轴晶系 | 3 | （1）4<br>（2）$230_{25}$，$210_{50}$ | （1）深灰色<br>（2）无<br>（3）明显：白色，绿色，紫色等 | 均质性 | |
| 锐钛矿<br>$TiO_2$<br>四方晶系 | 约 20 | （1）5.5~6<br>（2）576~623 | （1）灰色<br>（2）不显<br>（3）明显：白色，淡蓝色，蓝灰色，淡黄色 | 显均质性 | |
| 晶质铀矿<br>$U_3O_7$<br>等轴晶系 | 白：16.8 | （1）5~6<br>（2）625~929 | （1）灰色微带黄褐色<br>（2）无<br>（3）微弱：暗褐色和黄褐色 | 均质性 | $HNO_3$：染棕<br>$FeCl_3$：染淡棕 |

续表 11-6

第五组　R<闪锌矿的矿物组

| 矿物名称<br>化学式<br>晶系 | 反射率 | 硬度<br>(1) 莫氏硬度<br>(2) 抗压硬度 | (1) 反射色<br>(2) 双反射和反射多色性<br>(3) 内反射 | 偏光性和偏光色 | (1) 浸蚀鉴定<br>(2) 其他鉴定特征 |
|---|---|---|---|---|---|
| 铁板钛矿<br>$Fe_2^{3+}TiO_5$<br>斜方晶系 | 约：15 | (1) 5~6<br>(2) 570~689 | (1) 灰色<br>(2) 微弱—不显<br>(3) 可见—微弱—无，红褐色 | 非均质性，微弱 | |
| 锡石<br>$SnO_2$<br>四方晶系 | 白：11.2~12.8 | (1) 6.5~7<br>(2) 811~1532 | (1) 灰色至褐灰色<br>(2) 不显—微弱<br>(3) 明显：淡黄色、黄色、红褐色 | 非均质性，清楚；<br>偏光色：灰色至暗灰色 | HCl+Zn 粉出现金属锡之薄膜 |
| 铬铁矿<br>(Fe, Mg) (Cr, Al)$_2$O$_4$<br>等轴晶系 | 白：12.1 | (1) 5.5~7<br>(2) 689~957 | (1) 灰色至淡褐灰色<br>(2) 无<br>(3) 可见至微弱，红褐色 | 均质性 | 热 $KClO_3+H_2SO_4$ 显结构 |
| 石榴石<br>$R_3^{2+}R_2^{3+}[SiO_4]_3$<br>等轴晶系 | 黄：9.7 | (1) 6.5~7.5<br>(2) 689~1224 | (1) 暗灰色<br>(2) 无<br>(3) 明显：红褐色、黄色、淡绿色等 | 均质性 | |
| 石英<br>$SiO_2$<br>三方晶系 | 白：4.59 | (1) 7<br>(2) 763~1140 | (1) 深灰色<br>(2) 不显<br>(3) 明显：(乳) 白色，常见彩色色散现象 | 显均质性 | HF (+) 可浸蚀 |
| 长石类<br>单斜及三斜晶系 | 4.5 | (1) 6<br>(2) 238~407 | (1) 深灰色<br>(2) 不显<br>(3) 明显：白色、浅肉红色、米黄色 | 显均质性 | |

注：据 Marshall et al.，2004 和卢静文等，2010 修编。

# 12 矿石中矿物的嵌布特征和元素赋存状态

## 12.1 矿石中矿物嵌布特征的研究内容

矿物的嵌布特征（embedded size characteristics）是指矿石中矿物的颗粒大小、形状、分布及矿物间的结合关系，其对矿石的加工性质有很大影响。

### 12.1.1 颗粒大小

矿石中矿物的颗粒大小（particle size）用粒度表示，包括单晶粒度和集合体粒度。对矿床学研究来说，我们主要关心矿物的结晶粒度，而对于矿石加工来说，则是矿物的集合体粒度更有意义。

单晶粒度指矿物单个晶粒的大小。

工艺粒度指连生的同种矿物的集合体大小。

### 12.1.2 形状

根据矿物的形态特征，一般我们可以把矿物的形状（shape）归为以下几种：

（1）粒状。矿物颗粒在三维方向上发育较为均衡，没有明显的延伸。

（2）片状或板状。矿物颗粒在 $x$、$y$ 方向上较发育，而 $z$ 轴方向不太发育，表现为板状或片状。

（3）针状或柱状。矿物颗粒在 $x$、$y$ 方向上不太发育，而 $z$ 轴方向发育，表现为针状或柱状。

（4）不规则状。矿物的颗粒形态复杂，没有明显的规律。

### 12.1.3 矿物间的结合关系

（1）接触面平直。一般由热液充填作用、岩浆作用和变质作用形成的矿石中，矿物常具有较为平直的接触界面。

（2）接触面不规则（港湾状、锯齿状、放射状等）。由热液交代作用形成的矿石中，互为交代关系的矿物间常呈此结合关系。

### 12.1.4 矿物在矿石中的空间分布

#### 12.1.4.1 *有用矿物在空间分布的稠密程度*

矿石矿物按在矿石中分布的稠密程度，可分为稠密和稀疏两类。

#### 12.1.4.2 *矿石矿物在空间分布的均匀程度*

矿石矿物在矿石中分布的均匀程度可以用矿物嵌布均匀度表达。在反光镜下测量时可用带网格的目镜对样品逐个视域进行测定，观察其中含有矿石矿物的格子数并统计分析。

$$矿物嵌布均匀度=(含矿单元数/测量单元总数)\times 100\%$$

若均匀度大于95%，称为极均匀，95%~75%称为均匀，75%~25%称为较均匀，25%~5%叫作不均匀，而小于5%则叫作极不均匀。图12-1为矿物分布均匀度测定方法示意图，以这一测量视域来说，总格子数是100，其中含矿格子数是29，则矿物的嵌布均匀度为29%，表明矿石矿物在矿石中分布较均匀。

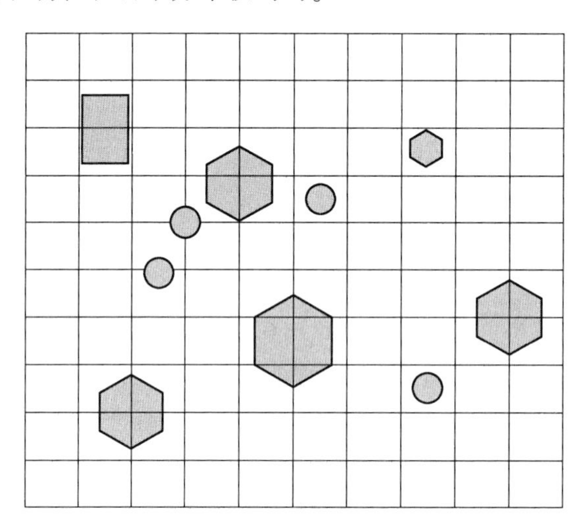

图12-1 矿石中矿石矿物分布均匀度测定方法示意图
（灰色六边形、圆形、长方形表示矿石矿物，其余白色部分为脉石矿物）

矿石矿物在空间分布的均匀程度在地质和矿物加工中的意义不同，从勘查的角度来讲，矿石矿物分布均匀对勘查较为有利，不易丢掉矿体，而从选矿的角度来说不均匀更有利于矿石的加工。

## 12.2 矿物颗粒的粒度及测量

### 12.2.1 粒度测量用样品

矿物粒度测量的样品应具有代表性，取样应有一定的空间分布，如生产矿山的不同中段和同一中段的不同位置。为更好地确定某一矿山或某一工程的矿物粒度特征，一般需要进行大量的测量并进行统计分析，以得出该矿山或该工程矿石中矿物的粒度范围和分布规律。矿化、矿物组成和粒度相对均匀的矿山和矿段取样量可以少一些，而对一些矿化、矿物组成、粒度变化较大的矿山或矿段则取样量和测试量要求更大些。

粒度测量用的样品既可以是原矿样，同时也可以是选矿产品或其他粉末样品。对于取样量较大的可以进行缩分以减少测试量。

### 12.2.2 矿物粒度表示方法

矿物粒度的表示方法很多，包括标准粒度、视粒度等，而显微镜下测量的是切面粒度，即视粒度。标准粒度是指与矿物颗粒等体积的立方体的边长；而视粒度可以有多种不同的表达方式。例如，定向最大截距粒度是指矿物颗粒截面在某一特定方向上的最大截距；定向截距粒度是指矿物颗粒截面在某一方向上的截距；弗雷特粒度（Feret diameter）指颗粒截面在某一固定方向上的投影长度；马丁粒度（Martin diameter）指平行某一方向，将矿物平分为两部分的粒径（线段长度）；截面粒度指与颗粒截面积相等圆的直径；周长粒度指与颗粒截面周长相等的圆的直径。

在矿物加工过程中，矿石矿物的颗粒粒度对矿石破碎和选矿工艺选择非常重要，是矿石加工研究的重要内容。根据矿物颗粒大小一般把粒度划分为几个级别，分别为极粗粒、粗粒、中粒、细粒、微粒和极微粒。表 12-1 给出了不同粒级所代表的粒径范围。

**表 12-1 粒级划分及对应的粒径范围**

| 粒 级 | 粒度范围 | 粒 级 | 粒度范围 |
|---|---|---|---|
| 极粗粒 | >10mm | 细粒 | 0. 01~0. 1mm |
| 粗粒 | 1~10mm | 微粒 | 0. 003~0. 01mm |
| 中粒 | 0. 1~1mm | 极微粒 | <0. 003mm |

另外，我们还常用到筛网的目数来代表粒度，目前有两种筛制：一种为国际标准化筛制，其以 1mm 的筛网作为基筛，向上、向下分别乘、除 1. 4 得到一个等比数列；泰勒筛制则以 200 目筛网作为基筛，向下、向下分别乘、除 1. 414 得到一个等比数列。

筛网的网目数是指每平方英寸上含 $n$ 行、$n$ 列的网格，即为 $n$ 目，如 200 目筛网是指在每平方英寸上划分为 200 行、200 列的网格。目数越高，筛网越密，可通过的矿物粒度越小。表 12-2 列出 30~10000 目筛网对应的粒径。

**表 12-2 常用筛网目数与对应的粒径**

| 筛网目数 | 筛网孔径/μm | 筛网目数 | 筛网孔径/μm |
|---|---|---|---|
| 30 | 550 | 160 | 96 |
| 32 | 500 | 170 | 90 |
| 35 | 425 | 180 | 80 |
| 40 | 380 | 200 | 74 |
| 42 | 355 | 230 | 62 |
| 45 | 325 | 240 | 61 |
| 48 | 300 | 250 | 58 |
| 50 | 270 | 270 | 53 |
| 60 | 250 | 300 | 48 |
| 65 | 230 | 325 | 45 |
| 70 | 212 | 400 | 38 |
| 80 | 180 | 500 | 25 |
| 90 | 160 | 600 | 23 |
| 100 | 150 | 800 | 18 |
| 115 | 125 | 1000 | 13 |
| 120 | 120 | 2000 | 6. 5 |
| 130 | 113 | 5000 | 2. 6 |
| 140 | 109 | 8000 | 1. 6 |
| 150 | 106 | 10000 | 1. 3 |

### 12.2.3　显微镜下矿物粒度（截面粒度）测量方法

#### 12.2.3.1　线段法

在测定前首先需对目镜微尺进行标定，即用已知长度的反光显微镜专用测微尺标定目镜微尺中每小格的长度。

粒度测定过程中物台不可转动，所以需用物台上的锁定螺丝将物台锁定，然后在物台上加装机械台，以便于沿固定方向移动样品。将样品置于机械台上，用机械台的X、Y移动旋钮左右移动样品，若样品的移动方向与目镜微尺不平行，则需调节可旋转物台，上述过程反复进行，最终使样品的移动方向与目镜中微尺的方向绝对平行。

在样品中假想3~5条测线，测线的方向就是样品移动的方向，测线的布置应尽量垂直于条带状矿石的条带延伸方向或层状矿石中层理的延伸方向。若是脉状矿石也应尽量使样品的移动方向垂直于脉的延伸方向。先将样品的一端移至目镜微尺的起点，然后观察和记录尺子压线颗粒的压线长度（粒径）。图12-2为线段法粒度测量过程中的一个视域，其中目镜微尺压线的第一个颗粒约4.5格、第二个压线颗粒压线的线段长约2.7格，第三个颗粒的压线长度为7格，其对应的粒度分别4.5×$n$（$n$为标定后的目镜微尺中每小格的实际长度）、2.7×$n$、7×$n$。如此，一个视域测定完成后再将样品移至下一视域（尺子的前端移至末端所处位置），直至移动至样品的另一端，这一条测线算是完成。然后开始下一条测线。测试样品多少取决于矿石中矿物粒度的均匀程度和对数据精度的要求。

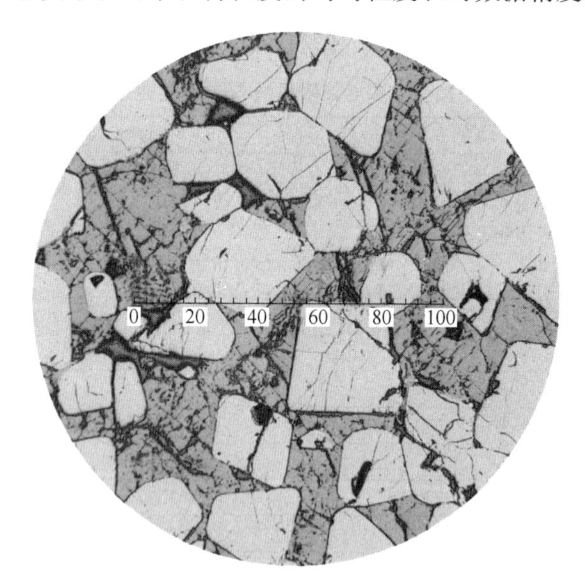


图12-2　线段法粒度测量示意图

#### 12.2.3.2　面积法

面积法与线段法相似，但目镜上的微尺变为100×100的网格，每小格的长度与目镜微尺小格长度相同。测量时也是先将样品的一端移至网格微尺的起点，然后记录网格覆盖的区域内矿物颗粒所占据的面积（格子数）。需注意，在测量时整个矿物颗粒（对工艺粒度来说指的是矿物的集合体）需在100×100的网格内。测量结果保留一位小数。测完一个视域后移动样品至下一视域，并重复上述过程，直至完成整条测线。一个样品一般需测3~5条测线。

12.2.3.3 显微图像处理法

目前计算机图像处理技术已相当成熟，通过与计算机连接的显微成像系统可以轻松获得显微电子图像，然后通过专用的粒度测定软件即可以进行粒度测量、数据分析，同时还可以对矿物的含量进行统计分析。图像处理也可以与电子显微镜联用，使用背散射电子图像进行矿物识别、粒度测定。

显微粒度测定的其他方法还包括计点法，但现在已基本不用，X射线三维成像技术也可完成三维样品的矿物分析，但其对样品要求高、价格昂贵，不宜广泛使用，因此，目前常用的粒度分析方法主要是显微镜下测量、显微图像或电子显微图像的自动分析。

## 12.3 矿石中元素的赋存状态

### 12.3.1 矿石中元素赋存状态的类型

有益和有害元素在矿石中的赋存状态是矿石学研究的重要内容之一，其决定了矿石中有益组分的分离、提纯和去除杂质工艺及流程设计，同时也直接影响到矿石加工和选冶的成本。矿石中有益和有害组分的存在形式主要有四种。

（1）独立矿物：是指元素在矿石中以某种矿物的形式存在，该元素即为矿物的主要组成元素。如大多数内生铜矿床中，铜主要以黄铜矿的形式存在。铜是黄铜矿（$CuFeS_2$）的主要组成元素，参与其化学式。这种存在形式称为以独立矿物形式存在。

（2）超显微非结构混入物：也称超显微包体或机械混入物，以颗粒小于1μm的细小矿物形式包裹于其他寄主矿物之中。原则上讲，这种元素存在形式仍是独立的矿物相，但由于其粒度过于细小，一般的显微研究手段无法进行矿物学研究。以这种形式存在的金属元素其加工利用的工艺相对复杂、成本更高，且一般的显微检测手段不易发现，因此将其单独列出。

（3）类质同象：是指元素在某些矿物中置换性质相似的原子或离子，其含量一般较低。有些有益组分不以独立矿物形式出现，而以类质同象形式存在于其他矿物之中。例如，铼在自然界中很少以独立矿物的形式存在，铼资源主要来自辉钼矿中以类质同象形式存在的铼。当辉钼矿中含铼较高时，其铼的含量可以参与计价，并综合回收。

（4）离子吸附：是指元素以离子形式吸附在一些胶状矿物、黏土矿物上，这种形式称为离子吸附。我国华南产出有一种独特类型的重稀土矿床，称为离子吸附型稀土矿床，其中富集重稀土，具有非常重要的经济意义，也是世界重稀土的主要来源。在这种矿床类型中，稀土主要以离子吸附的形式与黏土矿物或磷酸盐、褐铁矿等共生（杨岳清等，1981）。以离子吸附形式存在的稀土由于其易于分离，常通过原地浸出的方式开采，成本低廉，因此经济意义巨大（汤洵忠等，1999）。

### 12.3.2 矿石中元素赋存状态的研究方法

矿石中元素的赋存状态研究一般需结合岩矿相和其他现代测试技术，如电子探针

（EPMA）、扫描电镜/能谱（SEM/EDS）、激光剥蚀等离子质谱（LA-ICP-MS）等，其研究过程大致包括以下几部分：

（1）样品采集。样品的代表性是保障结果正确的必要条件，样品要能够代表所研究矿床或矿体的总体情况，因此采样过程中需注意空间上的分布，并需涵盖不同的矿化类型。

（2）样品处理。对于工业实验用的大宗样品需进行缩分处理，以保障分析样品的代表性。对经过缩分处理或采自不同位置和矿化类型的样品进行制样（光片或光薄片）。制样的数量依情况而定，对于矿化均匀、空间变化不大的可以适当减少，而对于矿化不均匀、矿物组成变化大的需增加观测的样品数量，以保障结果的可靠性。

（3）岩矿相分析。对样品进行岩矿相鉴定，确定其中主要矿物组成，从而确定元素是否是以独立矿物形式存在，并估算其含量和以独立矿物形式存在的有益或有害组分占矿石中该元素含量的百分比。

（4）现代测试技术应用。

1）SEM/EDS 分析。可以帮助我们进一步确定矿石中的矿物组成以及组成矿物的成分特征，特别是颗粒细小或含量较低的矿物，其在显微镜下观察时可能不易发现。通过矿物的能谱分析可以发现有益或有害组分，发现除独立矿物相外是否有其他矿物含有该元素组成。

2）电子探针分析。在 SEM/EDS 分析基础上，对需要进一步定量分析的矿物或 SEM/EDS 仍无法确定矿物类型的进行定量的成分分析，进一步确定矿物类型及其中有益或有害元素的含量。

3）透射电镜分析。对一些呈超显微包裹形式存在的矿物来说，扫描电镜可能可以发现其存在，但无法对其成分和存在形式进行分析，需借助透射电镜进行更精确的分析。另外，对以类质同象形式存在的元素来说，透射电镜可以确定其在晶体中的位置和含量。

4）LA-ICP-MS 或其他原位微区分析技术。由于有些有益或有害元素在矿物中的含量可能很低（$10^{-6}$，甚至 $10^{-9}$），这时受分析精度的限制，电子探针技术可能无法精确得到其含量，此时可以通过 LA-ICP-MS 等现代的微区、微量分析技术，对矿物的化学组成，特别是微量元素组成进一步分析，以得到矿物中有益或有害元素的含量。

# 13 矿物的单体解离度

矿物分选的目的是有效分离矿石矿物与脉石矿物。原矿石经破碎、磨矿后，其部分矿石矿物与脉石矿物分离开了，而部分仍是矿石矿物与脉石矿物的集合体。为了进一步优化矿石加工工艺，需对矿石经磨矿后矿物的解离情况进行研究。

## 13.1 单体、连生体和单体解离度

矿石经破碎和磨矿后，若其颗粒中只有一种矿物组成，其称为单体（free particles），否则称为连生体（locked particles）。矿物的单体可以是矿石矿物的单体，也可以是脉石矿物的单体，而连生体既可以是矿石矿物与脉石矿物的连生，也可以是不同矿石矿物之间的连生。所谓单体解离度（mineral liberation degree）是指某种矿石矿物单体所占的质量与矿石中该矿物总质量比的百分数，即：

$$L = Q_f/(Q_f + Q_l)$$

式中，$L$ 为碎、磨产物中某矿物的单体解离度；$Q_f$ 为其中矿物单体的质量；$Q_l$为连生体中矿物所占的质量。

## 13.2 矿物的解离方式

矿石在外力作用下破碎为单体的过程称为矿物的解离，其可分为粉碎解离和脱离解离两种。粉碎解离是指粒度较粗的连生体颗粒经破碎形成粒度小于其组成矿物工艺粒度的细粒时，由于颗粒体积减小，该组成矿物部分形成仅由一种矿物组成的单体。脱离解离是指矿石颗粒在外力作用下，其中的组成矿物沿共用界面发生破裂，致使不同的矿物发生分离。矿石颗粒受力后若矿物内部连接力远小于矿物之间的连接力，如一些解理特别发育的矿物（如方解石），其破裂面常沿矿物内部的解理面等相对薄弱的部位发育，而矿物之间的结合未被破坏，因此破裂面是穿过矿物之间界面的。若矿石中矿物之间的结合力远小于矿物内部的结合力，如一些硬度高且解理不发育的矿物（如石榴石），这时其破裂面常沿矿物之间的界面发育，发生脱离解离。相对于粉碎解离来说，脱离解离耗费能量更低，所以是矿物加工过程期望的理想解离方式。然而，在矿石的实际破碎、磨矿过程中，矿物解离是两种方式并存，脱离解离发育的强弱与矿物本身的性质和矿物之间的结合力强弱有关，但总体是以粉碎解离为主。

## 13.3 连生体的类型划分

Gautin（1939）是系统研究矿物解离的开创者，他依据矿石粉末产品中组成颗粒的分

选性质及其矿物组成特征，将颗粒划分为单体和连生体，用矿物的单体解离度来评定矿石产品中单体的量，并将连生体的类型划分为毗邻型、细脉型、壳层型和包裹型4类（图13-1）。

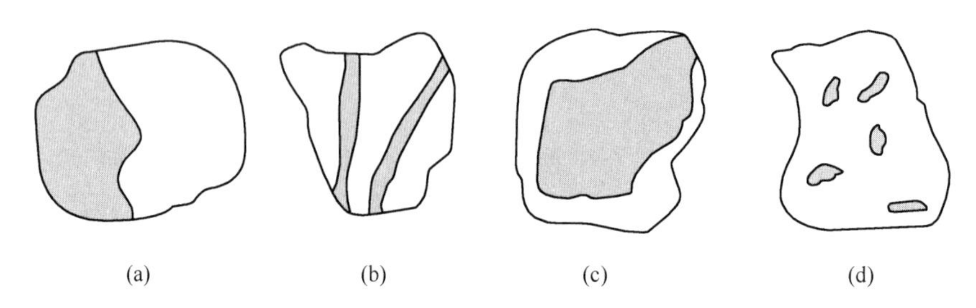


图13-1　高登分类中连生体类型示意图
（a）毗邻型；（b）细脉型；（c）壳层型；（d）包裹型

（1）毗邻型。是四类连生体中最常见的。它的组成矿物连生边界较为规整，常呈舒缓的波状。一般只有当矿物结晶粒度远远超出粉碎颗粒粒度时才会产生。当然，如果组成矿物自形程度相同，且彼此间含量接近，那么对它的产生就越有利。这类连生体只要再稍加破碎，就会有矿物的单体解离出来。由于各组成矿物存在状态、体积含量相近，所以连生体的分选性质介于矿石矿物与脉石矿物之间，且各组成矿物的体积含量与其表面积比相当。

（2）细脉型。也是较常见的一种连生体类型，但不及毗邻型普遍。此类连生体中一种矿物（常为矿石矿物）呈脉状贯穿于另一种矿物（常为脉石矿物）中。对这种连生体类型，只有当粉碎粒度明显小于脉体的宽度时，该脉状矿物才可能从连生体中解离出来。此类连生体的分选性质与含量相对较高的矿物相近。

（3）壳层型。连生体中，含量较低的矿物以厚薄不一的似壳层状环绕主体矿物的外周边。多数情况下，中间的主体矿物只能局部地被外壳层所覆盖。完全理想的封闭包围虽有时可见，但较为稀少。一般情况下，组成矿物软硬差别大的矿石易于在破碎、磨矿过程中产生这类连生体。壳层型连生体受到进一步粉碎时，它的二次磨矿产物中常含有边缘相矿物的细粒单体、粗晶连生体以及中间主体矿物的粗粒单体等。在矿物加工过程中，这类连生体属于难处理的碎、磨产品。

（4）包裹型。一种矿物（多为矿石矿物）以显微包体形式嵌镶于另一种（载体）矿物中，被包裹矿物的粒径一般在5μm以下，含量常不及总量的1/20。这种连生体是尾矿中金属流失的重要原因。

除高登分类外，Amstutz（1972）在高登分类的基础上提出了三类九式的划分方案（阿姆斯蒂茨分类，见图13-2），进一步细化了连生体类型。

等粒毗邻连生（1a类）：是连生体中矿物结合关系最简单的一类。颗粒中不同的两种矿物不仅体积大小相当，且共用边界单一而少有变化，属于二次磨矿时组成矿物易于解离的连生体。

斑点状或港湾状连生（1b类）：连生矿物共用界面起伏弯曲似港湾状，或一种矿物呈斑点状置于另一种矿物中。这种连生体属易磨矿物中常见的连生体，只要再稍加粉碎即会有新的单体产生。

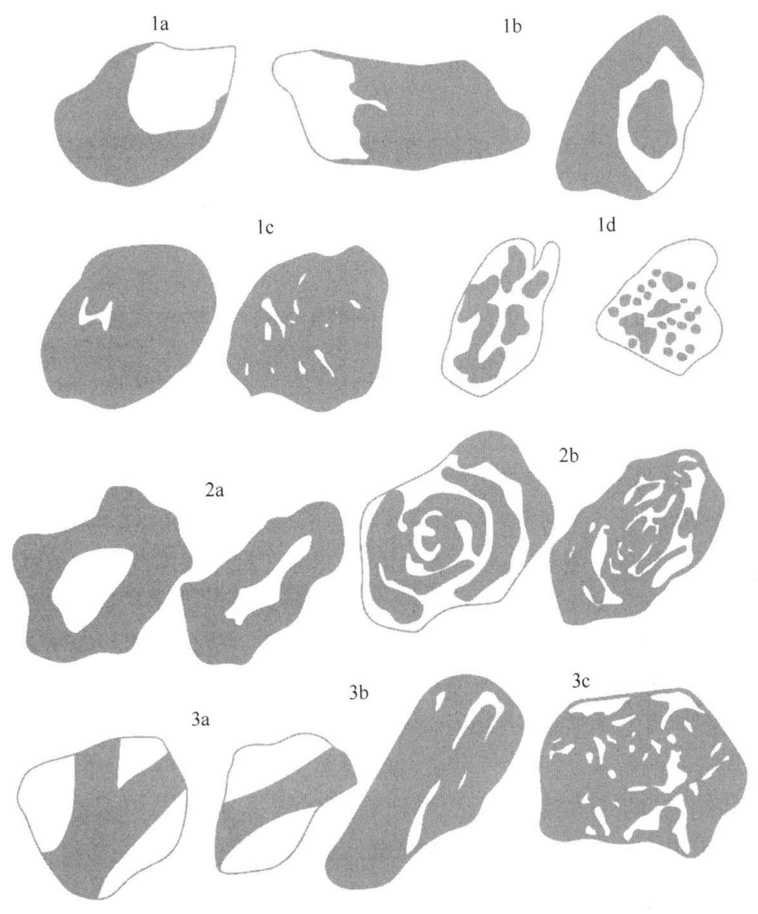


图 13-2 阿姆斯蒂茨分类的连生体类型

文象状或蠕虫状连生体（1c 类）：此种连生体较为常见，通常继续粉碎也不易完全解离。当矿石中具有显微文象结构、蠕虫状结构、固溶体出溶结构等时常出现此类连生体。

浸染状或乳滴状连生体（1d 类）：是一种常见的连生体类型，继续粉碎也很难完全解离。若矿石中有包含结构、固溶体出溶结构发育时，或矿石矿物呈细小的浸染状颗粒分布于脉石矿物集合体中时常出现此类连生体。

皮膜状、反应边状或环状连生体（2a 类）：由于交代、表面氧化等原因，形成的一种连生体类型。在这种连生体中，一种矿物环绕另一种矿物表面呈薄膜状存在。如辉铜矿或蓝铜矿围绕黄铁矿、闪锌矿或方铅矿。这种连生体要想完全解离很困难。若矿石交代结构发育，或产于近地表的氧化矿石经破碎后常形成此类连生体。

同心圆（环）状、球粒状、复皮壳状连生体（2b 类）：若矿石交代结构发育或矿石矿物的形态复杂，其矿石经破碎后常形成此类连生体，这种连生体要想完全解离也很困难。

脉状、缝状、夹心状连生体（3a 类）：若矿石为细脉状或网脉状构造，其经破碎后常形成此类连生体。这种连生体继续破碎还是较容易解离的。

层状、片状、聚片状连生体（3b 类）：这类连生体的解离性变化较大，其与矿石矿物的类型和矿石矿物与脉石矿物的接合关系有关，应结合矿石的实际情况具体分析。

网状、盒状、格子状连生体（3c类）：这种类型的连生体中，矿石矿物与脉石矿物关系复杂，若想完全解离较为困难或不可能。

## 13.4 影响矿物解离的因素

矿物的解离过程与多种因素有关，包括矿物自身的性质、粒度、共生矿物类型和矿物之间连接的方式等。

（1）矿物的结晶粒度或工艺粒度。由于粉碎解离是矿物解离的主要方式，因此在相同的磨矿时间下，组成矿石中矿物的结晶粒度或工艺粒度越大，则其产品的单体解离度就越大。

（2）矿物的颗粒形态和含量。从矿物的形态上看，粒状矿物相对于板状、片状、针状、柱状矿物易于解离，在相同磨矿条件下，其单体解离度大于板状、片状矿物等。

（3）矿物颗粒的性质（硬度、解理发育程度、韧脆性等）。矿物中解理的发育程度、硬度、脆韧性等都会影响矿物的解离。Malvik（1982）对性质不同的两组矿物进行实验研究，一组是强度较低的易磨矿物，包括闪锌矿、黄铜矿和方铅矿；另一组是硬度相对较高的难磨矿物，包括黄铁矿、磁铁矿、赤铁矿、磁黄铁矿。结果表明，就磨矿产物的粒级解离度而言，硬度低、强度小的矿物在磨矿粒度相对较粗的情况下即可实现较为完全的解离，继续磨矿其解离度反而有所下降；而硬度高、强度大的矿物则相反，在磨矿初始阶段，其不能实现较好的解离，而随着磨矿粒度变细，其解离度明显上升。

（4）共生矿物类型、矿物颗粒间的界面特征和结合强度。矿石由于其矿物组成、形成过程及形成后的变化差异，矿物的共生组合、矿物之间的结合形式和结合力大小不同。矿物界面的形态、连接力大小与矿物的解离性质密切相关。若矿物之间的界面平直，其受力后易沿界面裂开而发生脱离解离；若界面参差不齐，则其破碎后难以形成单体，而是形成连生体。另外，若矿物本身的硬度较大，而矿物之间的结合力较小，则其受力后易于沿矿物的界面裂开，反之则常在矿物内部裂开。对于解理特别发育且硬度低的矿物，在磨矿过程中易于沿矿物的解理面裂开。

（5）矿物的含量和分布的均匀程度。矿石中矿物的含量组成不同，在相同的磨矿条件下，含量高的矿物出现矿物单体的机会更高，故其单体解离度总是高于含量低的矿物。从矿石中矿物分布的均匀程度上看，一般矿物分布越不均匀，其在相同的磨矿时间下形成的产品的单体解离度越高；反之，矿物分布越是均匀，其单体解离度一般越低。

另外，磨矿粒度、磨矿方法也对矿物的解离有很大影响。大多情况下，磨矿粒度越小，产品中单体解离度越高，但过度磨矿不仅增加能耗和设备损耗，同时也会给后期的选矿带来困难，因此应选择最佳的磨矿粒度，并根据矿石的性质、矿物组成选择不同的磨矿方法。

## 13.5 矿物单体解离度的测算方法

### 13.5.1 样品

矿物单体解离度测算样品为经过破碎和磨矿的矿石产品，因此首先需将样品制作为砂光片或砂光薄片。为使测算结果有代表性，样品的选择应能代表整个矿体、矿段或工程，取样应有一定的代表性。由于样品量一般较大（可能为数吨或数十吨），因此样品需经过缩分处理，使分析样品能代表整个工程或矿体的平均值。

### 13.5.2　显微镜下测定方法

（1）过尺线测法。与粒度测量中的线段法非常相似。该方法要求测线方向与样品移动方向完全平行，测量时只测那些压线颗粒（与目镜微尺有交点的颗粒）。但是，对于单体解离度测量，记录的数据不再是线段长度而是单体和连生体的颗粒数。

连生体一般按测试要求的精度不同采用两种方式表达：其一为1/4，2/4，3/4；其二为1/8，2/8，3/8，4/8，5/8，6/8，7/8。例如1/4连生体是指其中的矿石矿物占1/4，脉石矿物占3/4，也可用于指特定两种连生矿物所占的比例，如两种不同的矿石矿物。由于不同的矿石矿物的选冶性能不同，有时我们也需要对不同的矿石矿物之间的连生进行测算，这时可在记录表设计时予以考虑，并分别记录。如某铜锡矿石中的矿石矿物包括锡石和黄铜矿两种，由于锡石和黄铜矿的选矿性质差别较大，可能需采用不同的选矿方法或浮选药剂，这时需同时统计黄铜矿、锡石、脉石矿物的单体和黄铜矿—脉石、黄铜矿—锡石、锡石—脉石、锡石—黄铜矿—脉石的连生体。

对于分级产品来说，颗粒的粒度近似相同，测定时可不考虑其粒度，只计算颗粒数，颗粒数的比值即代表其体积比。对于同种矿物来说，由于其密度相同，因此颗粒数比=体积比=质量比。

（2）过尺面测法。与过尺线测法不同，这时目镜微尺的摆放与样品移动方向垂直，样品移动过程中目镜微尺在样品上扫过一个长方形的面，故称过尺面测法。测量时可以测目镜微尺扫过的所有颗粒。过尺面测法较过尺线测法单个视域获得的数据更多，因此速度更快。

### 13.5.3　矿物解离分析仪

矿物解离分析仪（MLA）是一套自动化矿物分析系统，可对原矿和选矿产品等制成的光片、光薄片进行矿物定量分析，包括矿物含量、颗粒大小和单体解离度等，具有自动化程度高、准确率高、分析速度快等优势。MLA于2000年首次面世，现已在国内外的科研院所、矿业公司（如Rio Tinto、BHP-Billiton）中得到广泛应用。它集大样室自动化扫描电子显微镜、X射线能谱探测器以及自动化定量矿物分析软件于一身，采用高分辨背散射（BSE）成像分析和先进的X射线能谱矿物识别技术，实现了矿物的自动识别和分析功能。

## 本篇习题

1. 解释下列名词：自然光，平面偏光，反射率，反射色，双反射，反射多色性，内反射，均质性，非均质性，矿物的偏光图，矿物的浸蚀鉴定，矿物的单体解离度、粉碎解离、脱离解离。
2. 何为工艺矿物学，它的基本任务是什么？
3. 画出二轴晶光率体的主要切面，并注明每个切面的半径名称。

4. 在单偏光镜下和正交偏光镜下可分别观察矿物的哪些光学性质？
5. 影响矿物反射率和反射色观察的因素有哪些？
6. 何谓双反射，其在镜下表现如何，决定镜下双反射现象表现是否明显的因素是什么？
7. 矿物的内反射与反射率有何关系，Ⅰ级反射率的矿物是否需要观察内反射？
8. 正交偏光下，如何区别偏光色和内反射色？
9. 矿物的均质和非均质性可分为哪个几级别，其在镜下表现有何差异？
10. 简述矿物浸蚀鉴定常用的试剂和反应类型。
11. 简要描述矿物硬度的类型和显微镜下的测定方法。
12. 以线段法为例，说明显微镜下矿物粒度测量的基本原理和方法。
13. 何为矿物的嵌布特征，其包括哪些研究内容？
14. 矿石的工艺粒度、分布均匀程度对矿物的解离性质有何影响？
15. 简述采用“过尺线测法”和“过尺面测法”测量矿物单体解离度的原理及流程。

## 思考题

1. 矿相显微镜鉴定矿物时如何区分下列几组反射率和反射色相近的金属矿物：
   （1）黄铁矿，白铁矿，毒砂，黄铜矿
   （2）黄铁矿，黄铜矿，镍黄铁矿，自然金
   （3）磁黄铁矿，斑铜矿，黝铜矿
   （4）磁铁矿，赤铁矿，钛铁矿，铬铁矿
   （5）方铅矿，辉锑矿，辉铋矿
   （6）辉钼矿，石墨
2. 在矿物鉴定中，采用矿相显微镜相比于SEM/EDS的优势有哪些？
3. 如何结合野外观察、矿石的结构、构造和矿物组成、矿物间的关系确定矿物的生成顺序？
4. 除矿物加工领域以外，工艺矿物学还可以应用于哪些领域或学科？
5. 样品选择和误差分析如何影响工艺矿物学分析的结果？
6. 你认为怎样编制矿物鉴定表最科学？

# 参 考 文 献

Allaby M, 2008. Oxford Dictionary of Earth Sciences [M]. 3rd ed. Oxford: Oxford University Press: 654.

Amstutz G, Giger H, 1972. Stereological methods applied to mineralogy, petrology, mineral deposits and ceramics [J]. Journal of Microscopy.

Barnes H L, 1979. Solubilities of ore minerals. In H. L. Barnes (ed.), Geochemistry of Hydrothermal Ore Deposits [M]. 2nd ed. John Wiley & Sons: 404~460.

Best J L, Brayshaw A C, 1985. Flow separation - a physical process for the concentration of heavy minerals within alluvial channels [J]. Journal of the Geological Society, 142: 747~755.

Bodnar R J, 2006. Fluid and melt inclusion evidence for immiscibility in nature [J]. Goldschmidt Conference Abstracts, 218: 56.

Brathwaite R L, Faure, K, 2002. The Waihi epithermal gold-silver-base metal sulfide-quartz vein system, New Zealand [J]. Economic Geology, 97: 269~290.

Bureau H, Metrich N, 2003. An experimental study of bromine behavior in water-saturated silicic melts [J]. Geochimica et Cosmochimica Acta, 67 (9): 1689~1697.

Bureau H, Keppler H, Metrich N, 2000. Volcanic degassing of bromine and iodine: Experimental fluid/melt partitioning data and applications to stratospheric chemistry [J]. Earth and Planetary Science Letters, 183: 51~60.

Burnham C W, 1979. Magmas and hydrothermal fluids. In H. L. Barnes (ed.), Geochemistry of Hydrothermal Ore Deposits [M]. 2nd ed. John Wiley & Sons: 71~136.

Cesare B, Maineri C, Baron A T, et al., 2007. Immiscibility between carbonic fluids and granitic melts during crustal anatexis: A fluid and melt inclusion study in the enclaves of the Neogene Volcanic Province of SE Spain [J]. Chemical Geology, 237: 433~449.

陈正，岳树勤，陈殿芬. 1985. 矿石学 [M]. 北京：地质出版社.

Chevychelov V Y, Botcharnikov R E, Holtz F, 2008. Partitioning of Cl and F between fluid and hydrous phonolitic melt of Mt. Vesuvius at ~850-1000℃ and 200MPa [J]. Chemical Geology, 256: 172~184.

Clark F W, Washington H S, 1924. The Composition of the Earth's Crust: US Geol [J]. Survey Prof. Paper, 127: 16.

DeRonde C E J, Faure K, Bray C J, et al., 2000. Round Hill shear zone-hosted gold deposit, Macraes flat, Otago, New Zealand: Evidence of a magmatic ore fluid [J]. Economic Geology, 95: 1025~1048.

D'Orazio M, Armienti P, Cerretini S, 1998. Phenocryst/matrix trace-element partition coefficients for hawaiite-trachyte lavas from the Ellittico volcanic sequence (Mt. Etna, Sicily, Italy) [J]. Mineralogy & Petrology, 64 (1~4): 65~88.

Gaudin A N, 1939. Principles of mineral dressing [M]. New York: McGraw-Hill.

Goldfarb R J, Baker T, Dube B, et al., 2005. Distribution, character, and genesis of gold deposits in metamorphic terranes [J]. Economic Geology, 100th Anniversary Volume: 407~475.

Guilbert J M, Park C F, 1986. The Geology of Ore Deposits [M]. New York: W. H. Freeman and Company.

Halter W E, Webster J D, 2004. The magmatic to hydrothermal transition and its bearing on ore-forming systems [J]. Chemical Geology, 210 (1~4): 1~6.

Hanor J S, 1979. The sedimentary genesis of hydrothermal fluids. In H. L. Barnes (ed.), Geochemistry of Hydrothermal Ore Deposits [M]. 2nd ed. John Wiley & Sons: 137~172.

Hedenquist J W, Arribas A, Gonzalez-Urien E, 2000. Exploration for epithermal gold deposits [J]. Reviews in Economic Geology, 13 (2): 45~77.

Heinrich C A, Günther D, Audétat A, et al., 1999. Metal fractionation between magmatic brine and vapor, determined by microanalysis of fluid inclusions [J]. Geology, 27 (8): 755~758.

Heinrich A, Pettke T, Werner E H, et al., 2003. Quantitative multi-element analysis of minerals, fluid and melt inclusions by laser-ablation inductively-coupled-plasma mass-spectrometry [J]. Geochimica et Cosmochimica Acta, 67 (18): 3473~3496.

Kamenetsky V S, Davidson P, Mernagh T P, et al., 2002. Fluid bubbles in melt inclusions and pillow-rim glasses: High-temperature precursors to hydrothermal fluids? [J]. Chemical Geology, 183: 349~364.

Krauskopf K B, Bird D K, 1995. Introduction to Geochemistry. McGraw-Hill, 647.

Kurosawa M, Shimano S, Ishii S, et al., 2003. Quantitative PIXE analysis of single fluid inclusions in quartz vein: Chemical composition of hydrothermal fluids related to granite Nuclear Instruments and Methods in Physics Research Section B: Beam [J]. Interactions with Materials and Atoms, 210: 464~467.

Lecumberri-Sanchez P, Vieira R, Heinrich C A, et al., 2017. Fluid-rock interaction is decisive for the formation of tungsten deposits [J]. Geology, 45 (7): 579~582.

Leeder M, 1999. Sedimentology and Sedimentary Basins from Turbulence to Tectonics. Blackwell Science, 592.

李德惠, 2004. 晶体光学 [M]. 2 版. 北京: 地质出版社.

Lindgren W, 1933. Mineral Deposits [M]. McGraw-Hill, 930.

卢静文, 彭晓蕾, 2010. 金属矿物显微镜鉴定手册 [M]. 北京: 地质出版社.

Malvik T, 1982. Proc. 14th IMPC [C]. Toronto.

Marshall D, Anglin C D, Mumim H, 2004. Ore mineral altas [J]. Geological Association of Canada Mineral Desposits Division: 122.

Meyer C, 1981. Ore-forming processes in geologic history [J]. Economic Geology, 75th Anniversary Volume: 6~41.

Naldrett A J, 1999. World-class Ni-Cu-PGE deposits: Key factors in their genesis [J]. Mineralium Deposita, 34 (3): 227~240.

Nesbitt B E, 1988. Gold deposit continuum - a genetic model for lode Au mineralization in the continental-crust [J]. Geology, 16: 1044~1048.

Niggli P, Parker R L, 1929. Ore deposits of magmatic origin: Their genesis and natural classification [M]. T. Murby & Company.

Oliver N H S, 1996. Review and classification of structural controls on fluid flow during regional metamorphism [J]. Journal of Metamorphic Geology, 14: 477~492.

Pearson R G, 1963. Hard and soft acids and bases [J]. Journal of the American Chemical Society, 85: 3533~3539.

Peretyazhko I S, Zagorsky V Y, Smirnov S Z, et al., 2004. Conditions of pocket formation in the Oktyabrskaya tourmaline-rich gem pegmatite (the Malkhan field, Central Transbaikalia, Russia) [J]. Chemical Geology, 210: 91~111.

Petruk W, 2000. Applied Mineralogy in the Mining Industry [M]. Elsevier.

Plummer C C, McGeary D, Carlson D H, 1999. Physical geology [M]. Boston: WCB McGraw-Hill, 577.

Reyf F G, 2004. Immiscible phases of magmatic fluid and their relation to Be and Mo mineralization at the Yermakovka F-Be deposit, Transbaikalia, Russia [J]. Chemical Geology, 210: 49~71.

Robb L, 2005. Introduction to Ore-Forming Processes [M]. Blackwell Pub.

Roedder E, 1984. Fluid Inclusions [J]. Reviews in Mineralogy, 12, Mineralogical Society of America, 644.

Rusk R G, Reed M H, Dilles J H, et al., 2004. Compositions of magmatic hydrothermal fluids determined by LA-ICP-MS of fluid inclusions from the porphyry copper-molybdenum deposit at Butte, MT [J]. Chemical Geology, 210 (1~4): 173~199.

Ryan C G, Brent I A M, Williams P J., 2001. Imaging fluid inclusion content using the new CSIRO-GEMOC nuclear microprobe Nuclear Instruments and Methods in Physics Research Section B: Beam [J]. Interactions with Materials and Atoms, 181 (1~4): 570~577.

Ryan C G, Heinrich C A, Mernagh T P, 1993. PIXE microanalysis of fluid inclusions and its application to study ore metal segregation between magmatic brine and vapor Nuclear Instruments and Methods in Physics Research Section B: Beam [J]. Interactions with Materials and Atoms, 77 (1~4): 463~471.

Schatza O J, Dolejs D, Stix J, 2004. Partitioning of boron among melt, brine and vapor in the system haplogranite-$H_2O$-NaCl at 800℃ and 100MPa [J]. Chemical Geology, 210: 135~147.

Schneiderhöhn H, Lehrbuch Der Erzlagerstättenkunde, 1941. 1. Bd., Die Lagerstätten Der Magmatischen Abfolge [M]. Fischer.

Scott S D, 1997. Submarine hydrothermal systems and deposits [M]. In H. L. Barnes (ed.), Geochemistry of Hydrothermal Ore Deposits, John Wiley& Sons: 797~875.

Seward T M, Barnes H L, 1997. Metal transport by hydrothermal ore fluids [M]. In H. L. Barnes (ed.), Geochemistry of Hydrothermal OreDeposits. 3rd ed John Wiley & Sons: 435~486.

尚浚, 卢静文, 彭晓蕾, 2006. 矿相学 [M]. 2版. 北京: 地质出版社.

Shepherd T J, Chenery S R, 1995. Laser ablation ICP-MS elemental analysis of individual fluid inclusions: An evaluation study [J]. Geochimica et Cosmochimica Acta, 59 (19): 3997~4007.

Sibson R H, 1994. Crustal stress, faulting and fluid flow. In J. Parnell (ed.), Geofluids: Origin, Migration and Evolution of Fluids in Sedimentary Basins [J]. Geological Society, Special Publication, 78, 69~84.

Sibson R H, Moore J M, Rankin A H, 1975. Seismic pumping: a hydrothermal fluid transport mechanism [J]. Journal of the Geological Society London, 131: 653~659.

Sibson R H, Robert F, Poulsen K H, 1988. High angle reverse faults, fluid-pressure cycling, and mesothermal gold-quartz deposits [J]. Geology, 16: 551~555.

Sibson R H, 1987. Earthquake rupturing as a mineralizing agent in hydrothermal systems [J]. Geology, 15: 701~704.

Signorelli S, Carroll M R, 2000. Solubility and fluid-melt partitioning of Cl in hydrous phonolitic melts [J]. Geochimica et Cosmochimica Acta, 64 (16): 2851~2862.

Sillitoe R H, 2010. Porphyry copper systems [J]. Economic Geology, 105: 3~41.

Simon A C, Pettke T, 2009a. Platinum solubility and partitioning in a felsic melt-vapor-brine assemblage [J]. Geochimica et Cosmochimica Acta, 73: 438~454.

Simon A C, Pettke T, Candela P A, et al., 2006. Copper partitioning in a melt-vapor-brine-magnetite-pyrrhotite assemblage [J]. Geochimica et Cosmochimica Acta, 70: 5583~5600.

Simon A C, Pettke T, Candela P A, et al., 2007. The partitioning behavior of As and Au in S-free and S-bearing magmatic assemblages [J]. Geochimica et Cosmochimica Acta, 71: 1764~1782.

Simon A C, Pettke T, Candela P A, et al. 2009b. The partitioning behavior of silver in a vapor-brine-rhyolite melt assemblage [J]. Geochimica et Cosmochimica Acta, 72: 1638~1659.

Simon A C, Pettke T, Candela P A, et al., 2004. Magnetite solubility and iron transport in magmatic-hydrothermal environments [J]. Geochimica et Cosmochimica Acta, 68 (32): 4905~4914.

Slingerland R, Smith N D, 1986. Occurrence and formation of water-laid placers [J]. Annual Review of Earth and Planetary Sciences, 14: 133~147.

Stolper E, 1982. The speciation of water in silicate melts [J]. Geochimica et Cosmochimica Acta, 46: 2609~2620.

汤洵忠，李茂楠，杨殿，1999. 离子型稀土原地浸析采矿室内模拟试验研究［J］. 中南工业大学学报（自然科学版），030（2）：3~5.

Taylor S R, Mclennan S M, 1985. The Continental Crust: Its Composition and Evolution. An Examination of the Geochemical Record Preserved in Sedimentary Rocks [J]. The Journal of Geology, 94 (4).

Taylor S R, Mclennan S M, 1995. The geochemical evolution of the continental crust [J]. Reviews of Geophysics, 33 (2).

Taylor S R, 1992. Ore Textures, Recognition and Interpretation: Infill Textures [J]. Townsville, Australia: Economic Geology Research Unit, 1: 1~24.

Thomas J B, Bodnar R J, Shimizu N, 2002. Determination of zircon/melt trace element partition coefficients from SIMS analysis of melt inclusions in zircon [J]. Geochimica et Cosmochimica Acta, 66 (16): 2887~2901.

Thompson G R, Turk J, 1998. Introduction to physical geology [M]. Cole Publishing Company.

涂光炽，1994. 超大型矿床的探寻与研究的若干进展［J］. 地学前缘，1：45~53.

Veksler I V, 2004. Liquid immiscibility and its role at the magmatic-hydrothermal transition: A summary of experimental studies [J]. Chemical Geology, 210 (1~4): 7~31.

Webster J D, Tappen C M, Mandeville C W, 2009. Partitioning behavior of chlorine and fluorine in the system apatite-melt-fluid. II: Felsic silicate systems at 200MPa [J]. Geochimica et Cosmochimica Acta, 73: 559~581.

Wedepohl K H, 1995. The Composition of the continental crust [J]. Geochimica et Cosmochimica Acta, 59 (7): 1217~1232.

魏文凤，胡瑞忠，毕献武，等，2011. 赣南西华山钨矿床成矿流体演化特征［J］. 矿物学报，31（2）：201~210.

王世强，谭凯旋，易正戟，2007. 溶浸采矿地球化学［J］. 矿业快报，23（6）：6~8.

Wendlandt R F, Harrison W J, 1979. Rare earth partitioning between immiscible carbonate and silicate liquids and$CO_2$ vapor: Results and implications for the formation of light rare earth-enriched rocks [J]. Contributions to Mineralogy & Petrology, 69 (4): 409~419.

Wood S A, Samson I M, 1998. Solubility of ore minerals and complexation of ore metals in hydro-thermal solutions [J]. Reviews in Economic Geology, 10: 33~80.

吴爱祥，王洪江，杨保华，等，2006. 溶浸采矿技术的进展与展望［J］. 采矿技术，6（3）：39~48.

Xie Y L, Hou Z Q, Yin S P, et al., 2009. Continuous carbonatitic melt-fluid evolution of a REE mineralization system: Evidence from inclusions in the Maoniuping REE deposit, Western Sichuan, China [J]. Ore Geology Reviews, 36: 90~105.

Xie Y L, Verplanck P L, Hou Z, et al., 2019. Rare earth element deposits in China: A review and new understandings [J]. Society of Economic Geologists, Special Publication 22: 509~552

谢玉玲，李腊梅，郭翔，等，2015. 安徽西冲钼矿床细粒花岗岩的岩石定年、岩石化学及与成矿的关系研究［J］. 岩石学报，31（7）.

Xie Y L, Li Y X, Hou Z Q, et al., 2015. A model for carbonatite hosted REE mineralisation — the Mianning-Dechang REE belt, Western Sichuan Province, China [J]. Ore Geology Review, 70: 595~612.

Xie Y L, Hou Z Q, Goldfarb R, et al., 2016, Rare Earth Element Deposits in China [J]. Reviews in Economic Geology, 18, 115~136

谢玉玲，杨科君，李应栩，等，2019. 藏南马扎拉金-锑矿床：成矿流体性质和成矿物质来源［J］. 地球科学，44（6），1998~2016.

谢玉玲，衣龙升，徐九华，等，2006. 冈底斯斑岩铜矿带冲江铜矿含矿流体的形成和演化：来自流体包裹体的证据［J］. 岩石学报，22（4）：1023~1030.

徐九华，谢玉玲，李建平，等，2014. 地质学［M］. 5 版. 北京：冶金工业出版社.

杨岳清，胡淙声，罗展明，1981. 离子吸附型稀土矿床成矿地质特征及找矿方向［C］//矿床地质研究所. 中国地质科学院矿床地质研究所文集. 中国地质学会，17.

Zajacz Z, Halter W, 2007. LA-ICP-MS analyses of silicate melt inclusions in co-precipitated minerals: Quantification, data analysis and mineral/melt partitioning [J]. Geochimica et Cosmochimica Acta, 71: 1021~1040.

Zajacz Z, Halter W, Pettke T, et al., 2008. Determination of fluid/melt partition coefficients by LA-ICP-MS analysis of co-existing fluid and silicate melt inclusions: Controls on element partitioning [J]. Geochimica et Cosmochimica Acta, 72 (8): 2169~2197.

Zhai M G, Zhu X Y, Zhou Y Y, et al., 2019. Continental crustal evolution and synchronous metallogeny through time in the North China Craton [J]. Journal of Asian Earthences: 104169.

张志雄，等，1981. 矿石学［M］. 北京：冶金工业出版社.

郑有业，高顺宝，张大权，等，2006. 西藏驱龙超大型斑岩铜矿床成矿流体对成矿的控制［J］. 地球科学，31（3）：349~354.

周乐光，2007. 工艺矿物学［M］. 3 版. 北京：冶金工业出版社.